电子科技大学国家级实验教学示范中心系列教材

电子技术应用实验教程

综合设计篇

主　编　陈　瑜
副主编　李　雷　肖　西　陈　英　朱晓霞

DIANZI JISHU YINGYONG
SHIYAN JIAOCHENG

电子科技大学出版社

图书在版编目（CIP）数据

电子技术应用实验教程. 综合设计篇 / 陈瑜主编.
—成都：电子科技大学出版社，2016. 9

ISBN 978-7-5647-3753-5

Ⅰ. ①电… Ⅱ. ①陈… Ⅲ. ①电子技术－实验－高等学校－教材 Ⅳ. ①TN-33

中国版本图书馆 CIP 数据核字（2016）第 199273 号

内 容 提 要

本书突出实验教程的特点，以实验为主线，共分为 4 章，12 个实验项目，以适应不同专业，不同层次学生的实验教学要求。其内容安排如下。

第 1 章 常用电子测量仪器，内容包括示波器、信号源等常用仪器的组成原理、使用方法及使用注意事项；第 2 章 数字电路综合实验，内容包括触发器应用、555 常用电路、动态显示电路以及电子秒表等实验；第 3 章 模拟电路综合实验，内容包括模拟乘法器应用、集成稳压电源、DC-DC 开关电源和集成功放等实验；第 4 章 开放实验室实验，内容包括课后可由学生自主完成的一些设计等。

本教材是电子技术应用实验教程 综合篇，在编写上突出实验教材特点，强调提出问题与解决问题的思路，适当简化了理论知识叙述，增强了设计思路与实验技能方面的引导。在附录中附有实验报告，便于与教学内容相结合开展教学。本书在内容上可以与电子技术应用实验教程 基础篇的内容相辅相成、循序渐进，又可以作为独立的硬件电路应用实验教程使用，本教材可作为高等院校电子类专业学生中高年级的实验教材，也可作为电子技术应用爱好者的参考用书。

电子技术应用实验教程 综合设计篇

主 编 陈 瑜

副主编 李 雷 肖 西 陈 英 朱晓霞

出 版：电子科技大学出版社（成都市一环路东一段 159 号电子信息产业大厦 邮编：610051）
策划编辑：罗 雅
责任编辑：罗 雅
主 页：www.uestcp.com.cn
电子邮件：uestcp@uestcp.com.cn
发 行：新华书店经销
印 刷：成都煤田地质制图印刷厂
成品尺寸：185mm×260mm 印张 15.5 字数 400 千字
版 次：2016 年 9 月第一版
印 次：2016 年 9 月第一次印刷
书 号：ISBN 978-7-5647-3753-5
定 价：40.00 元

前　　言

本教材作为电子科技大学国家级实验教学示范中心的系列教程之一，在电子技术系列实验教程中承上启下，以电子技术基础实验为前提，以电路为研究对象，将常用电路模块结合电子技术基础实验中的单元模块构成小型系统并实现一定的功能应用。课程注重各功能电路之间的连接关系，在电路应用的基础上增加了带有设计性的趣味实验内容，并将实验技能、测试方法和实验素养的培养贯穿于实验教材之中。在教材内容的设计上既重视学生对基础理论知识的认知过程，又强调对知识的灵活应用技巧，为学生逐步提高电路应用能力、设计能力和独立思考能力提供了实验方法与设计指导。

本套教程共分为两册。第一册名称为《电子技术应用实验教程　基础篇》，该书以数字逻辑原理和低频模拟电路作为理论基础，包含了数字逻辑电路的基本单元电路实验、模拟电路中具有应用性的单元电路实验以及数字逻辑中基础性的 EDA 实验，是学生进行电子技术应用实验的基础。第二册名称为《电子技术应用实验教程　综合设计篇》，本书内容以数字逻辑原理和低频模拟电路作为理论基础，在单元功能模块电路的基础上，实现数字及模拟电路的综合实验。

本书为第二册，在内容上即可以与第一册内容相辅相成、循序渐进，又可以作为硬件电路应用实验教程独立使用。本套教材可作为高等院校电子类专业学生中、高年级的实验教材，也可作为电子技术应用爱好者的参考用书。

本书在编写上突出实验教材特点，强调提出问题与解决问题的思路，适当简化了理论知识叙述，增强了设计思路与实验技能方面的引导。

本书的编写特点如下。

1．基础实验部分设置了预习思考题，采用“问题驱动”的编写方法，通过预习问题使学生产生疑问并自我思考，对于学生理解实验目的和总结实验结论大有帮助，也能够更好地激发学生的实验兴趣。

2．在每个基础实验中增加了“实验中的常见问题及解决办法”，从提出问题到解决办法，逐步引导学生排除实验中易出错的步骤，掌握正确的实验技能和分析问题、解决问题的方法，为更好地独立完成实验提供了有力的帮助。

3．设计性实验部分提出了实验任务，给出了设计方案，并举出设计实例，在基础实验的带动下，学生可通过独立思考来完成设计，扩展了学生学习的知识面与动手能力培养的途径，也为学生课后的设计与制作提供了参考。

4．教材中对于开放实验室中的实验给出了一些实例，包括电路的焊接及调试方法、实验原理与方案举例等，使学生能够通过教材快速入门，动手开始今后的实践与设计。

5．对电子设计中常用的仪器进行了原理分析与详细的使用说明，使学生不仅掌握仪器的使用而且了解仪器的组成原理，对于今后的电路设计与测试大有帮助。

6．教材的第 2 章及第 3 章作为电子技术应用实验的核心内容，配备了设计精美、功能完整的实验电路板，节约了学生在实验中搭接基本电路的时间，使学生将更多精力集中于电路功能的实现与各个功能电路之间的连接关系，为实现更大规模的电路设计打好基础。

7．第 2 章中的四个基础实验环环相扣，虽然每次都有新实验内容，每次都有新的设计性实验，但每个实验原理之间又相互联系与交汇，在最后一个实验电子秒表中将前三个实验的内容一一应用，使学习过程丰富且有序。本书的编写方法保证了可将每个基础实验教程作为四学时实验教程，也可以将每个基础实验教程分为两个两学时的实验教程，教材在实验内容的编写上兼顾了两种课时安排，划分合理，均可达到较好的实验教学目的。

8．在附录中总结了实验报告的标准格式，对实验报告的评价指标给予了说明，可以很好地引导学生养成良好的实验习惯，善于总结与分析实验原理及测试数据，掌握完整的实验过程，培养学生基本的实验表述能力。

9．在附录 4 中附有第 2 章实验内容中的全部实验报告，实验报告以问题驱动的方式引导学生学习，设计了原始记录页以及相应的报告内容，使本教材在教学应用中更为方便。

本书突出实验教程的特点，以实验为主线，共分为 4 章，16 个实验项目，以适应不同专业、不同层次学生的实验教学要求。其内容安排如下：

第 1 章　常用电子测量仪器。内容包括示波器、信号源等常用仪器的组成原理、使用方法及使用注意事项。

第 2 章　数字电路综合实验。内容包括触发器应用、555 常用电路、动态显示电路以及电子秒表等实验。

第 3 章　模拟电路综合实验。内容包括模拟乘法器应用、集成稳压电源、DC-DC 开关电源和集成功放等实验。

第 4 章　开放实验室实验。内容包括课后可由学生自主完成的一些设计等。

电子科技大学电子工程学院电子实验中心的电子技术应用实验室负责应用层的实验教学，开设电子技术应用实验等课程。实验室通过团队协作，加强课程建设和实验室建设，教学团队开展经常性的教学研讨和教学观摩，交流教学经验、探讨教学中的问题和不足，共享教学资源。本书是由多年工作在实验教学一线的教师编写的。

本书由陈瑜老师主编，副主编有陈英、李雷、肖西、朱晓霞。同时参与本书部分编写工作的还有李春梅、孙可伟、曾洁、李庆嵘。感谢毛瑞明老师为本书的实验设备制作做出的大量工作。感谢全体电子技术应用实验室教师在实验开发及教材编写中所做出的努力。

感谢关心本书出版的领导和电子科技大学出版社的大力支持。

我们编写的教材难免有错误和问题，恳请广大读者指正。

编　者

2016 年 6 月

◆　与本书配套的 EEC-1 型数字逻辑实验箱以及多种实验电路板由电子科技大学电子实验中心独自开发，如需使用请与电子科技大学电子实验中心联系。

电话：（028）61830102　　　（028）83202209

目　录

第 1 章　常用电子测量仪器

1.1　数字示波器简介

示波器（Oscilloscope）是一种用途十分广泛的电子测量仪器，利用示波器能观察不同信号幅度随时间变化的波形曲线，并测试多种信号参数（非精确测量），如电压、电流、频率、相位差、调幅度等。

示波器可分为模拟、数字两大类。模拟示波器又有通用示波器、多束示波器、取样示波器、记忆示波器和专用示波器等，采用 CRT 屏显示波形。数字示波器将输入信号数字化（时域取样和幅度量化）后，由 D/A 转换器输出重建波形，具有记忆、存储功能，所以又称为数字存储示波器（DSO，Digital Storage Oscilloscope）。受模拟电路的带宽限制，100MHz 以上的示波器多以数字示波器为主，下面以数字示波器为例进行介绍。

数字示波器的主要技术指标有：

1．频带宽度：示波器面板上显示的带宽是指模拟带宽，带宽是示波器的基本指标，它反映了可以观测信号的最高频率（或最小脉冲宽度），在数字示波器中，该项指标主要由 A/D 转换器的转换速率决定。在制定的带宽下，其输出相应将下降 3dB，例如 100MHz 带宽的示波器，10V 信号输入，示波器将观测到 7.07V 的信号，这还只是正弦波的情形。因此，我们在选择示波器的时候，为达到一定的测量精度，应该选择信号最高频率 5 倍的带宽。上升时间与带宽有关，一般定义上升时间 t_r 为

$$t_{\mathrm{r}} = \frac{0.35}{BW} \tag{1-1}$$

当测试高频方波信号时，若其上升沿变化陡峭，上升时间参数说明了能否准确显示快速上升的电平的能力。带宽越宽则输入信号的高频分量衰减越少，显示波形越陡峭，上升时间越小。数字示波器的带宽有模拟带宽和数字实时带宽两种。数字示波器对重复信号采用顺序采样或随机采样技术所能达到的最高带宽为示波器的数字实时带宽，

2．时基因数：时基因数表示单位距离代表的时间，常分为很多挡，当选择较小的时基因数时，可将高频信号在水平方向上展开。图 1.1.1 中测试波形的时基因数为每格 500μs,信号周期为 2 格，可知周期为 1000μs，即 1ms。

3．垂直偏转因数：指在垂直方向上移动 1cm 所需的电压值，也通常分为许多挡，偏转因数越小表示示波器观测微小信号的能力越强。图 1.1.1 中通道 1 测试波形的偏转因数为每格 5V，通道 2 测试波形的偏转因数为每格 1V。

4．输入阻抗：示波器的输入阻抗可看成被测信号的等效负载，常包括输入电阻和输入电容两部分。

5．输入耦合方式：一般可选择直流、交流和接地三种耦合方式之一，直流耦合时，输入信号的所有成分都加到示波器上，交流耦合用于只需要观察输入信号的交流波形时；接地方式则断开输入信号，将通道直接接地。

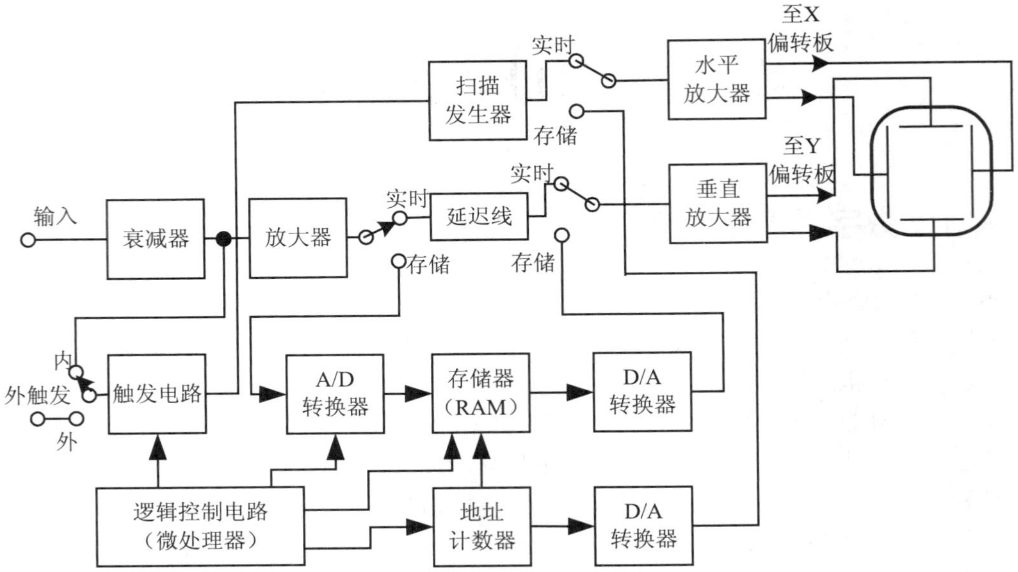

图 1.1.1　典型数字存储示波器原理框图

6．数字存储示波器的最高取样速率：单位时间内采样的次数，常以 MS/s 表示，也可用每秒完成的 A/D 转换的最高次数来衡量。取样速率越高反应示波器捕捉高频或快速测量信号的能力越强。根据奈奎斯特定理，采样速率至少高于信号高频成分的 2 倍才不会发生混迭。

7．示波器探头：探头是示波器的专用测试电缆。探头的正确使用在测试中具有重要的作用。如图 1.1.2 所示，探头的等效电路中包含了电阻、电容和电阻。

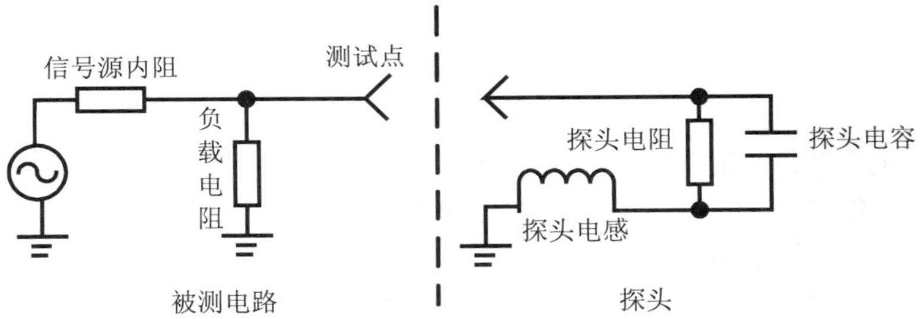

图 1.1.2　探头的等效电路

探头是介于示波器和被测信号之间的环节，如果信号在探头处就已经失真，示波器的显示功能就会受到很大影响。探头本身有输入电阻，和万用表测电压的原理一样，为尽可能地减少对测量的影响，希望探头的输入电阻尽量大，但由于不可能做到无穷大，总会对被测电路有分压的影响，所以实际测到的电压不是探头测试点本身之前的电压，这种现象经常会出现在电源或放大器电路的测试中。为减小分压的影响。一般要求探头的输入电阻比被测源的输出电阻大 10 倍以上，我们可以利用具有衰减的探头中的 10 x 比例来增大探头的输入电阻。

其次探头本身有输入电容，是由探头的寄生电容等效而来的，这个电容是影响探头带宽的重要因素，这个电容会衰减信号中的高频成分，使波形的边沿变缓，一般无源探头的输入电容在 10 皮乏至几百皮乏之间，有源探头的输入电容在 0.2 皮乏至几皮乏之间。

再次，探头的输入端还会受到电感的影响，电感来自探头和被测电路之间的导线电感，探头的寄生电感和寄生电容组成了谐振回路，在电感值太大时，在输入信号激励时可能会产生高频谐振，造成信号的失真，所以高频测试时应严格控制信号和地线的长度，否则会产生振铃。等效电感的大小还与接地线长度有关，其越长电感效应就越大，对波形的破坏效应就是会产生脉冲信号的振荡、过冲等信号完整性问题。

1∶1 或 *X*1 探头在其有用带宽之内，对信号没有衰减作用。由于这类探头在测试点处将其自身的电容（包括电缆的电容）与示波器的输入阻抗连在了一起，所以这种探头具有负载效应。信号频率升高时，探头的容性负载效应就变得更加显著。由于电缆的类型和长度的不同以及探头本身构造等原因，1∶1 探头的输入电容通常可以从 35～100pF，这等于给被测电路施加了一个低阻抗负载，具有 47pF 输入电容 1∶1 探头在 20MHz 之下的电抗仅为 169Ω，这就使得这个探头在此频率无法使用。

我们可以在探头中增加一个和示波器输入阻抗相串联的阻抗，用这种办法就可以减小探头的负载效应。然而，由于引进了一个电阻分压结构，这就意味着输入电压不能完全加到示波器的输入端。

图 1.1.3 给出了 10 倍无源电压探头的等效电路，R_p 和 R_s 构成了一个 10∶1 的分压器，*R*s 为示波器的输入阻抗。调节补偿电容 C_3 使得探头和示波器通道 *RC* 乘积相匹配，这样就能保证在探头的尖端获得正确的频率响应曲线，并且这种探头的频率响应比 1∶1 探头频率响应要宽得多。

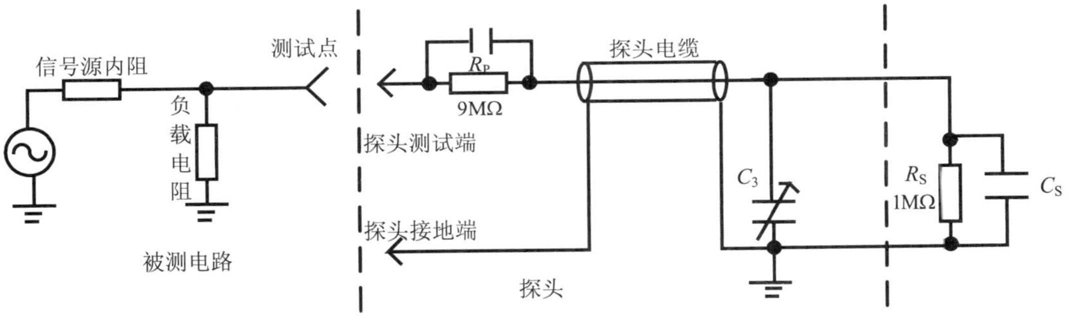

图 1.1.3　10 倍无源电压探头等效电路

一个实际的 10∶1 探头具有几个可调的电容和电阻以便在很宽的频率范围内获得正确的频率响应，这些可调元件的大多数都是在制造探头时由工厂调好的。只有一个微调电容留给用户去调节。这个电容称为低频补偿电容，应当通过调节这个电容使得探头和与相配用的示波器匹配，使用示波器前面板上的信号输出可以很容易地进行这项调节工作，示波器的这个输出端标有“探头调节”“校准器”“CAL”或者“探头校准”等标志，并能送出一个方波输出电压。方波中包含很多频率分量。当所有这些分量都以正确的幅度送至示波器时，就能在示波器屏幕上再现方波信号。

1.1.1　鼎阳 SDS1000X 系列数字示波器使用指南

一、示波器外观

鼎阳 SDS1000X 系列示波器前面板如图 1.1.4 所示。

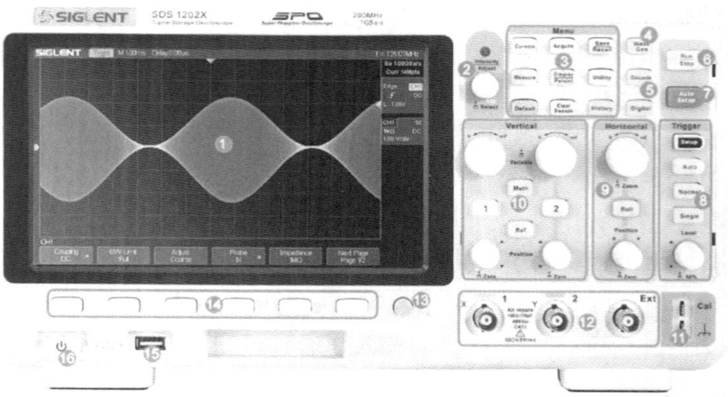

图 1.1.4　SDS1000X 示波器前面板图

前面板各功能区的划分说明如表 1.1.1 所示。

表 1.1.1　前面板功能区划分说明

编号	说明	编号	说明
1	屏幕显示区	9	水平控制系统
2	多功能旋钮	10	垂直通道控制区
3	自动设置常用功能区	11	补偿信号输出端/接地端
4	内置信号源	12	模拟通道输入端
5	解码功能选件	13	打印键
6	停止/运行	14	菜单软键
7	自动设置	15	USB Host 端口
8	触发控制系统	16	电源软开关

注意：这款示波器关机时需要长按电源开关按键。

SDS1000X 示波器显示界面如图 1.1.5 所示。

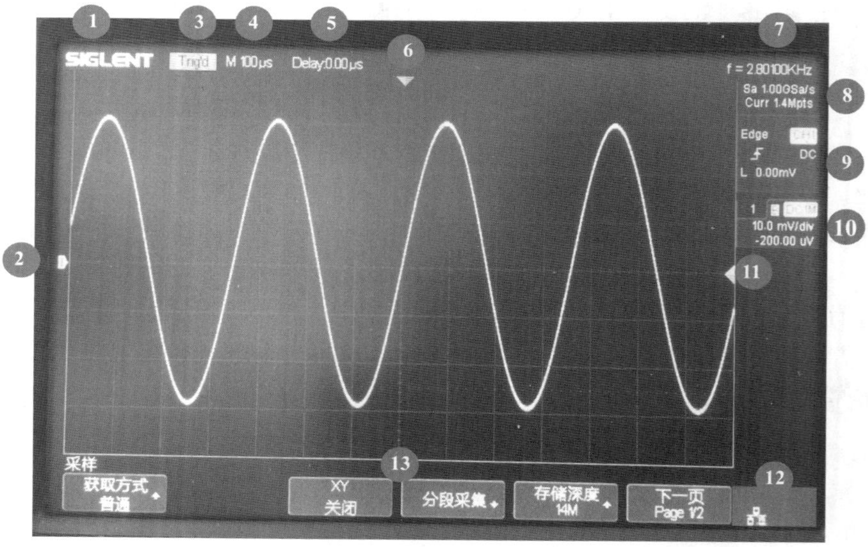

图 1.1.5　SDS1000X 示波器显示界面

其中各个编号对应的显示项目如下。

号码【1】对应部分显示的是产品商标。

号码【2】对应部分显示的是通道标记。它是向右的箭头，箭头指示的位置是通道 0V 显示对应的位置。在箭头上有数字 1 或 2，代表是 CH1 的通道标志还是 CH2 的通道标志。不同通道用不同的颜色表示，通道标记和波形颜色一致，默认条件下。CH1 为黄色，CH2 为紫色。

号码【3】对应部分显示的是运行状态。可能的状态包括：Arm（采集预触发数据）、Ready（等待触发）、Trig'd（已触发）、Stop（停止采集）、Auto（自动）。

号码【4】对应部分显示的是水平时基。表示屏幕水平轴上每格所代表的时间长度。使用水平档位旋钮可以修改该参数，可设置范围为 2ns/div～50s/div。

号码【5】对应部分显示的是触发位移的偏移值。使用水平 Position 旋钮可以修改该参数。向右旋转旋钮使得箭头（初始位置为屏幕正中央）向右移动，触发位移（初始值为 0）相应减小；向左旋转旋钮使得箭头向左移动，触发位移相应增大。按下按钮参数自动被设为 0，且箭头回到屏幕正中央。

号码【6】对应部分显示的倒三角，指示了当前的屏幕中波形的触发位置。

号码【7】对应部分显示的当前触发通道波形的频率值。

号码【8】对应部分显示的示波器当前使用的采样率及存储深度。使用水平档位旋钮可以修改该采样率/存储深度。

号码【9】对应部分显示的是当前的触发设置。包括：触发类型的英文标识和图形符号、触发源、触发源耦合方式、触发电平值。

例如图 1.1.5 中，触发类型为上升沿触发，触发源为 CH1，触发耦合方式为 DC，触发电平为 0.00mV。

号码【10】对应部分显示的是垂直通道设置。包括通道号，带宽限制（若当前带宽为开启，则显示 B 标志；若全带宽显示，则无标志）。探头衰减系数，当前通道开启的输入阻抗（1MΩ 或 50Ω），通道耦合方式，电压档位（垂直偏转系数）。

号码【11】对应部分显示的是触发电平位置，它是一个向左的箭头，箭头所指的位置是当前触发通道的触发电平在屏幕上的位置。按下 Level 旋钮使电平自动回到屏幕中心。

号码【12】对应部分显示的是接口状态，可以显示 USB 设备和网口设备的连接情况。

号码【13】对应部分是菜单区，显示示波器当前所选功能模块对应菜单。按下对应菜单软键即可进行相关设置。

二、示波器操作

（一）基本功能检查

首次使用某一台示波器时，要进行此项调节。对于SDS1000X示波器步骤如下：

1. 按Default按键将示波器恢复为默认设置。

2. 如图1.1.6所示，将探头的接地鳄鱼夹与探头补偿信号输出端下面的“接地端”相连，将探针与探头补偿信号输出端相连。

3. 由于SDS1000X示波器默认设置只显示CH1，如果需要两个通道同时检查，需要手动将CH2通道选中（按CH2按键，将其点亮）。

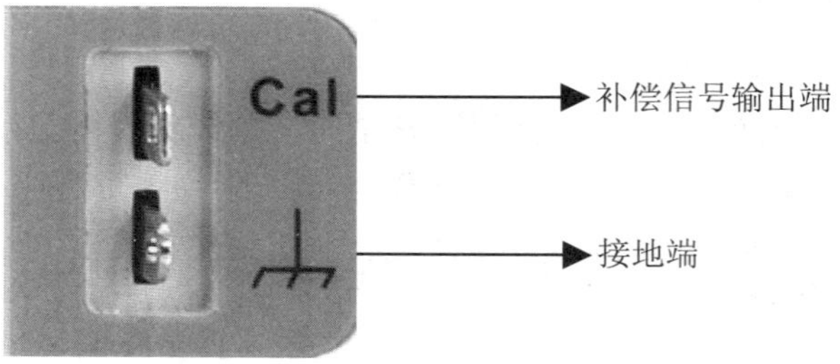

图 1.1.6　示波器补偿信号输出端

4. 按“Auto Setup”键，几秒钟内，可见到幅度为3V，频率为1kHz的方波显示。

5. 检查所显示的波形形状并与图1.1.7对比，用非金属手柄的改锥调整探头上的可变电容，直到屏幕显示的波形如图1.1.7中的“补偿适当”。

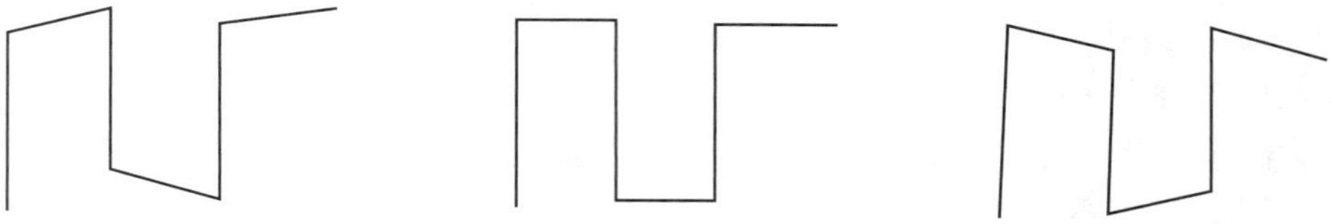

图 1.1.7　示波器探头补偿调节

（二）波形显示的自动设置

SDS1000X 示波器具有自动设置功能。使用自动设置功能时，首先将被测信号连接到信号输入通道，再按下 Auto Setup 按键，示波器将根据输入信号自动调整垂直档位、水平时基及触发方式，使波形以最佳方式显示。

（三）设置垂直系统

如图 1.1.8 所示，在垂直控制区（Vertical）有一系列的按键、旋钮。

1. 垂直通道旋钮及按键的应用

（1）垂直 Position 旋钮控制信号的垂直显示位置。当转动垂直旋钮时，指示通道接地位置的的通道标志跟随波形上下移动。按下该旋钮可将通道标志设置到屏幕中央。

（2）转动垂直档位旋钮可以改变当前通道的垂直偏转系数“Volt/div”（伏/格），修改过程中波形在显示屏上被垂直拉伸或压缩，同时屏幕右方状态栏对应通道的垂直偏转系数显示会相应的变化。按下该按钮可快速切换垂直档位调节方式为“粗调”或“细调”。

（3）按 1、2、Math、Ref 按键，屏幕显示对应通道的操作菜单、标志、波形和档位状态信息。在当前通道被选中时，再次按下该按键将关闭当前选择的通道。

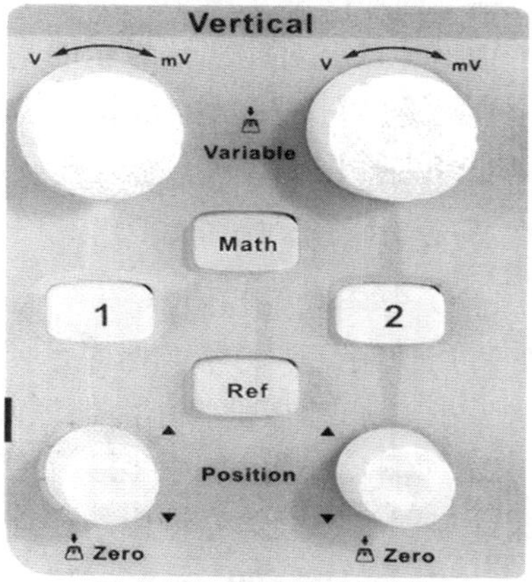

图 1.1.8　垂直控制系统

2．通道的设置

每个通道有独立的垂直菜单。每个项目都按不同的通道单独设置。按 1 或 2 按键，系统显示 CH1 或 CH2 通道的操作菜单如图 1.1.9 所示。垂直通道设置菜单的说明见表 1.1.2 所示。

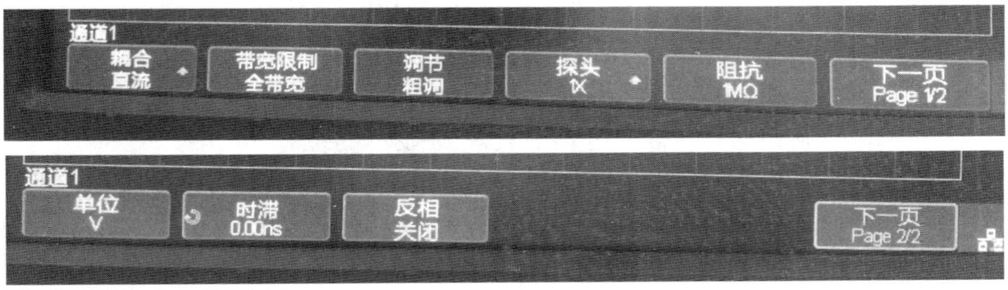

图 1.1.9　垂直通道设置菜单

表 1.1.2　通道菜单说明

功能菜单	设　定	说　　明
耦合	直流	通过输入信号的交流和直流成分
	交流	阻挡输入信号的直流成分
	接地	断开输入信号
带宽限制	20M	限制带宽至 20MHz，以减少显示噪音
	全带宽	满带宽
调节	粗调	按 1-2-5 进制设定垂直偏转系数，如 10 V/div、5 V/div、2 V/div……
	细调	在粗调设置范围之间进一步细分，以改善垂直分辨率，如 2 V/div、1.98 V/div、1.96 V/div
探头	0.1× 0.2× …… 10 000×	根据探头衰减系数选取其中一个值，以保持垂直偏转系数的读数正确。共有四种：16 种，探头比默认值为 1×
阻抗	1MΩ	适用于许多无源探头，可进行通用测量，高阻抗可在被测设备上使示波器的负载效应最小化
	50Ω	可与高频测量时常用的 50Ω 电缆和 50Ω 有源探头匹配。如果用无源探头但阻抗设置为 50Ω 可能导致不能正常观测到波形
单位	V 或 A	示波器的默认幅值单位为
时滞	0～100ns	用于校正电流探头和电压探头之间的延迟差
反相	开	打开波形反相功能
	关	波形正常显示

3．数学运算

数学运算（Math）功能是显示 CH1、CH2 通道波形相加、相减、相乘以及 FFT 运算的结果。参考功能（Ref）可将实测波形与参考波形相比较，以判断电路故障。数学运算和参考功能下对比的结果同样可以通过栅格或游标进行测量。

（四）设置水平系统

如图 1.1.10 所示，在水平控制区（Horizontal）有一系列的按键、旋钮。

1．调节水平位置

顺时针旋转 Position 旋钮使波形水平向右移动，逆时针旋转使波形水平向右移动。默认设置下，波形位于屏幕水平中心，水平触发位移为 0，且触发点▽与时间参考点重合。

调整水平 Position 旋钮时，屏幕上方信息栏中将显示的位移时间（例如：Delay：−860μs）。按下 Position 按钮可将位移恢复为 0。

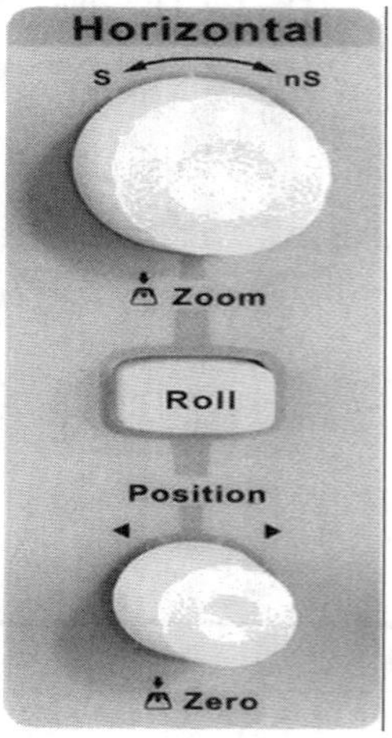

图 1.1.10　水平控制区

2．调节水平时基档位

顺时针转动 Position 旋钮减小档位，波形在水平方向被拉伸显示；逆时针转动 Position 旋钮增大档位，波形在水平方向被压缩显示。设置水平档位时，屏幕左上角显示的档位信息（例如：M500μs）实时变化。水平档位的变换范围是 2ns/div～50s/div。

按下该按钮快速开启分屏缩放（Zoom）功能。

3．滚动模式的设置

按下 Roll 按键快捷进入滚动模式。在该模式下，示波器不触发。波形自右向左滚动刷新显示，波形水平位移和触发控制不起作用，水平档位的调节范围是 50ms～50s。也可通过改变时基档位至 50ms 及以上时基进入滚动模式。

4．分屏缩放功能的设置

分屏缩放功能可用对比观察一段波形和其中的局部波形的全貌和细节。

按下示波器前面板的时基旋钮可打开分屏缩放功能，再次按下关闭该功能。分屏缩放模式下，屏幕被分成两个显示区域如图 1.1.11。显示屏的上半部分显示主窗口视图，下半部分显示延迟窗口视图。

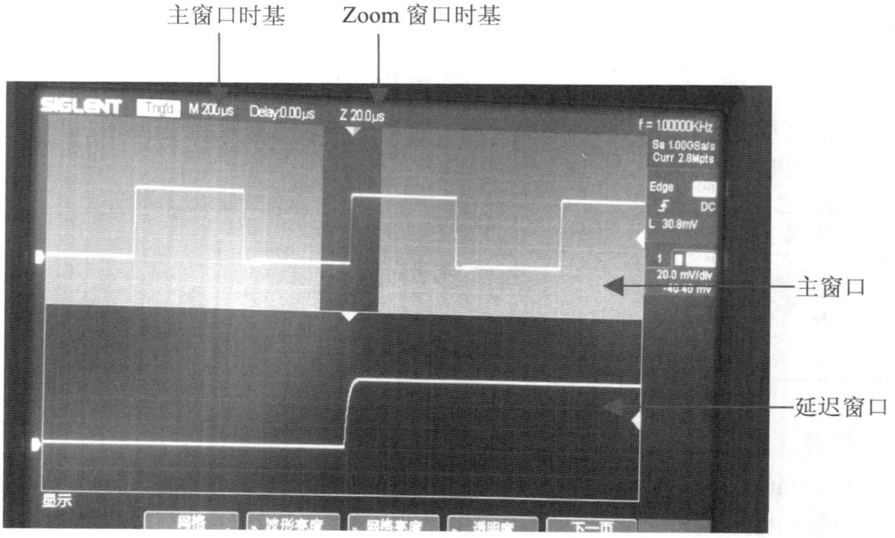

图 1.1.11　分屏缩放

①主窗口视图

屏幕上半部分未被半透明灰色覆盖的展开区域是放大前的波形。可通过旋转水平档位旋钮控制该展开区域的大小。顺时针旋转缩小该区域，延迟窗口时基相应减小。逆时针旋转放大该区域，延迟窗口时基相应增大。或旋转水平 Position 旋钮水平向左（向右）移动该区域。

②延迟窗口视图

屏幕下半部分是经水平扩展后的波形。由于延迟窗口时基相对于主窗口时基提高了分辨率，故延迟窗口时基不论如何变化，应始终小于或等于主窗口。

（五）设置触发系统

触发决定了示波器何时开始采集数据和显示波形。若触发未被正确设定，它将不能稳定地显示实时的波形。鼎阳 SDS1000X 系列在显示屏的右侧的状态栏将显示出当前示波器的触发类型、触发源、触发耦合及触发电平值等信息。

1．触发控制区面板旋钮及按键功能介绍

示波器操作面板的触发控制区如图 1.1.12 所示，它包括触发设置按键 Setup，触发模式按键（Auto，Normal，Single）和触发电平调整旋钮 LEVEL。

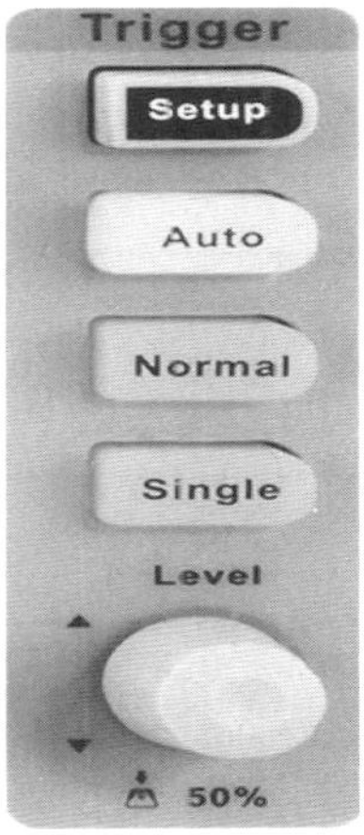

图 1.1.12　触发控制区

- Level 旋钮用于设置触发电平。按下该按钮可快速将触发电平恢复至对应通道波形中心位置。
- 按下 Auto 键切换触发模式为自动模式。
- 按下 Normal 键切换触发模式为正常模式。
- 按下 Single 键切换触发模式为单次模式。
- 按下 Setup 键打开触发功能菜单，其工作界面如图 1.1.13 所示。

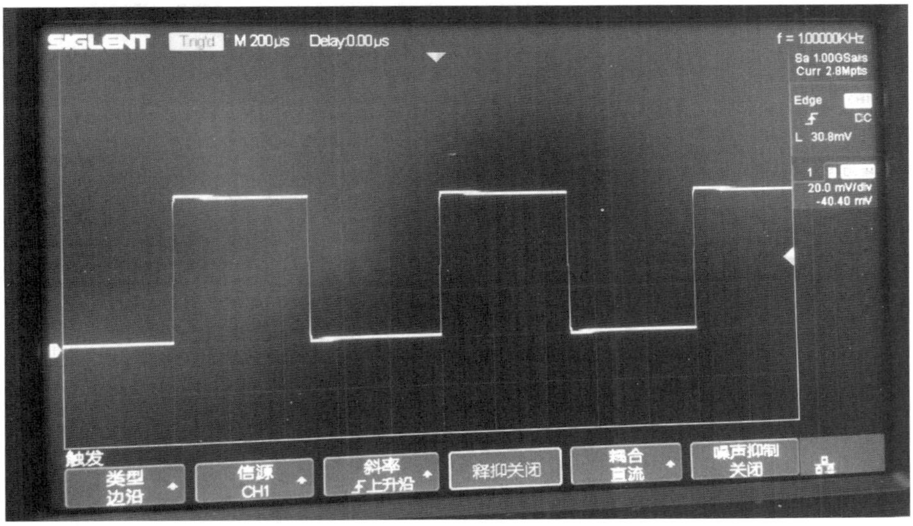

图 1.1.13　触发设置界面

2．边沿触发类型设置介绍

鼎阳 SDS1000X 系列示波器提供边沿、斜率、脉宽、视频、窗口、间隔、超时、欠幅、码型和串行总线（IIC/SPI/URAT/RS232 ）等多种的触发类型。此处只简单介绍边沿触发方式。在边沿触发类型下可以进行如表 1.1.3 所示的设置。

表 1.1.3　边沿触发设置说明

功能菜单	设　定	说　　明
类型（触发方式）	边沿	边沿触发类型通过查找波形上的指定沿（上升沿、下降沿、上升&下降沿）和电压电平来识别触发
信源选择	CH1	设置 CH1 作为信源触发信号
	CH2	设置 CH2 作为信源触发信号
	EXT	设置外触发输入通道作为信源触发信号
	EXT/5	设置外触发源除以 5，扩展外触发电平范围
	市电	设置市电触发
斜率	上升	设置在信号上升边沿触发
	下降	设置在信号下降边沿触发
	上升下降	设置在信号上升边沿和下降边沿触发
触发释抑	释抑关闭	关闭释抑时间的调节功能
	释抑时间	通过调节释抑时间稳定触发复杂波形（详见下页）
触发耦合	直流	允许直流（DC）和交流信号（AC）进入触发路径
	交流	阻挡信号的直流成分并衰减低于 5.8Hz 的信号
	高频抑制	抑制信号中高于 1.27MHz 的高频成分
	低频抑制	阻挡信号的直流成分并抑制低于 2.08MHz 的低频成分
噪声抑制	开启/关闭	开启该功能后，能减小触发信号中噪声触发的可能性，但同时会降低触发的灵敏度

3．触发释抑

触发释抑可稳定触发复杂波形（如脉冲系列）。释抑时间是指从触发之后到下一次重新启用触发电路之前示波器等待的时间。示波器在释抑结束前不会触发。

正确的释抑时间一般略小于波形的一次重复，将释抑设置为此时间，会为一个重复波形生成唯一的触发点。

例如，要在图 1.1.14 所示的重复脉冲上获得稳定的触发，可将释抑时间（Holdoff）设置为 200ns<t<600ns。

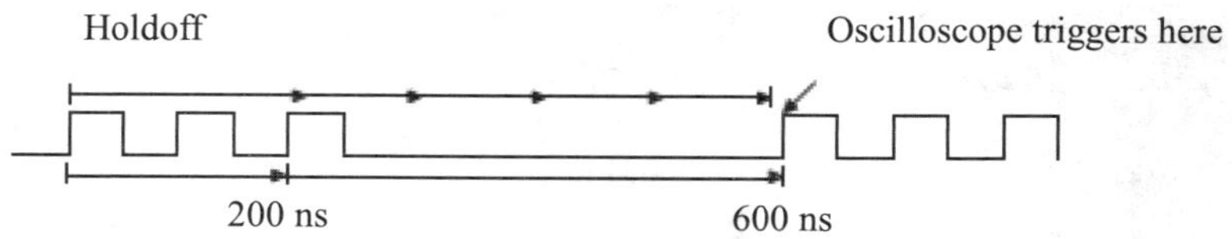

图 1.1.14　抑释时间示意图

操作说明：

（1）按下触发控制区的 Setup 键。

（2）找到触发释抑的设置键，一般鼎阳 SDS1000X 系列示波器默认为释抑关闭，按“释抑关闭”按键将显示默认释抑时间 100ns。

（3）旋动多功能旋钮（↻）改变释抑时间，直至所需设定的值。

（六）设置显示系统

如图 1.1.15 所示，在常用功能区正中的 Display/Persist 为显示系统的功能按键。

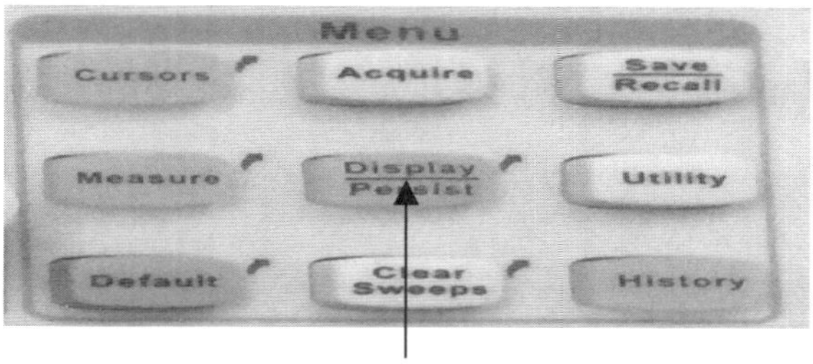

图 1.1.15　显示功能按钮

按下该键将显示两页菜单如图 1.1.16 所示。

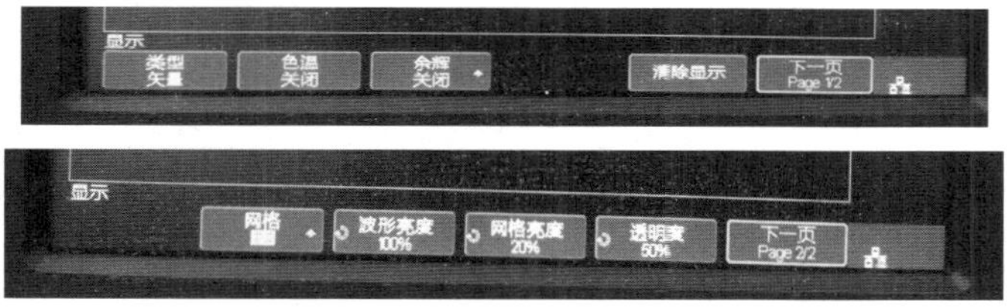

图 1.1.16　显示设置菜单

其功能，如表 1.1.4 所示。

表 1.1.4　显示设置菜单说明

功能菜单	设　定	说　　明
显示类型	矢量	采样点之间通过连线的方式显示
	点	直接显示采样点
色温	开启/关闭	色温功能开启时采用颜色的变化来体现波形出现频率的大小。波形出现的频率越大，颜色越暖
余辉	关闭	屏幕波形以高刷新率更新
	可变余辉时间	屏幕上的波形数据保持设定的余辉时间（可设置为 1 秒、5 秒、10 秒、30 秒），新的数据加入将刷新余辉时间前的数据
	无限	示波器永不清除已采集的波形。使用无限余辉可测量噪声和抖动，捕获偶发事件
清除显示		清除当前屏幕所显示的波形，采集并显示新的波形
网格	8 行 14 列 2 行 2 列 无网格	根据实际需要选择所需网格类型
波形亮度	百分比值	通过调节多功能旋钮设置波形的亮度
网格亮度	百分比值	通过调节多功能旋钮设置网络的亮度
透明度	百分比值	通过调节多功能旋钮设置弹出菜单操作中信息显示框的透明程度

注意：

显示类型包含矢量和点显示。在点显示模式下，若输入信号频率较高，而扫描速度较低时，会出现频率混叠显现，即此时示波器显示波形就好像未同步的低频信号。为解决频率混叠的问题应采用矢量显示模式。

（七）自动测量

如图 1.1.17 所示，Measure 为自动测量功能按键。自动测量包括电压参数测量、时间参数测量和延迟参数测量。

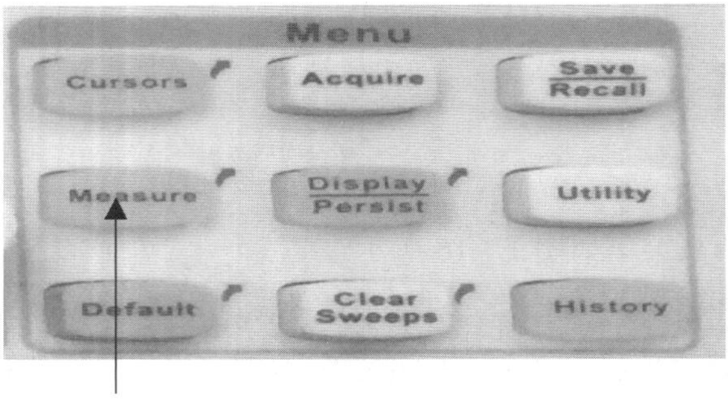

图 1.1.17 自动测量功能按钮

按下 Measure 键，系统出现参数测量显示菜单，首次按下 Measure 键自动开启测量统计功能，如图 1.1.18 所示。

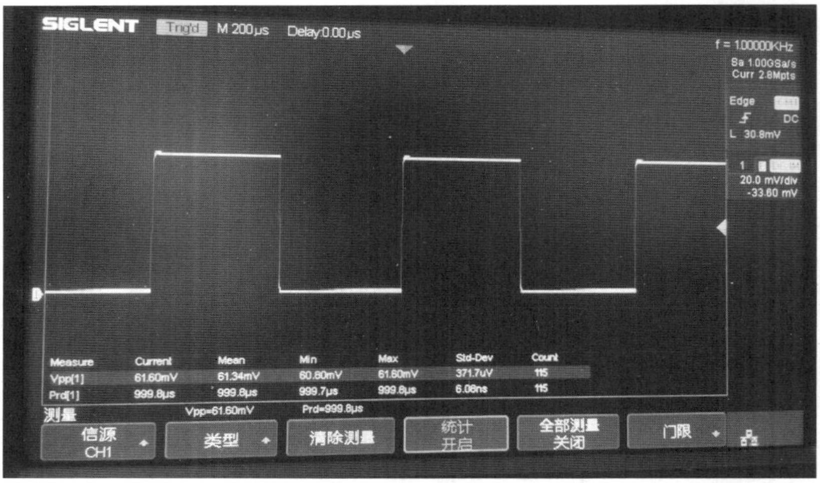

图 1.1.18 自动测量显示界面

自动测量菜单各项功能如表 1.1.5。

1．自动测量基本操作步骤

（1）按下 Measure 键打开自动测量菜单。

（2）按下信源软键，旋转多功能旋钮选择要测量波形通道。

（3）选择要测量参数并显示。

表 1.1.5 自动测量功能菜单

功能菜单	设定	说　明
信源	CH1/CH2/Math/Ref	确认被测信号源
类型	时间参数 电压参数 延迟参数	选择被测的参数
清除测量		按下清除测量软键可清除当前屏幕显示的所有测量参数
统计	开启/关闭	统计并显示最后打开的测量结果的当前值、平均值、最小值、最大值、标准差以及计数（进行测量的次数）
全部测量	开启/关闭	打开所有电压测量和时间测量参数并显示在屏幕上方
门限	开启/关闭	通过设置门限上下限来进行区域测量

按下类型软键，将出现如图 1.1.19 所示的界面，旋转多功能旋钮可以左右移动光标，旋转触发电平旋钮可以上下移动光标选择要测量参数。按下旋钮后，该参数被选中，其值显示在屏幕底部。若显示的数据为“*****”，表明在当前的设置下，此参数不可测。

值得注意的是：只有在 CH1 和 CH2 通道都被点亮时，才能进行延迟参数测量，否则这些参数将被灰化不可能被选中（如图 1.1.19 中所示）。延迟参数测量时，在 CH1 和 CH2 通道都被点亮的前提下，先选中 CH1～CH2 选项才能够选择具体的延迟参数。

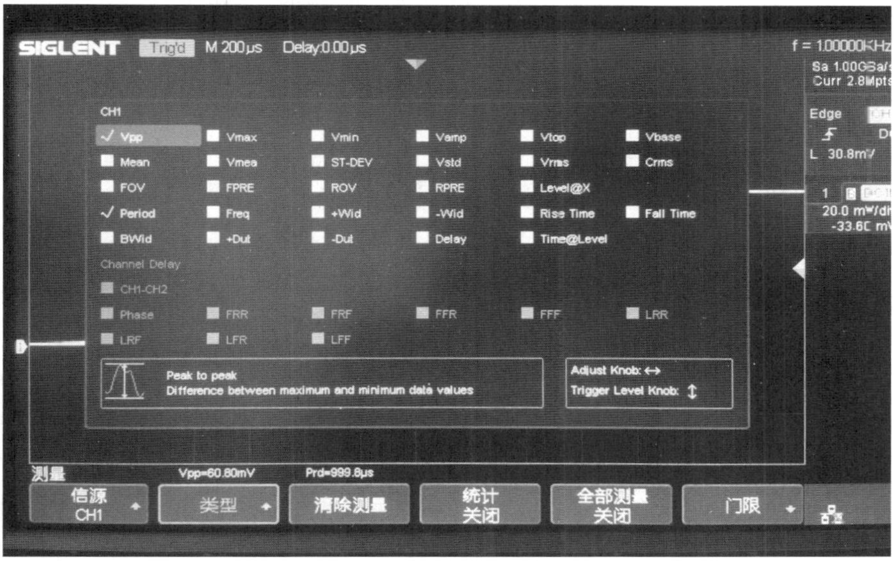

图 1.1.19 测量参数的选择

2．全部测量

全部测量可同时打开这款示波器自动测量时被测通道能测试的电压测量和时间测量参数，并全部显示在屏幕上方的信息显示框中。正确步骤如下：

（1）按 Measure 键打开自动测量菜单。

（2）按下信源软键选择要测量波形通道。

（3）按下全部测量键打开测量结果。

3．参数缩写含义说明（如图 1.1.20）

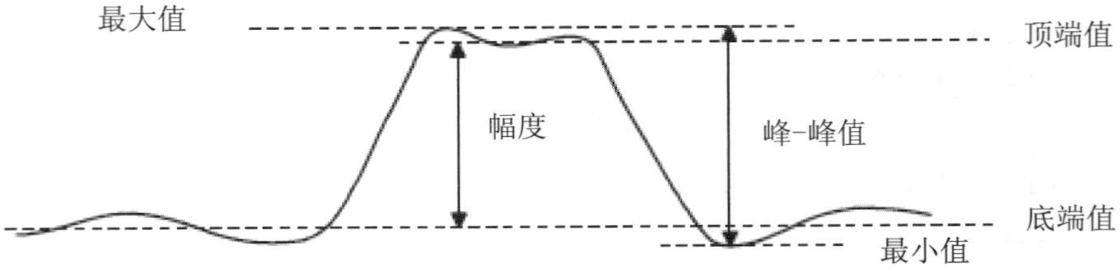

图 1.1.20　基本电压参数示意

（1）电压测量

SDS1000X 示波器可以自动测量以下 16 种电压参数。

- Vpp 峰峰值：峰-峰值是最大值和最小值之间的差值。
- Vmax 最大值：波形最高点至 GND（地）的电压值。
- Vmin 最小值：波形最低点至 GND（地）的电压值。
- Vamp 幅值：波形的幅度是顶端值和低端值之间的差值。
- Vtop 顶端值：波形平顶至 GND（地）的电压值。
- Vbase 底端值：波形平底至 GND（地）的电压值。
- Mean 周期平均值：整个波形或选通区域上的算术平均值。
- Vmea 平均值：第一个周期内波形的算术平均值。
- ST-DEV 标准差：所有波形点电压的方差的算术平方根
- Vstd 周期标准差：第一个周期内所有波形点的标准差
- Vmea 均方根：整个波形或选通区域上的均方根值。
- Crms 周期均方根：第一个周期内波形的均方根值。
- 过激：是大边沿（距触发参考点最近的边沿）转换后的失真，以幅度的百分比表示。它包括上升过激（FPRE）和下降过激（FOV），如图 1.1.21 所示。

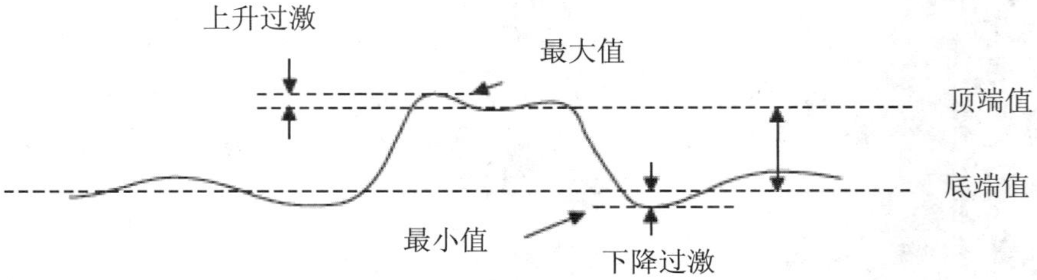

图 1.1.21　上升/下降过激示例图

$$\text{上升过激} = \frac{\text{最大值} - \text{顶端值}}{\text{幅值}} \times 100\%$$

$$\text{下降过激} = \frac{\text{最小值} - \text{底端值}}{\text{幅值}} \times 100\%$$

- 前激：是大边沿（距触发参考点最近的边沿）转换前的失真，以幅度的百分比表示。它包括上升前激（RPRE）和下降前激（ROV），如图 1.1.22 所示。

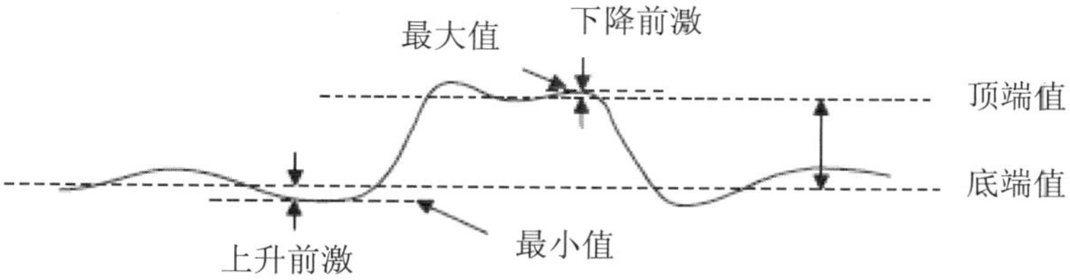

图 1.1.22 上升/下降前激示例图

$$下降前激=\frac{最大值-顶端值}{幅值}\times 100\%$$

$$上升前激=\frac{最小值-底端值}{幅值}\times 100\%$$

（2）时间测量

SDS1000X 示波器可以自动测量以下 11 种时间参数，如图 1.1.23 所示。

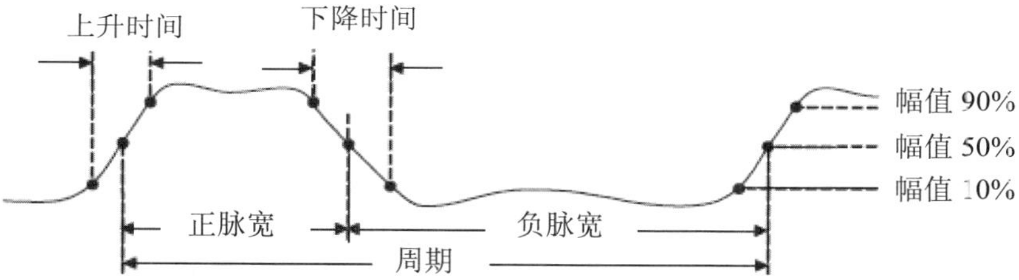

图 1.1.23 时间参数示意图

- Period 周期：定义为两个连续、同极性边沿的中阈值交叉点之间的时间。
- Freq 频率：定义为周期的倒数。
- +Wid 正脉宽：从脉冲上升沿的 50%阈值处到紧接着的一个下降沿的 50%阈值处之间的时间差。
- –Wid 负脉宽：从脉冲下降沿的 50%阈值处到紧接着的一个上升沿的 50%阈值处之间的时间差。
- Rise Time 上升时间：信号幅度从 10%上升至 90%所经历的时间。
- Fall Time 下降时间：信号幅度从 90%下降至 10%所经历的时间。
- BWid 脉宽：从脉冲上升沿的 50%阈值处到下一个相邻上升沿的 50%阈值处之间的时间差。
- +Dut 正占空比：正脉宽与周期的比值。
- –Dut 负占空比：负脉宽与周期的比值。
- Delay 延迟：第一个触发沿的 50%阈值处到触发点之间的时间差。
- Time@Level：过每个上升沿的 50%幅值的点到触发位置的时间统计。

（八）光标测量

示波器自动测量的参数总是有限的，对自动测量功能下不能测试的参数可以通过光标手动测量完成。

如图 1.1. 24 所示，在 MENU 控制区的 CURSOR 为光标测量功能按键。

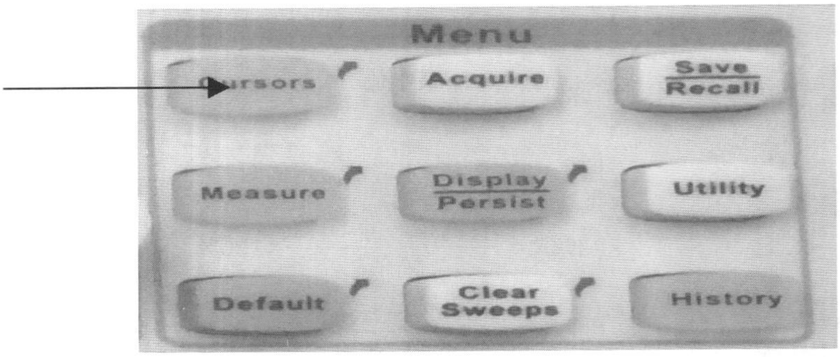

图 1.1.24 光标测量功能按钮

光标测量分为两种模式：手动和追踪。追踪模式下示波器的光标会自动跟踪对应通道信号变化，此处主要介绍手动测量模式。

操作步骤如下：

1．按下示波器前面板的 Cursors 键快速开启光标，并进入光标菜单，如图 1.1.25 所示。

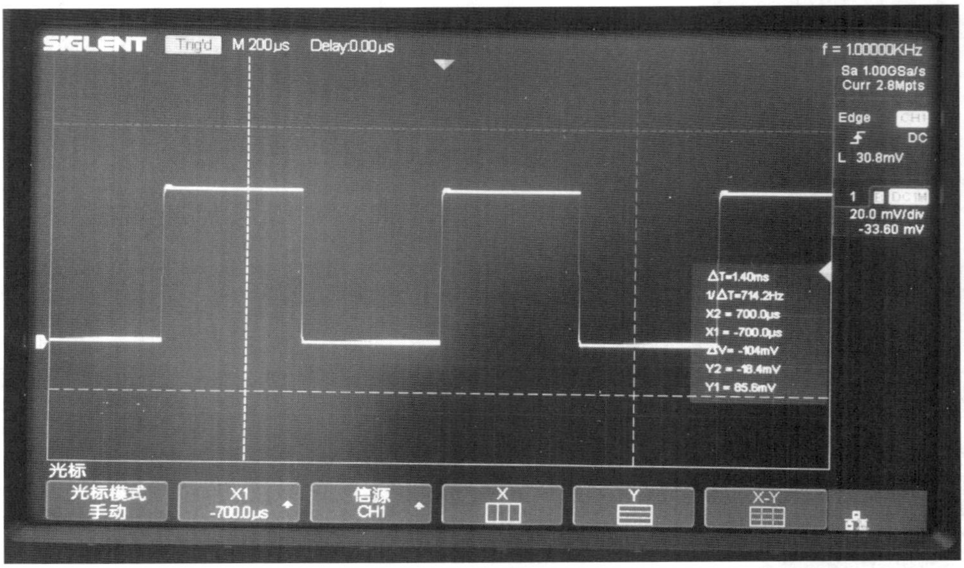

图 1.1.25 光标测量

2．按下光标模式软键选择手动模式。

3．按下信源软键，旋转多功能旋钮选择被测信号通道，按下旋钮进行确认。

4．选择光标类型

如果只测试时间参数可以选择菜单第四个按键“X”，则屏幕上只显示 X 光标；

如果只测试时间参数可以选择菜单第五个按键“Y”，则屏幕上只显示 Y 光标；

如果选择菜单第六个按键“X-Y”，则屏幕上同时显示 X 和 Y 光标，可以同时测量时间值和电压值。

5．具体光标的调节

按菜单第二个按键，可以选择具体光标，旋转多功能旋钮将光标移到待测量处，通过屏幕上的信息可以读出所测量的值，如图 1.1.26 所示。

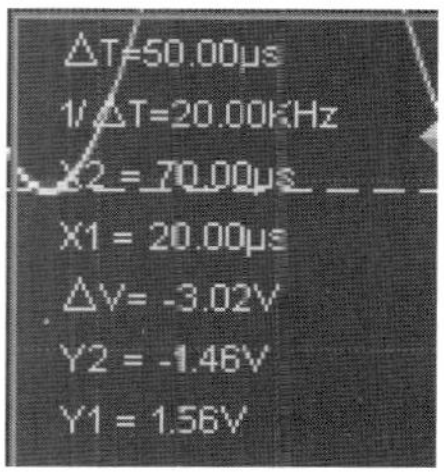

图 1.1.26　光标测量结果

6．屏幕显示参数的含义

ΔT：为两个光标之间的时间值。

1/ΔT：为两个光标之间时间值的倒数。

X2：X2 光标相对水平参考点的时间值。

X1：X1 光标相对水平参考点的时间值。

ΔV：为被测通道两个光标之间的电压差值。

Y2：Y2 光标对被测通道地的电压值。

Y1：Y1 光标对被测通道地的电压值。

以上为鼎阳 SDS1000X 系列示波器测试简单波形所涉及相关功能的简单介绍，如需进一步了解请查阅说明书或相关资料。

1.1.2　普源 DS1000 系列示波器

一、示波器外观

普源 DS1000 系列示波器面板操作说明图如图 1.1.27 所示，显示界面如图 1.1.28 所示。

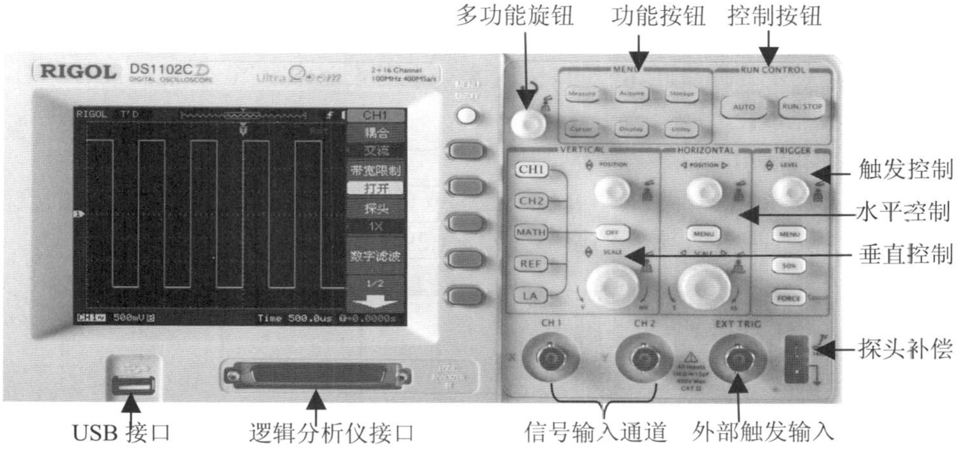

图 1.1.27　面板操作说明图

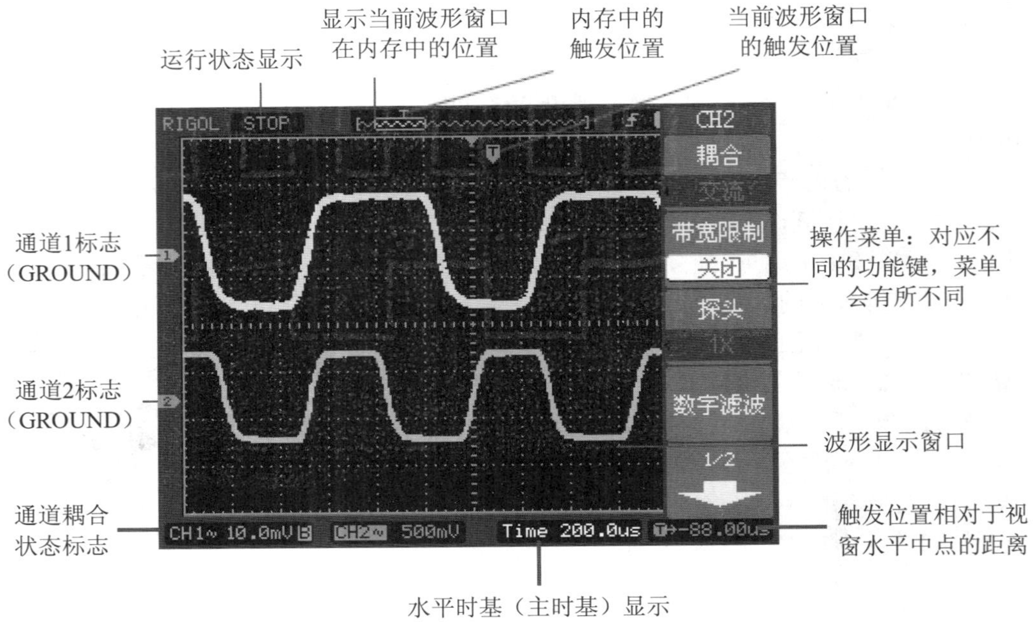

图 1.1.28　显示界面说明图

二、示波器操作

（一）探头补偿

在首次将探头与任一输入通道连接时，需要进行此项调节，使探头与输入通道相配。未经补偿校正的探头会导致测量误差或错误。若调整探头补偿，请按如下步骤：

1．探头上的开关置于 10×，并将示波器探头与 CH1 连接。如使用探头钩形头，应确保与探头接触可靠。将探头端部与探头补偿器的信号输出连接器相连，接地夹与探头补偿器的地线连接器相连。按 CH1 功能键显示通道 1 的操作菜单，应用与探头项目平行的 3 号菜单操作键，选择与您使用的探头同比例的衰减系数，此时设定应为 10×。然后按 AUTO，几秒钟内，可见到方波显示。

2．观察显示的波形。

如显示波形如图 1.1.28 所示的“补偿不足”或“补偿过度”，用非金属手柄的改锥调整探头上的可变电容，直到屏幕显示的波形如图 1.1.29“补偿正确”。

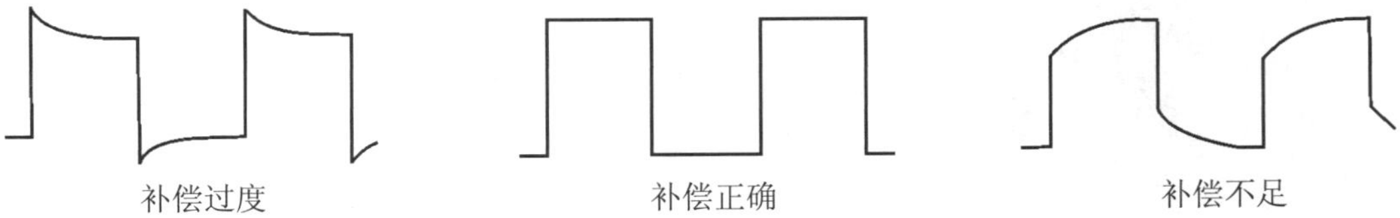

图 1.1.29　探头补偿调节

3．以同样的方法检查通道 2（CH2）。按 OFF 功能按钮或再次按下 CH1 功能按钮以关闭通道 1，按 CH2 功能按钮以打开通道 2，重复步骤 1 和步骤 2。

（二）波形显示的自动设置

DS1000系列数字示波器具有自动设置的功能。根据输入的信号，可自动调整电压倍率、时基以及触发方式至最好形态显示。应用自动设置要求被测信号的频率大于或等于50Hz，占空比大于1%。使用自动设置：

（1）将被测信号连接到信号输入通道。

（2）按下 AUTO 按钮。

示波器将自动设置垂直、水平和触发控制。如需要，可手工调整这些控制使波形显示达到最佳。

（三）设置垂直系统

如图 1.1.30 所示，在垂直控制区（VERTICAL）有一系列的按键、旋钮。

1．垂直通道旋钮的应用

（1）垂直 POSITION 旋钮控制信号的垂直显示位置。当转动垂直旋钮时，指示通道地（GROUND）的标识跟随波形上下移动。

按下 POSITION 旋钮时，通道垂直标志恢复到屏幕垂直方向的中心。

（2）转动垂直 SCALE 旋钮改变“Volt/div”（伏/格）垂直档位，显示界面状态栏对应通道的档位显示发生了相应的变化。

（3）按 CH1、CH2、MATH、REF、LA 屏幕显示对应通道的操作菜单、标志、波形和档位状态信息。按 OFF 按键关闭当前选择的通道。

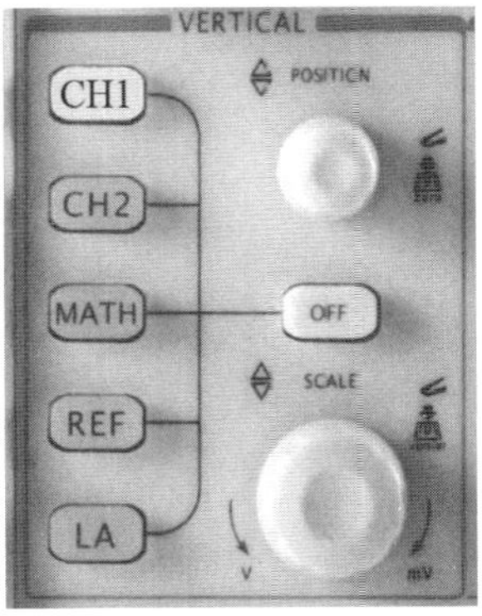

图 1.1.30　垂直控制系统

（4）按下垂直 SCALE 旋钮作为切换输入通道的粗调/微调状态的快捷键，按下垂直 SCALE 旋钮后调节该旋钮即可粗调/微调垂直档位。

注意：需要调整的通道只有处于选中的状态，垂直 POSITION 和垂直 SCALE 旋钮才能调节此通道。通道按键灯亮说明该通道已被激活，若希望关闭某个通道，再次按下该通道按键或此通道在当前处于选中状态时，按 OFF 按键也可将其关闭，通道按键灯灭。

2．通道的设置

每个通道有独立的垂直菜单。每个项目都按不同的通道单独设置。按 CH1 或 CH2 功能按键，系统显示 CH1 或 CH2 通道的操作菜单，通道设置菜单说明见表 1.1.6、表 1.1.7 所示。

表 1.1.6　通道设置菜单

功能菜单	设　定	说　　明
耦合	交流 直流 接地	阻挡输入信号的直流成分 通过输入信号的交流和直流成分 断开输入信号
带宽限制	打开 关闭	限制带宽至 20MHz，以减少显示噪音 满带宽
探头	1× 5× 10× 50× 100× 500× 1000×	根据探头的衰减因数选取其中一个值，以保持垂直标尺读数准确
数字滤波		设置数字滤波（见表 1.1.2）
↓ （下一页）	1/2	进入下一页菜单（以下均同，不再说明）
↑ （上一页）	2/2	返回上一页菜单（以下均同，不再说明）
档位调节	粗调 微调	粗调 1-2-5 进制设定垂直灵敏度 微调则在粗调设置范围之间进一步细分，以改善垂直分辨率
反相	打开 关闭	显示的信号相对地电位翻转 180 度 波形正常显示

表 1.1.7　数字滤波器设置菜单

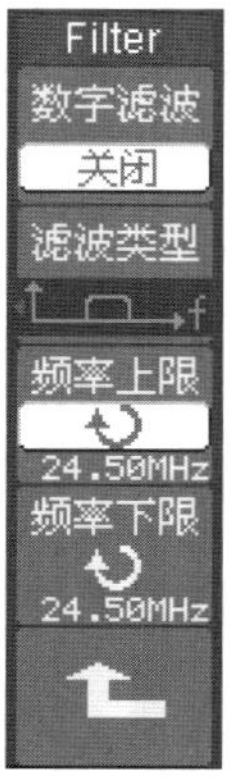

功能菜单	设　定	说　　明
数字滤波	关闭 打开	关闭数字滤波器 打开数字滤波器
滤波类型	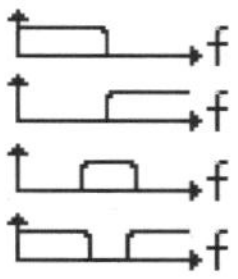	设置滤波器为低通滤波 设置滤波器为高通滤波 设置滤波器为带通滤波 设置滤波器为带阻滤波
频率上限	<上限频率>	多功能旋钮（　）设置频率上限
频率下限	<下限频率>	多功能旋钮（　）设置频率下限
		返回上一级菜单（以下均同，不再说明）

3．数学运算

数学运算（MATH）功能是显示 CH1、CH2 通道波形相加、相减、相乘以及 FFT 运算的结果。数学运算的结果同样可以通过栅格或游标进行测量，如表 1.1.8 所示。

表 1.1.8　数学运算菜单说明

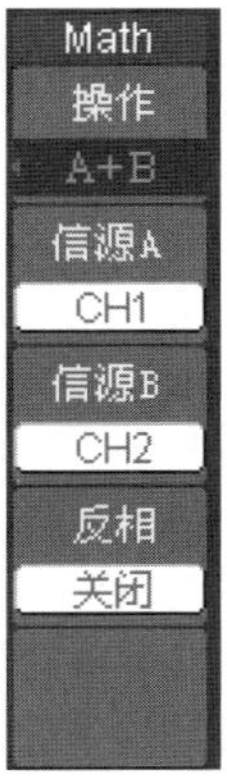

功能菜单	设　定	说　　明
操作	A+B	信源 A 与信源 B 波形相加
	A−B	信源 A 波形减去信源 B 波形
	A×B	信源 A 与信源 B 波形相乘
	FFT	FFT 数学运算
信源 A	CH1	设定信源 A 为 CH1 通道波形
	CH2	设定信源 A 为 CH2 通道波形
信源 B	CH1	设定信源 B 为 CH1 通道波形
	CH2	设定信源 B 为 CH2 通道波形
反相	打开	打开数学运算波形反相功能
	关闭	关闭反相功能

此处重点说明 FFT 频谱分析。

使用 FFT（快速傅里叶变换）数学运算可将时域（YT）信号转换成频域信号。使用 FFT 可以方便地观察下列类型的信号（如表 1.1.9 所示）：

- 测量系统中谐波含量和失真
- 表现直流电源中的噪声特性
- 分析振动

表 1.1.9　FFT 操作菜单说明

功能菜单	设　定	说　　明
操作	A+B	信源 A 与信源 B 波形相加
	A−B	信源 A 波形减去信源 B 波形
	A×B	信源 A 与信源 B 波形相乘
	FFT	FFT 数学运算
信源选择	CH1	设定信源 CH1 为运算波形
	CH2	设定信源 CH2 为运算波形
窗函数	Rectangle	设定 Rectangle 窗函数
	Hanning	设定 Hanning 窗函数
	Hamming	设定 Hamming 窗函数
	Blackman	设定 Blackman 窗函数
显示	分屏	半屏显示 FFT 波形
	全屏	全屏显示 FFT 波形
垂直刻度	Vrms	设定以 Vrms 为垂直刻度单位
	dBVrms	设定以 dBVrms 为垂直刻度单位

✧ FFT 操作技巧

● 具有直流成分或偏差的信号会导致 FFT 波形成分的错误或偏差。为减少直流成分可以选择“交流”耦合方式。

● 为减少重复或单次脉冲事件的随机噪声以及混叠频率成分，可设置示波器的获取模式为平均获取方式。

● 如果在一个大的动态范围内显示 FFT 波形，建议使用 dBVrms 垂直刻度。dB 刻度应用对数方式显示垂直幅度大小。

● 如果 YT 波形的周期为非整数时，就引起波形开始和结束处的波形幅值不同，从而使连接处产生高频瞬态中断。在频域中，这种效应称为泄漏。为避免泄漏的产生，在原波形上乘以一个窗函数，强制开始和结束处的值为 0，如表 1.1.10 所示。

表 1.1.10 FFT 窗函数说明

FFT 窗	特　点	最合适的测量内容
Rectangle	最好的频率分辨，最差的幅度分辨率 与不加窗的状况基本类似	暂态或短脉冲，信号电平在此前后大致相等 频率非常相近的等幅正弦波 具有变化比较缓慢波谱的宽带随机噪声
Hanning	与矩形窗比，具有较好的频率分辨率，较差的幅度分辨率	正弦、周期和窄带随机噪声
Hamming	Hamming 窗的频率分辨稍好于 Hanning 窗	暂态或短脉冲，信号电平在此前后相差很大
Blackman	最好的幅度分辨，最差的频率分辨率	主要用于单频信号，寻找更高次谐波

关于 REF 功能和 LA 通道的设置此处不再讲解，若需使用请参见说明书。

（四）设置水平系统

如图 1.1.31 所示，在水平控制区（HORIZONTAL）有一系列的按键、旋钮。

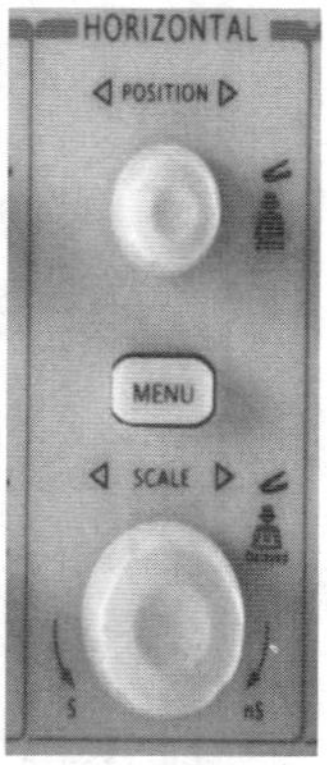

图 1.1.31 水平控制区

1. 水平通道旋钮的应用

使用水平控制钮可改变水平刻度（时基）、触发在内存中的水平位置（触发位移）。屏幕水平方向上的中点是波形的时间参考点。改变水平刻度会导致波形相对屏幕中心扩张或收缩。水平位置改变波形相对于触发点的位置。

（1）使用水平 POSITION 旋钮调整信号在波形窗口的水平位置，转动水平旋钮时，可以观察到波形随旋钮而水平移动。按下该键使波形位移（或延迟扫描位移）恢复到水平零点处。

（2）使用水平 SCALE 旋钮改变水平档位设置，即秒/格（s/div），水平扫描速度从 2ns（示波器型号不同，其水平扫描速度也有差别）～50s，以 1-2-5 的形式步进。按下该键切换到延迟扫描状态（参看延迟 扫描（Delayed）的介绍）。

2. 水平系统的设置

按 MENU 按钮，显示 TIME 菜单。在此菜单下，可以开启/关闭延迟扫描或切换 Y-T、X-Y 和 ROLL 模式，还可以设置水平触发位移复位，如表 1.1.11 所示。

表 1.1.11　水平设置菜单

功能菜单	设　定	说　　明
延迟扫描	打开	进入 Delayed 波形延迟扫描
	关闭	关闭延迟扫描
时基	Y-T	Y-T 方式显示垂直电压与水平时间的相对关系
	X-Y	X-Y 方式在水平轴上显示通道 1 幅值，在垂直轴上显示通道 2 幅值
	Roll	Roll 方式下示波器从屏幕右侧到左侧滚动更新波形采样点
采样率		显示系统采样率
触发位移复位		调整触发位置到中心零点

操作说明：

◆　滚动模式

当仪器进入滚动模式，波形自右向左滚动刷新显示。在滚动模式中，波形水平位移和触发控制不起作用。一旦设置滚动模式，时基控制设定必须在 500ms/div，或更慢。

◆　延迟扫描

延迟扫描用来放大一段波形，以便查看图像细节。延迟扫描时基设定不能慢于主时基的设定。

在延迟扫描下，分两个显示区域，如图 1.1.32 所示。

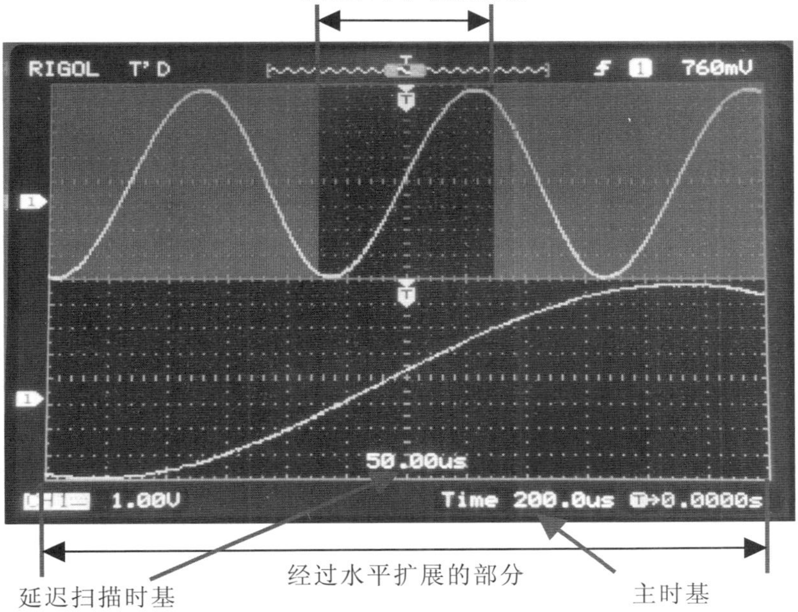

图 1.1.32　延迟扫描示意图

上半部分显示的是原波形，未被半透明蓝色覆盖的区域是期望被水平扩展的波形部分。此区域可以通过转动水平 POSITION 旋钮左右移动，或转动水平 SCALE 旋钮扩大和减小选择区域。

下半部分是选定的原波形区域经过水平扩展的波形。

值得注意的是，延迟时基相对于主时基提高了分辨率（如图 1.1.12 所示）。由于整个下半部分显示的波形对应于上半部分选定的区域，因此转动水平 SCALE 旋钮减小选择区域可以提高延迟时基，即提高了波形的水平扩展倍数。

（五）设置触发系统

触发决定了示波器何时开始采集数据和显示波形。若触发未被正确设定，它将不能稳定的显示实时的波形。

示波器操作面板的触发控制区如图1.1.33所示：包括触发电平调整旋钮LEVEL；触发菜单按键MENU；设定触发电平在信号垂直中点的50%；强制触发按键FORCE。

LEVEL：触发电平。设定触发点对应的信号电压，按下此旋钮使触发电平立即回零。

50%：将触发电平设定在触发信号幅值的垂直中点。

FORCE：强制产生一触发信号，主要应用于触发方式中的“普通”和“单次”模式。

MENU：触发设置菜单键。

触发方式有：边沿、脉宽、斜率、视频、交替、码型和持续时间触发。此处只简单介绍边沿触发方式。

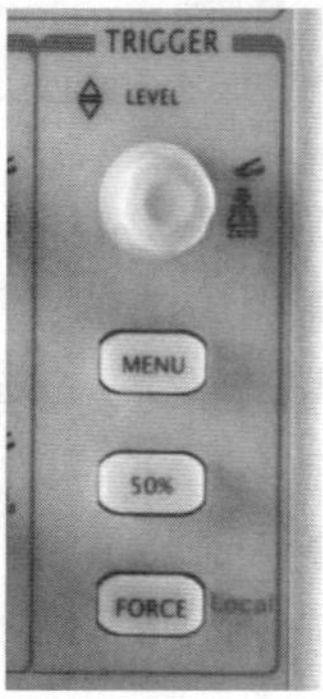

图 1.1.33　触发控制区

◆　边沿触发方式是在触发信号边沿的触发阈值上触发，即在触发信号的上升沿、下降沿或上升和下降沿触发，如表 1.1.12 所示。

表 1.1.12　边沿触发菜单

功能菜单	设　定	说　　明
信源选择	CH1	设置通道 1 作为信源触发信号
	CH2	设置通道 2 作为信源触发信号
	EXT	设置外触发输入通道作为信源触发信号
	AC Line	设置市电触发
	D15～D0	设置数字通道 D15～D0 中任一通道作为信源触发信号
边沿类型	（上升沿）	设置在信号上升边沿触发
	（下降沿）	设置在信号下降边沿触发
	↑↓（上升&下降沿）	设置在信号上升沿和下降沿触发
触发方式	自动	设置在没有检测到触发条件下也能采集波形
	普通	设置只有满足触发条件时才采集波形
	单次	设置当检测到一次触发时采样一个波形，然后停止
触发设置		进入触发设置菜单，详细说明见表 1.1.8

◆ 进入触发设置菜单，针对不同的触发方式，可设置的触发选项（触发耦合，灵敏度和触发释抑）有所不同，如表 1.1.13 所示。

表 1.1.13 触发设置菜单

功能菜单	设 定	说 明
耦合	交流	设置阻止直流分量通过
	直流	设置允许所有分量通过
	低频抑制	阻止信号的低频部分通过，只允许高频分量通过
	高频抑制	阻止信号的高频部分通过，只允许低频分量通过
灵敏度	<灵敏度设置>	设置触发灵敏度
触发释抑	<触发释抑设置>	设置可以接受另一触发事件之前的时间量
触发释抑复位		设置触发释抑时间为 100ns

◆ 触发释抑

使用触发释抑控制可稳定触发复杂波形。释抑时间是指示波器重新启用触发电路所等待的时间。在释抑期间，示波器不会触发，直至释抑时间结束。例如，一组脉冲系列，要求在该脉冲系列的第一个脉冲触发，则可以将释抑时间设置为脉冲串宽度，如图 1.1.34 所示。

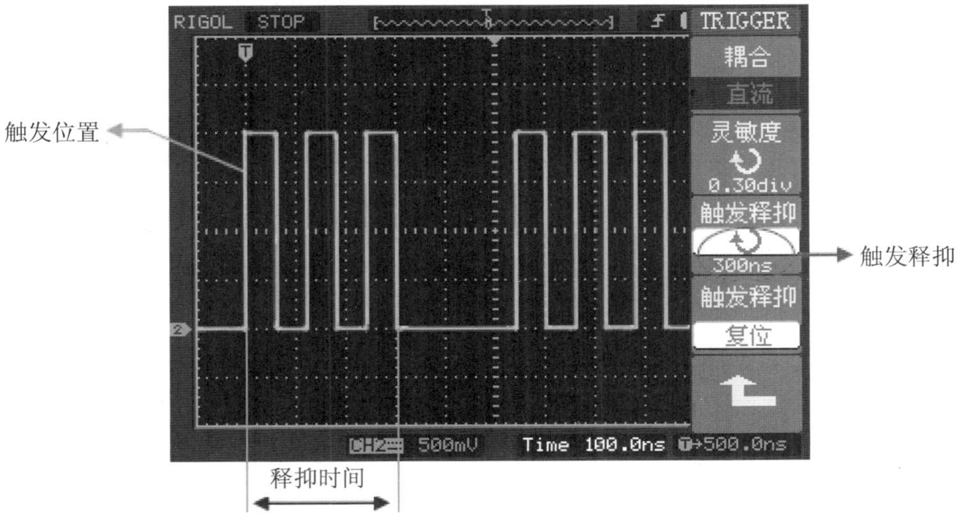

图 1.1.34 触发抑释示意图

操作说明：

1. 按下触发 MENU 菜单按钮，显示触发菜单。
2. 按“触发设置”对应的菜单操作键，进入触发设置菜单。
3. 按“触发释抑”对应的菜单按键。
4. 旋动多功能旋钮（ ）改变释抑时间，直至波形稳定触发。

（六）设置显示系统

如图 1.1.35 所示，在 MENU 控制区的 DISPLAY 为显示系统的功能按键。

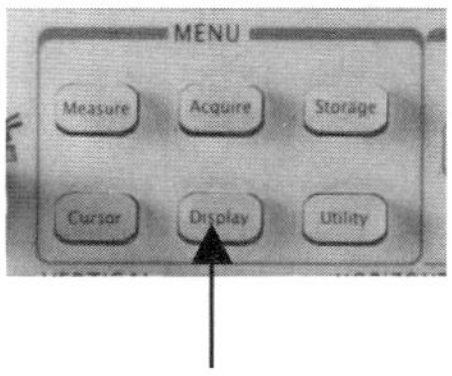

图 1.1.35　显示功能按钮

使用 DISPLAY 按钮弹出表 1.1.14、1.1.15 所示设置菜单，通过菜单控制按钮调整显示方式。

表 1.1.14　显示设置菜单（第一页）

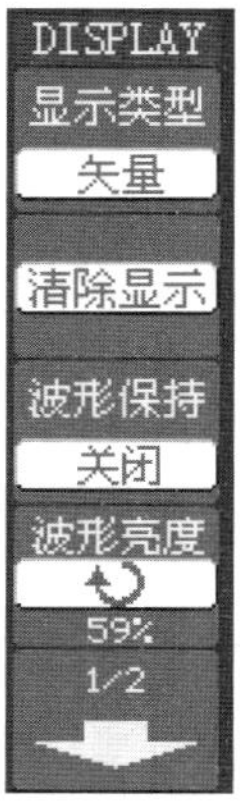

功能菜单	设　定	说　　明
显示类型	矢量点	采样点之间通过连线的方式显示 直接显示采样点
清除显示		清除所有屏幕显示波形
波形保持	关　闭 无　限	记录点以高刷新率变化 记录点一直保持，直至波形保持功能被关闭
波形亮度	↻ <波形亮度>	设置波形亮度

表 1.1.15　显示设置菜单（第二页）

功能菜单	设　定	说　　明
屏幕网格	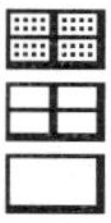	打开背景网格及坐标 关闭背景网格 关闭背景网格及坐标
网格亮度	↻ <网格亮度>	设置网格亮度
菜单保持	1s 2s 5s 10s 20s 无限	设置隐藏菜单时间。菜单将在最后一次按键动作后的设置时间后隐藏

注意：

显示类型包含矢量和点显示。在点显示模式下，若如入信号频率较高，而扫描速度较低时，会出现频率混叠显现，即此时示波器显示波形就好像未同步的低频信号。为解决频率混叠的问题应采用矢量显示模式。

（七）自动测量

如图 1.1.36 所示，在 MENU 控制区的 MEASURE 为自动测量功能按键。

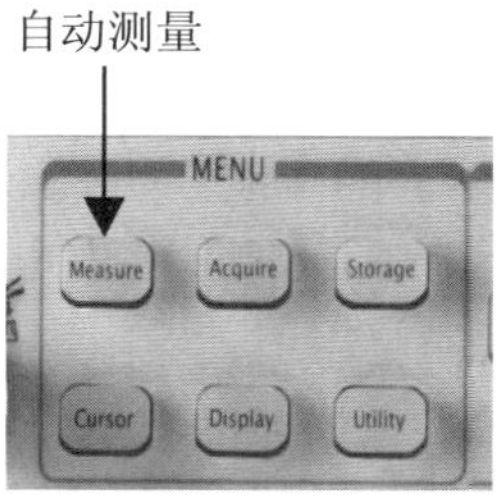

图 1.1.36　自动测量功能按钮

按 MEASURE 自动测量功能键，系统显示自动测量操作菜单，如表 1.1.16 所示。本示波器具有 20 种自动测量功能。包括共 10 种电压测量和 10 种时间测量。

表 1.1.16　测量功能菜单

功能菜单	设　定	说　　明
信源选择	CH1 CH2	设置被测信号的输入通道
电压测量		选择测量电压参数
时间测量		选择测量时间参数
消除测量		清除测量结果
全部测量	关闭 打开	关闭全部测量显示 打开全部测量显示

操作说明：

1．选择被测信号通道：根据信号输入通道不同，选择 CH1 或 CH2。

按钮操作顺序为：MEASURE→信源选择→CH1 或 CH2。

2．选择参数测量：按菜单操作键选择测量类型，按钮操作顺序为： MEASURE→电压测量、时间测量→最大值、最小值……

3．获得测量数值：按菜单操作键选择参数类型，并在屏幕下方直接读取显示的数据。若显示的数据为“*****”，表明在当前的设置下，此参数不可测。

注意：

自动测量的结果显示在屏幕下方，最多可同时显示 3 个。当显示已满时，新的测量结果会导致原结果左移，从而将原屏幕最左端的结果挤出屏幕之外。

4．获得全部测量数值：按菜单操作键，设置“全部测量”项状态为打开。18 种测量参数值，显示于屏幕下方。

注意：

全部测量数值只包括本通道的参数，不包括两个通道的相对值，如延迟时间。

本示波器能自动测量的 20 种参数说明：

➢ 本示波器能自动测量的电压参数（如图 1.1.37 所示）

峰峰值（Vpp）：波形最高点波峰至最低点的电压值。

最大值（Vmax）：波形最高点至 GND（地）的电压值。

最小值（Vmin）：波形最低点至 GND（地）的电压值。

幅值（Vamp）：波形顶端至底端的电压值。

顶端值（Vtop）：波形平顶至 GND（地）的电压值。

底端值（Vbase）：波形平底至 GND（地）的电压值。

过冲（Overshoot）：波形最大值与顶端值之差与幅值的比值。

预冲（Preshoot）：波形最小值与底端值之差与幅值的比值。

平均值（Average）：单位时间内信号的平均幅值。

均方根值（Vrms）：即有效值。

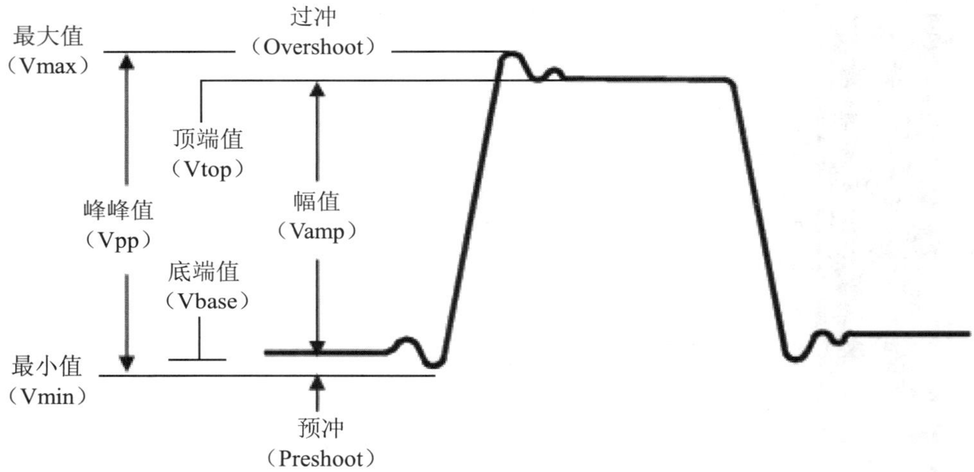

图 1.1.37　电压参数示意图

➢ 本示波器能自动测量的时间参数（如图 1.1.38 所示）

本示波可以自动测量信号的频率、周期、上升时间、下降时间、正脉宽、负脉宽、延迟 1.2↑、延迟 1.2↓、正占空比，负占空比 10 种时间参数的自动测量。

上升时间（RiseTime）：波形幅度从 10%上升至 90%所经历的时间。

下降时间（FallTime）：波形幅度从 90%下降至 10%所经历的时间。

正脉宽（+Width）：正脉冲在上升沿 50%幅度与下降沿 50%幅度点间的脉冲宽度。

负脉宽（–Width）：负脉冲在下降沿 50%幅度与上升沿 50%幅度点间的脉冲宽度。

延迟 1.2↑（Delay1.2↑）：通道 1、2 相对于上升沿的延时。

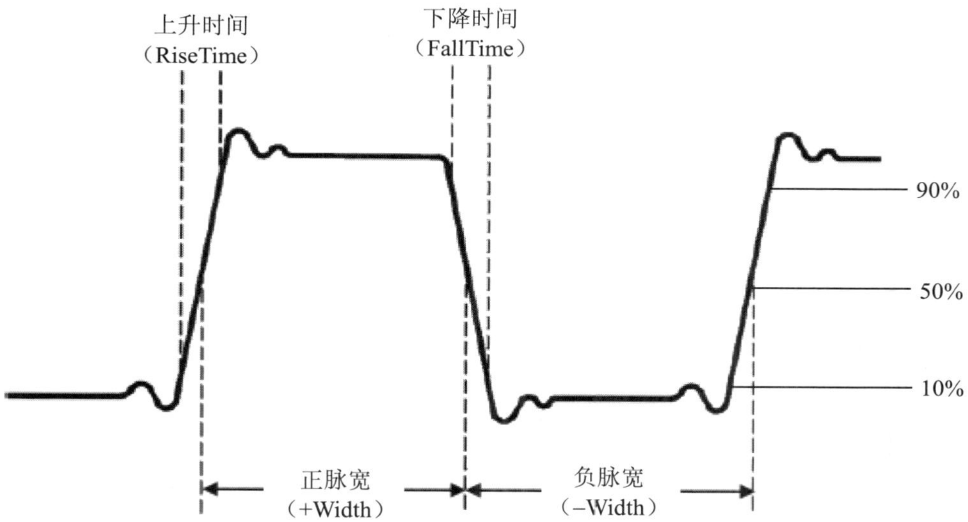

图 1.1.38　时间参数示意图

延迟 1.2 ⬎（Delay1.2 ⬎）：通道 1、2 相对于下降沿的延时。

正占空比（+Duty）：正脉宽与周期的比值。

负占空比（–Duty）：负脉宽与周期的比值。

（八）光标测量

示波器自动测量的参数总是有限的，对自动测量功能下不能测试的参数可以通过光标手动测量完成。

如图 1.1.39 所示，在 MENU 控制区的 CURSOR 为光标测量功能按键。

光标测量分为 3 种模式：

1．手动方式

光标 X 或 Y 方式成对出现，并可手动调整光标的间距。显示的读数即为测量的电压或时间值。当使用光标时，需首先将信号源设定成您所要测量的波形。

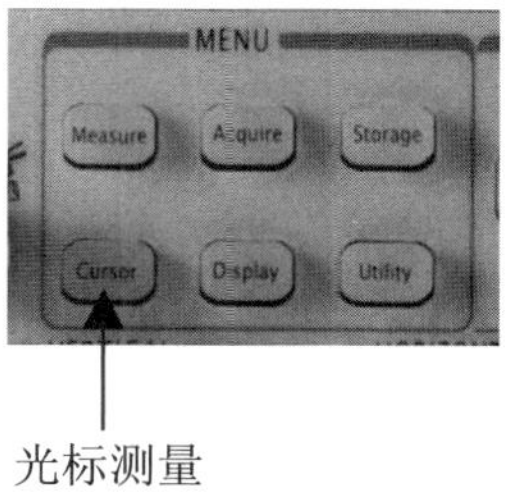

图 1.1.39　光标测量功能按钮

2．追踪方式

水平与垂直光标交叉构成十字光标。十字光标自动定位在波形上，通过旋动多功能旋钮可以调整十字光标在波形上的水平位置。示波器同时显示光标点的坐标。

3．自动测量方式

通过此设定，在自动测量模式下，系统会显示对应的电压或时间光标，以揭示测量值的物理意义。系统根据信号的变化，自动调整光标位置，并计算相应的参数值。

注意：此种方式在未选择任何自动测量参数时无效。

以下简介光标手动测量模式，如表 1.1.17 所示。

表 1.1.17　手动测量菜单

功能菜单	设　定	说　　明
光标模式	手动	手动调整光标间距以测量 X 或 Y 参数
光标类型	X	光标显示为垂直线，用来测量水平方向上的参数
	Y	光标显示为水平线，用来测量垂直方向上的参数
信源选择	CH1 CH2 MATH/FFT LA	选择被测信号的输入通道 （LA 只适用于 DS1000D 系列）

操作步骤如下：

（1）选择手动测量模式：按键操作顺序为：CURSOR，光标模式，手动。

（2）选择被测信号通道：根据被测信号的输入通道不同，选择 CH1 或 CH2。按键操作顺序为：信源选择，CH1、CH2、MATH（FFT）或 LA（仅 DS1000D 系列）。

（3）选择光标类型：根据需要测量的参数分别选择 X 或 Y 光标。按键操作顺序为：光标类型，X 或 Y。

（4）移动光标以调整光标间的增量。

（5）获得测量数值：

光标 1 位置（时间以水平中心位置为基准，电压以通道接地点为基准）。

光标 2 位置（时间以水平中心位置为基准，电压以通道接地点为基准）。

光标 1、2 的水平间距（ΔX）：即光标间的时间值。

光标 1、2 水平间距的倒数（1/ΔX）。

光标 1、2 的垂直间距（ΔY）：即光标间的电压值。

（九）使用执行按钮

执行按键包括 AUTO （自动设置）和 RUN/STOP （运行/停止）。

自动设置功能在前面已有简介，此处再加以详细说明。

AUTO（自动设置）：自动设定仪器各项控制值，以产生适宜观察的波形显示。按 AUTO 后，菜单显示如表 1.1.18 所示。

表 1.1.18 自动设置菜单

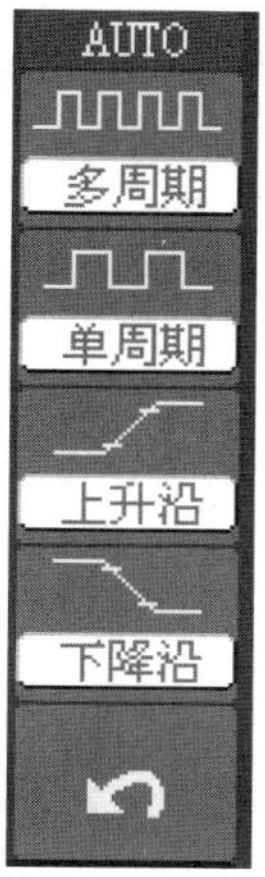

功能菜单	设 定	说 明
 多周期		设置屏幕自动显示多个周期信号
 单周期		设置屏幕自动显示单个周期信号
 上升沿		自动设置并显示上升时间
 下降沿		自动设置并显示下降时间
（撤销）		撤销自动设置，返回前一状态

在自动设置功能下，示波器设置的项目如表 1.1.19 所示。

表 1.1.19 自动设定项目

功 能	设 定
显示方式	Y—T
获取方式	普通
垂直耦合	根据信号调整到交流或直流
垂直“V/div”	调节至适当档位
垂直档位调节	粗调
带宽限制	关闭（即满带宽）
信号反相	关闭
水平位置	居中
水平“s/div”	调节至适当档位
触发类型	边沿
触发信源	自动检测到有信号输入的通道
触发耦合	直流
触发电平	中点设定
触发方式	自动

以上为普源 DS1000 系列示波器测试简单波形所涉及相关功能的简单介绍，如需进一步了解请查阅说明书或相关资料。

1.1.3 应用示例

不同型号数字示波器的具体仪器指标不同，但它们的基本使用方法与基础测试方法都是相似的。下面以前面介绍的两款示波器为例展示一些常见的应用。

例一：测量简单信号。

观测电路中一未知信号如图 1.1.40 所示，迅速显示波形并测量信号的周期和幅度。

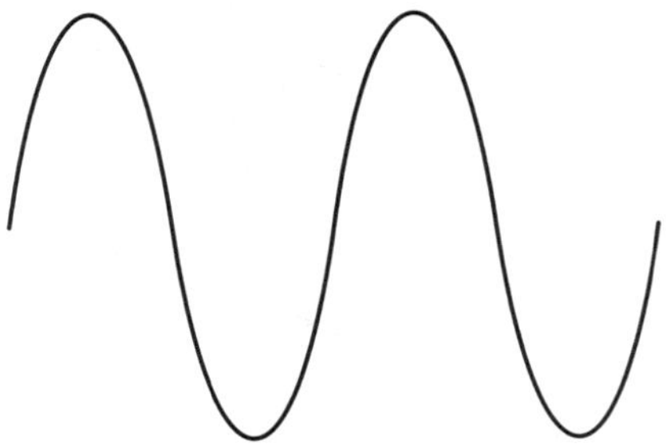

图 1.1.40　例一　待测波形

测试过程如下：

1．将 CH1 的探头连接到电路被测点。欲迅速而稳定显示该信号，请按如下步骤操作。

（1）设定垂直通道

- 在垂直通道菜单中将探头衰减系数与探头上的开关设定为一致（例如：探头开关拨至 10×挡则菜单中探头衰减系数选择为 10×）。
- 在垂直通道菜单中将输入耦合设置为直流耦合

（2）按下 AUTO 按钮

示波器将自动设置使波形显示到屏幕上。

（3）设置触发系统

若在 AUTO 方式下，此时波形不一定能，此时需要正确设置触发系统才能使波形稳定显示在屏幕上。

- 首先，正确选择触发源。
  若使用普源 DS1000 系列示波器，在面板 Trigger 框内按下 MENU 按键，在菜单中将“信源选择”项设置与实际输入的垂直通道一致（在本例中选择为 CH1）。
  若使用鼎阳 SDS1000X 系列示波器，在面板 Trigger 框内按下 Setup 按键，在菜单中按信源软键将触发源与实际输入的垂直通道设置一致（在本例中选择为 CH1）。
- 其次，正确设置触发电平。
  调节 LEVEL 旋钮，保证触发电平在触发源幅度范围内或者按“50%”按键，示波器自动将触发电平设定在触发信号幅值的垂直中点。

（4）正确设置水平扫描时基和垂直灵敏度，以提高测量精度

- 调节水平位移和 SCALE 旋钮，使波形在屏幕上显示一个完整周期的前提下，尽量水平展开。
- 调节垂直位移和 SCALE 旋钮，使波形在屏幕上显示波峰和波谷的前提下，尽量垂直展开。

2．测量信号的电压和时间参数。示波器可对大多数显示信号进行自动测量。欲测量信号频率和峰峰值，请按如下步骤操作。

（1）若使用普源 DS1000 系列示波器按如下步骤操作：

- 按 MEASURE 按键，显示自动测量菜单；
- 按下“信源选择”右侧对应菜单按键，选择测试信源（在本例中选择为 CH1）；
- 按下“电压测量”右侧对应菜单按键，利用多功能旋钮选择“幅值”，当相应项被点亮后向下按多功能旋钮进行确认，测试结果将显示在显示屏左下方，如图 1.1.41 所示；
- 按下“时间测量”右侧对应菜单按键，利用多功能旋钮选择“周期”，当相应项被点亮后向下按多功能旋钮进行确认，测试结昊将显示在显示屏左下方，如图 1.1.41 所示。

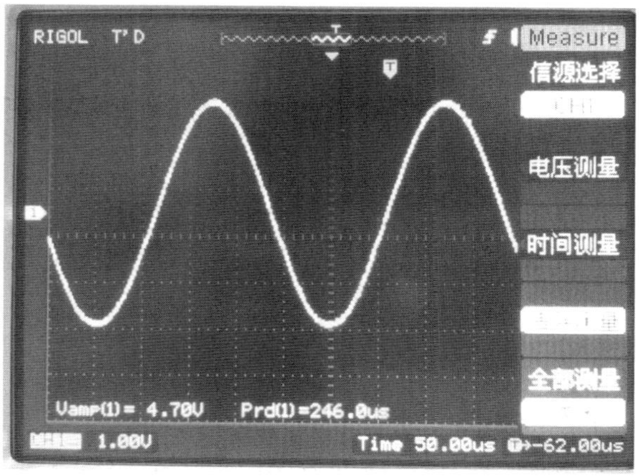

图 1.1.41 普源 DS1000 系列示波器自动测量

（2）若使用鼎阳 SDS1000X 系列示波器按如下步骤操作：

- 按 MEASURE 按键，显示自动测量菜单；
- 按下信源键，选择测试信源（在本例中选择为 CH1）；
- 按下类型键，调节多功能旋钮，分别选中 Vpp 和 Freq，按下多功能旋钮进行确认，测试结果显示在菜单上方，如图 1.1.42 所示；

对常见参数也可以通过按全部测量键直接读出测量结果，如图 1.1.43 所示。

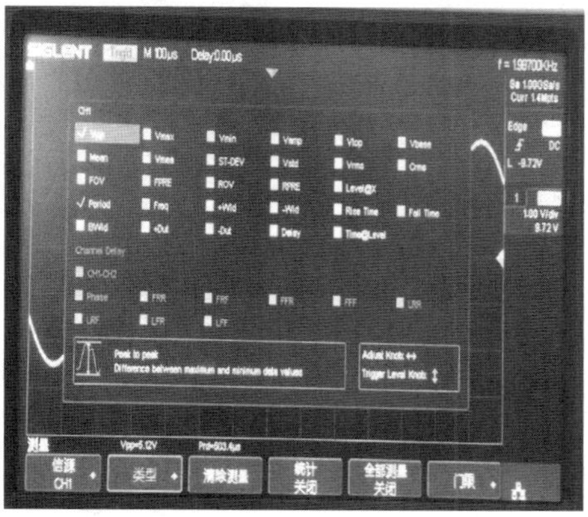

图 1.1.42 鼎阳示波器自动测量参数选择

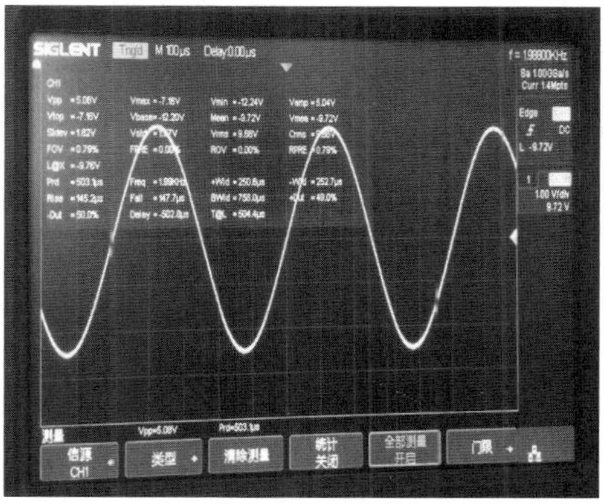

图 1.1.43 鼎阳示波器全部测量

例二：双踪测试某分频电路的输入及输出波形，分别测试两波形的频率及高低电平电压值，如图 1.1.44 所示。

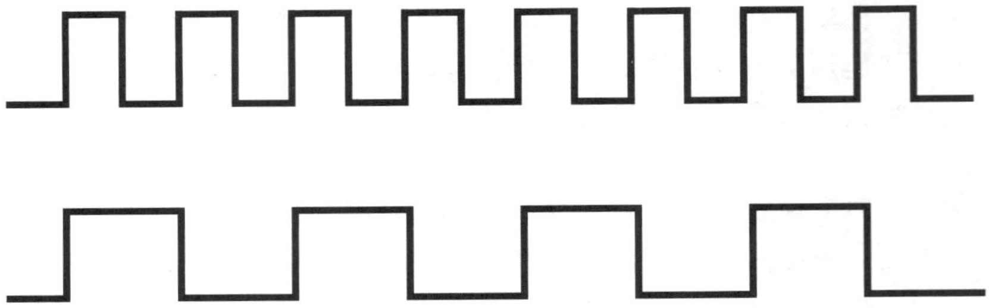

图 1.1.44 例二 待测波形

测试过程如下。

1．将 CH1 的探头连接到电路输入端 CH2 的探头连接到电路输出端，欲迅速而稳定显示该信号，请按如下步骤操作。

（1）设定垂直通道

按例一方法对 CH1 和 CH2 的探头衰减倍率和输入耦合方式分别进行设置。

（2）按下 AUTO 按钮

示波器将自动设置使波形显示到屏幕上。

（3）设置触发系统

- 首先，正确选择触发源。
  测试两个不同频率的相关信号时应该选用频率较低的一个作触发源（在本例中选择为 CH2），否则两个波形不能同时稳定，如图 1.1.45、图 1.1.46 所示。

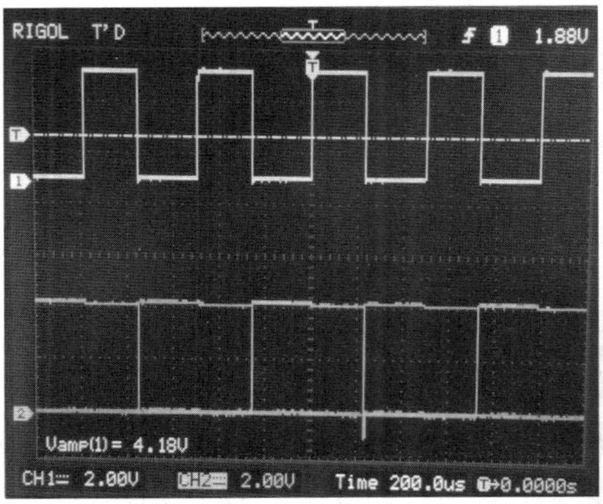

图 1.1.45 触发源设置错误时

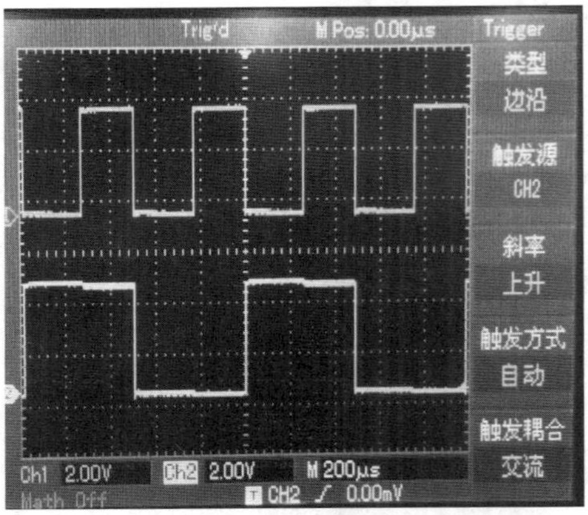

图 1.1.46 触发源设置正确时

- 其次，正确的设置触发电平。
  “50%”按键，示波器自动将触发电平设定在触发信号幅值的垂直中点。必须要特别指出的是，如果要正确测量两个相关信号间的时序关系时，触发源不能选择“交替”，否则示波器显示两者波形时序将很可能出错。这是因为选择“交替”触发时，CH1 和 CH2 两路信号以各自作触发源，此时示波器不能正确显示两路信号间的对关系，如图 1.1.47 所示。

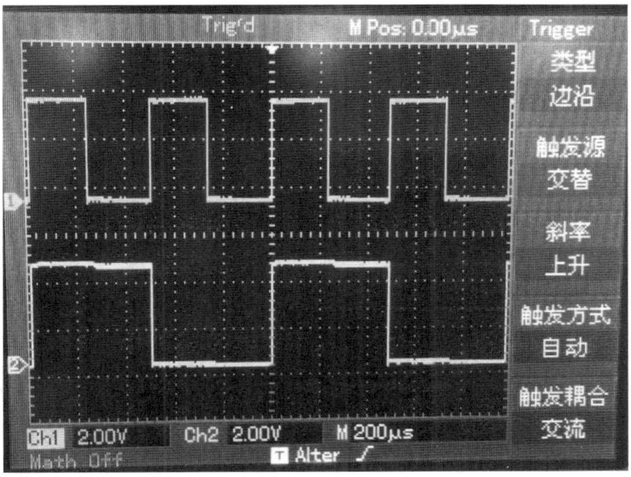

图 1.1.47 触发源错误设置为“交替”时

（4）正确设置水平扫描时基和垂直灵敏度，以提高测量精度。

- 调节水平位移和 SCALE 旋钮，使波形在屏幕上显示一个完整周期的前提下，尽量水平展开。
- 调节垂直位移和 SCALE 旋钮，使 CH1 和 CH2 波形在屏幕上上下分卡显示不要重叠，在各自半区能显示波峰和波谷的前提下，尽量垂直展开。

2．测量信号的电压和时间参数。

我们可以利用示波器自动测量功能对两个波形的频率及高低电平电压值进行测量，方法同例一。双踪测量测试电压值时，因为其测量读数系统只有一个，而垂直通道有两路信号输入，所以要特别注意测试信源的选择。

例三：伪随机序列的测试。某电路输入输出如图 1.1.48 所示，要求用示波器双踪测试输入输出波形，并读出每个波形的周期和高低电平电压值。

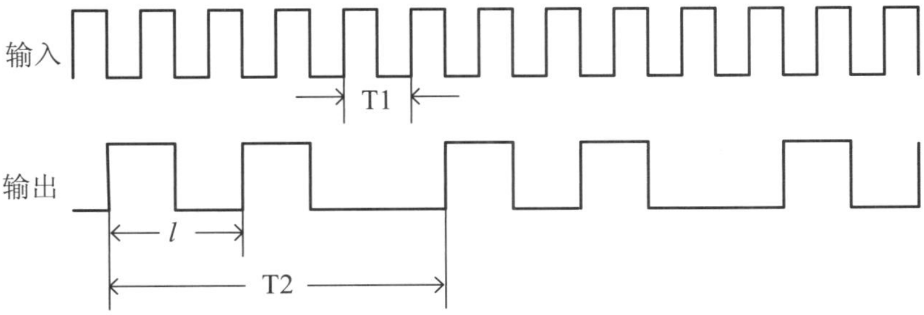

图 1.1.48 例三待测波形

对于这组波形的测试其难点在于如何将波形稳定显示在示波器屏幕上及如何准确测试复杂信号的周期。

测试过程如下：

1. 将 CH1 的探头连接到电路输入端，CH2 的探头连接到电路输出端，欲迅速而稳定显示该信号，请按如下步骤操作。

（1）设定垂直通道

按例一方法对 CH1 和 CH2 的探头衰减倍率和输入耦合方式分别进行设置。

（2）按下 AUTO 按钮

示波器将自动设置使波形显示到屏幕上。

（3）设置触发系统。

- 首先，正确选择触发源。
  从例二可知，本例中对这两个信号的测试应选用 CH2 作触发源。
- 其次，正确的设置触发电平。
- 再次，正确设置触发释抑。

大多数示波器，自动运行时一般触发方式默认为边沿触发。对于 CH2 的信号，由于在它的一个周期内有多个上升沿下降沿，一个周期内将多次触发示波器。每次触发点不同，造成每次触发所得的波形在屏幕上不能重合，波形不同步，左右跑动。此时应该正确设置触发释抑时间保证每个周期一次而且只有一次触发。一般触发释抑时间应略小于周期 T2，大于 l，即 $l<t<T2$。可以设置触发释抑时间 t 为：（T2－T1）$<t<T2$。

若使用普源 DS1000 系列示波器按如下步骤操作：（参见图 1.1.24）

- ➢ 在面板 Trigger 框内按下触发 MENU 按钮，显示触发菜单。
- ➢ 按“触发设置”对应的菜单操作键，进入触发设置菜单。
- ➢ 按“触发释抑”对应的菜单按键。
- ➢ 旋动多功能旋钮（↻）改变释抑时间，直至波形稳定触发。

若使用鼎阳 SDS1000X 系列示波器按如下步骤操作：（参见图 1.1.39）

- ➢ 若使用鼎阳 SDS1000X 系列示波器，在面板 Trigger 框内按下 Setup 按键，开启触发设置菜单。
- ➢ 按下释抑关闭软键打开释抑时间设置，旋动多功能旋钮（↻）改变释抑时间，直至波形稳定触发。

（4）正确设置水平扫描时基和垂直灵敏度，以提高测量精度。

- 调节水平位移和 SCALE 旋钮，使波形在屏幕上显示一个完整周期的前提下，尽量水平展开。
- 调节垂直位移和 SCALE 旋钮，使 CH1 和 CH2 波形在屏幕上上下分卡显示不要重叠，在各自半区能显示波峰和波谷的前提下，尽量垂直展开。

2．测量信号的电压和时间参数

对于本例中的输出信号频率只能用手动方式进行测试。这是因为示波器自动测量频率时，是测试波形两个相邻上升沿 50%点的时间差，然后求其倒数，将它认为是被测信号的频率。而本例中的输出信号一个周期内不止一个上升沿，那么相邻上升沿 50%点的时间差不是它的周期，采用自动测量得到的频率度数字是错误的。

若使用普源 DS1000 系列示波器按如下步骤操作：

- ➢ 在面板上按 CURSOR 按钮，进入光标测量菜单。
- ➢ 将“光标模式”选为手动。
- ➢ 将“光标类型”选为 X。
- ➢ 将“信源选择”设为被测信号输入通道（在本例中选择为 CH2）。

- 按菜单“CurA”选项对应按键，激活 A 游标，旋动多功能旋钮（↻）将 A 光标移至波形的的某一上升沿。
- 再次按“CurA”选项对应按键，取消激活。按菜单“CurB”选项对应按键，激活 B 光标，旋动多功能旋钮（↻）将 B 光标移亖波形的下一周期同一上升沿处。
- 屏幕上ΔX 读数为被测信号周期值，1/ΔX 读数为被测信号频率值，如图 1.1.49 所示。

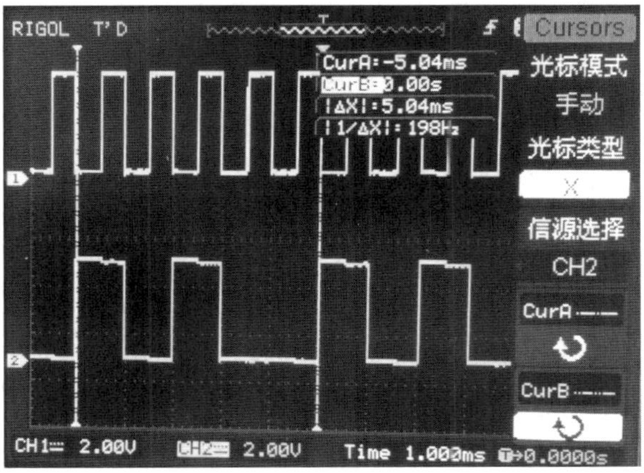

图 1.1.49　普源 DS1000 系列示波器光标测量

若使用鼎阳 SDS1000X 系列示波器按如下步骤操作：

- 在面板上按 CURSOR 按钮，进入光标测量菜单。
- 将“光标模式”选为手动。
- 将“光标类型”选为 X 或 X-Y。
- 将“信源选择”设为被测信号输入通道（在本例中选择为 CH2）。
- 按菜单“CurA”选项对应按键，激活 A 游标，旋动多功能旋钮（↻）将 A 光标移至波形的的某一上升沿。
- 再次按“CurA”选项对应按键，取消激活。按菜单“CurB”选项对应按键，激活 B 光标，旋动多功能旋钮（↻）将 B 光标移至波形的下一周期同一上升沿处。
- 屏幕上ΔT 读数为被测信号周期值，1/ΔT 读数为被测信号频率值，如图 1.1.50 所示。

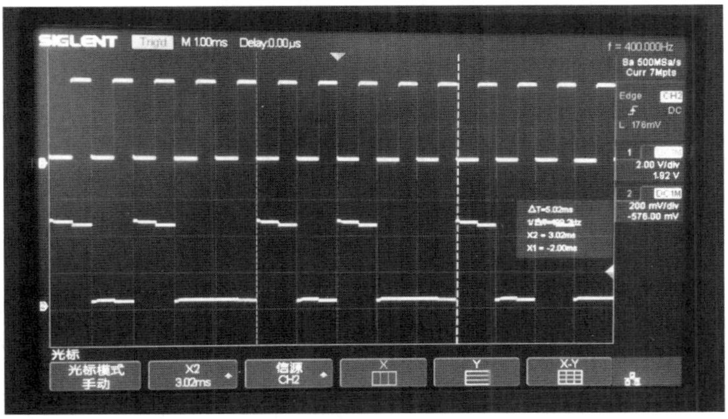

图 1.1.50　鼎阳 SDS1000X 系列示波器光标测量

其余参数测量采用自动测量或光标测量均可。

1.2 函数信号发生器

信号发生器（Signal Generator）又称信号源或振荡器，函数信号发生器能够产生多种函数信号波形，如三角波、锯齿波、矩形波（含方波）、正弦波等，有些信号发生器同时还具有电子计数器的功能，可实现外部输入信号频率的测量。函数信号发生器在电路实验和设备检测中具有十分广泛的用途。

信号发生器多采用锁相环（PLL）、直接数字合成（DDS）或两者结合的技术实现。其关键指标是输出信号的频率准确度和频率稳定度。

直接数字频率合成（DDS）是一种从相位概念出发直接合成所需频率波形的新频率合成技术。图 1.2.1 为 DDS 信号源原理框图。

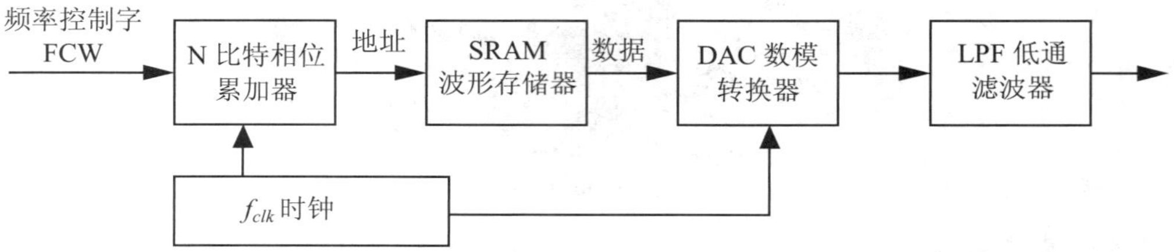

图 1.2.1 DDS 信号源原理框图

其实现原理为：首先将与相位对应的波形幅值数据进行存储，通过相位累加器累计步长采样对应的波形数据。每采样一次数据，相位累加器的输出就增加一个步长的相位增加量，相位增加量由频率控制字确定。存储的信号波形数据表包含产生信号的一个完整周期的幅值和相位。从波形存储器中读取相位累加器的相位累加值对应的波形幅值，通过 D/A 转换器将该数据转换成相应的模拟量，再经过滤波得到平滑的合成波形信号。相位累加器的相位累加为循环叠加，这样可使输出信号的相位连续。当相位累加器累加至满量程时，产生一次计数溢出，该溢出率即为输出信号频率。

1.2.1 F40 型数字合成函数信号发生器/计数器

F40 型数字合成函数信号发生器/计数器采用直接数字合成技术（DDS），主波形输出频率为 100μHz～40MHz，小信号输出幅度可达 1mV，脉冲波占空比分辨率高达千分之一，数字调频分辨率高、准确，猝发模式具有相位连续调节功能，输出波形达 30 余种且具有频率测量和计数的功能。

（一）测试前的准备工作

先仔细检查电源电压是否符合本仪器的电压工作范围，确认无误后方可将电源线插入本仪器后面板的电源插座内。仔细检查测试系统电源情况，保证系统间接地良好，仪器外壳和所有的外露金属均已接地。在与其他仪器相连时，各仪器间应无电位差。

（二）函数信号输出使用说明

F40 型数字合成函数信号发生器/计数器的前面板图如图 1.2.2 所示。

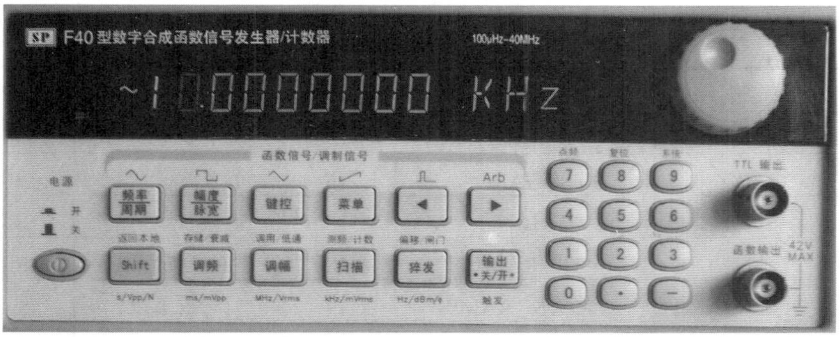

图 1.2.2　F40 型数字合成函数信号发生器 / 计数器的前面板图

1．数据键输入：十个数字键用来向显示区写入数据，写入方式为自右到左移位写入，超过十位后左端数字溢出丢失。

◆“ • ”用来输入小数点，如果数据区中已经有小数点，按此键不起作用。

◆“–”用来输入负号，如果数据区中已经有负号，再按此键则取消负号。

注意：用数据键输入数据必须输入单位，否则输入数值不起作用。调节旋钮输入：调节旋钮可以对信号进行连续调节。

◆位移键◄ / ►使当前闪烁的数字左移或右移，使用旋钮输入数据时，数字改变后立即生效，不用再按单位键。闪烁的数字向左移动，可以对数据进行粗调，向右移动则可以进行细调。

2．功能选择：仪器开机后为“点频”功能模式，输出单一频率的波形，按调频、调幅、扫描、猝发、点频、FSK 和 PSK 键可以分别实现 7 种功能模式。

3．频率设定：按“频率”键，显示出当前频率值，可用数字键或调节旋钮输入频率值，这时仪器输出端口即有该频率的信号输出。点频频率设置范围为 100μHz～40MHz（F40）。

幅度设定：按“幅度”键，显示出当前幅度值，可用数据键或调节旋钮输入幅度值，这时仪器输出端口即有该幅度的信号输出。

直流偏移设定：按“Shift”后再按“偏移”键，显示出当前直流偏移值，如果当前输出波形直流偏移不为 0，此时状态显示区显示直流偏移标志“Offset”，可用数据键或调节旋钮输入直流偏移值，这时仪器输出端口即有该直流偏移的信号输出。

零点调整：对输出信号进行零点调整时，使用调节旋钮调整直流偏移要比使用数据键方便，直流偏移在经过零点时正负号能够自动变化。

4．常用波形的选择：按下“Shift”键后再按下波形键，可以选择正弦波、方波、三角波、升锯齿波、脉冲波五种常用波形，同时波形显示区显示相应的波形符号。

一般波形的选择：先按下“Shift”键再按下“Arb”键，显示区显示当前波形的编号和波形名称。如“6:NOISE”表示当前波形为噪声。然后用数字键或调节旋钮输入波形编号来选择波形。

除点频功能模式外的其他功能模式中基本信号或载波的波形只能选择正弦波和方波两种。波形以及相应编号对应关系如表 1.2.1 所示。

表 1.2.1 波形以及相应编号对应关系

波形编号	波形名称	提示符	波形编号	波形名称	提示符
1	正弦波	SINE	15	半波整流	COMMUT_H
2	方波	SQUARE	16	正弦波横切割	SINE_TRA
3	三角波	TRIANG	17	正弦波纵切割	SINE_VER
4	升锯齿	UP_RAMP	18	正弦波调相	SINE_PM
5	降锯齿	DOWM_RAMP	19	对数函数	LOG
6	噪声	NOISE	20	指数函数	EXP
7	脉冲波	PULSE	21	半圆函数	HALF_ROUND
8	正脉冲	P_PULSE	22	SINX/X 函数	SINX/X
9	负脉冲	N_PULSE	23	平方根函数	SQUARE_ROOT
10	正直流	P_DC	24	正切函数	TANGENT
11	负直流	N_DC	25	心电图波	CARDIO
12	阶梯波	STAIR	26	地震波形	QUAKE
13	编码脉冲	C_PULSE	27	组合波形	COMBIN
14	全波整流	COMMUT_A			

5. 占空比调整：当前波形为脉冲波时，如果显示区显示的是幅度值，再按一次“脉宽”后显示出脉宽值。如果显示区显示既不是幅度值也不是脉宽值，则连续按两次“脉宽”显示区显示脉宽值，此时利用数字键或调节旋钮可以对占空比进行调整。

6. 门控输出：按“输出”键禁止信号输出，此时输出信号指示灯灭，再按一次“输出”键信号开始输出，此时输出信号指示灯亮。“输出”键可以在信号输出和关闭之间反复进行切换，输出信号指示灯也相应以亮（输出）和灭（关闭）进行指示，这样可以对输出信号进行闸门控制。

7. 信号的存储与调用功能：可以存储信号的频率值、幅度值、波形、直流偏移值、功能状态。共可以存储 10 组信号，编号为 1～10，在需要的时候可以进行调用。

8. 频率扫描功能模式：输出一组只有频率变化，其他参数相同的信号。

按“菜单”键出现菜单：

MODE⇒START F⇒STOP F⇒TIME⇒TRIG。

MODE：扫描模式，分为线性扫描和对数扫描。

START F：扫描起点频率。

STOP F：扫描终点频率。

TIME：扫描时间。

TRIG：扫描触发方式。

（1）基本信号：按“扫描”键进入扫描功能模式，显示区显示起点频率。扫描功能模式中载波的波形只能选择正弦波和方波两种。

（2）扫描模式“MODE”：扫描方式“MODE”分为线性（编号为 1）和对数（编号为 2）

两种。线性扫描模式时，信号频率自动增加一个步长值（步长值由仪器根据扫描起点频率和终点频率以及扫描时间自动算出），对数扫描模式时，信号频率按照指数规律变化。

当扫描模式为线性时，起点频率和终点频率的输入范围为 100μHz～40MHz（F40）；当扫描模式为对数时，起点频率和终点频率的输入范围为 1mHz～40MHz（F40）。

扫描时间的范围为 1ms～800s。

（3）扫描举例：

频率扫描：在 100Hz～200kHz 区间内，扫描时间为 10s，进行频率线性扫描，触发方式为内部触发。按键顺序如下：

按“扫描”键，（进入频率扫描功能模式）。

按“菜单”键，选择扫描模式“MODE”选项，按“1”“N”（设置扫描模式为线性）。

按“菜单”键，选择起点频率“START F”选项，按“1”“0”“0”“Hz”（设置起点频率）。

按“菜单”键，选择终点频率“STOP F”选项，按“2”“0”“0”“kHz”（设置终点频率）。

按“菜单”键，选择扫描时间“TIME”选项，按“1”“0”“s”（设置扫描时间）。

按“菜单”键，选择触发方式“TRIG”选项，按“1”“N”（设置触发方式为内触发）。

9．调频功能模式：调频又称为“频率调制”。

FM DEVIA⇒FM FREQ⇒FM WAVE⇒FM SOURCE。

FM DEVIA：调制频偏。

FM FREQ：调制信号的频率。

FM WAVE：调制信号的波形，共有 5 种波形可选。

FM SOURCE：调制信号是机内信号还是外输入信号。

调频举例：

载波信号为方波，频率为 1MHz，幅度为 2V；调制信号来自内部，调制波形为正弦波（波形编号为 1），频率为 5kHz，频偏为 200kHz。按键顺序如下：

按“调频”键，（进入调频功能模式）。

按“频率”键，按“1”“MHz”（设置载波频率）。

按“幅度”键，按“2”“V”（设置载波幅度）。

按“Shift”键和“方波”（设置载波波形）。

按“菜单”键，选择调制频偏“FM DEVIA”选项，按“2”“0”“0”“kHz”（设置调制频偏）。

按“菜单”键，选择调制信号频率“FM FREQ”选项，按“5”“kHz”（设置调制信号频率）。

按“菜单”键，选择调制信号波形“FM WAVE”选项，按“1”“N”（设置调制信号波形为正弦波）。

按“菜单”键，选择调制信号源“FM SOURCE”选项，按“1”“N”（设置调制信号源为内部）。

10．调幅功能模式：调幅又称为“幅度调制”。

按“菜单”键将出现菜单：

AM LEVEL⇒AM FREQ⇒AM WAVE ⇒AM SOURCE。

AM LEVEL：调制深度。

AM FREQ：调制信号的频率。

AM WAVE：调制信号的波形，共有五种波形可选。

AM SOURCE：调制信号是机内信号还是外输入信号。

调幅举例：

载波信号为方波，频率为 1MHz，幅度为 2V；调制信号来自内部，调制波形为正弦波（波形编号为 1），调制信号频率为 5kHz，调制深度为 50%。按键顺序如下：

按“调幅”键，（进入调幅功能模式）。

按“频率”键，按“1”“MHz”（设置载波频率）。

按“幅度”键，按“2”“V”（设置载波幅度）。

按“Shift”键和“方波”（设置载波波形）。

按“菜单”键，选择调制深度“AM LEVEL”选项，按“5”“0”“N”（设置调制深度）。

按“菜单”键，选择调制信号频率“AM FREQ”选项，按“5”“kHz”（设置调制信号频率）。

按“菜单”键，选择调制信号波形“AM WAVE”选项，按“1”“N”（设置调制信号波形为正弦波）。

按“菜单”键，选择调制信号源“AM SOURCE”选项，按“1”“N”（设置调制信号源为内部）。

11．猝发功能模式：猝发功能时可输出一定周期数的频率不变的脉冲串。

按“菜单”键将出现菜单：

TRIG⇒COUNT⇒SPACE T⇒PHASE

TRIG：猝发的触发方式。

COUNT：周期个数。

SPACE T：猝发间隔时间。

PHASE：正弦波为猝发起点相位，方波为高低电平。

猝发举例：

要对频率为 20kHz，幅度为 2V 的正弦波进行猝发输出，每组输出 10 个周期的波形，各组波形之间间隔时间为 10ms，每组波形起始相位为 90°。按键顺序如下：

按“猝发”键，（进入猝发功能模式）。

按“频率”键，按“2”“0”“kHz”（设置波形频率）。

按“幅度”键，按“2”“V”（设置波形幅度）。

按“Shift”键和“正弦波”（设置波形）。

按“菜单”键，选择触发方式“TRIG”选项，按“1”“N”（设置触发方式为内触发）。

按“菜单”键，选择周期个数“COUNT”选项，按“1”“0”“N”（设置周期个数值）。

按“菜单”键，选择猝发间隔时间“SPACE T”选项，按“1”“0”“ms”（设置猝发间隔时间）。

按“菜单”键，选择猝发起始相位“PHASE”选项，按“9”“0”“N”（设置猝发起始相位）。

12．键控功能：键控分为两种功能：频移键控（FSK），相移键控（PSK）。

按“菜单”键将出现菜单：

START F⇒STOP F⇒SPACE T⇒TRIG。

START F：FSK 第一个频率。

STOP F：FSK 第二个频率。

SPACE T：FSK 间隔时间。

TRIG：FSK 触发方式。

FSK 举例：

要对输出幅度为 2V，频率在 20kHz 和 600kHz 之间交替，交替间隔时间为 10ms 的正弦信号。按键顺序如下：

按“键控”键，（进入 FSK 功能模式）。

按“幅度”键，按“2”“V”（设置波形幅度）。

按“Shift”键和“正弦波”（设置波形）。

按“菜单”键，选择触发方式“TRIG”选项，按“1”“N”（设置触发方式为内触发）。

按“菜单”键，选择频率 1“START F”选项，按“2”“0”“kHz”（设置频率 1）。

按“菜单”键，选择频率 2“STOP F”选项，按“6”“0”“0”“kHz”（设置频率 2）。

按“菜单”键，选择间隔时间“SPACE T”选项，按“1”“0”“ms”（设置间隔时间）。

13．进入相移键控（PSK）功能模式。

按“菜单”键将出现菜单：

P1⇒P2⇒SPACE T⇒TRIG。

P1：信号第一相位。

P2：信号第二相位。

SPACE T：间隔时间。

TRIG：PSK 触发方式。

PSK 举例：

要对输出频率为 600kHz，幅度为 2V，起始相位在 90°和 180°之间交替，交替间隔时间为 10ms 的正弦信号。按键顺序如下：

按“键控”键，（进入 PSK 功能模式）。

按“频率”键，按“6”“0”“0”“kHz”（设置波形频率）。

按“幅度”键，按“2”“V”（设置波形幅度）。

按“Shift”键和“正弦波”（设置波形）。

按“菜单”键，选择触发方式“TRIG”选项，按“1”“N”（设置触发方式为内触发）。

按“菜单”键，选择起始相位 1“P1”选项，按“9”“0”“N”（设置相位 1）。

按“菜单”键，选择起始相位 2“P2”选项，按“1”“8”“0”“N”（设置相位 2）。

按“菜单”键，选择间隔时间“SPACE T”选项，按“1”“0”“ms”（设置间隔时间）。

14．系统功能：可以对开机状态，GP-IB 地址、输出阻抗等参数进行设置。

按“菜单”键出现菜单。

POWER⇒ADDRESS⇒OUT Z⇒INTERFACE⇒。

BAUD⇒PARITY⇒STORE OPEN。

POWER ON：开机状态。

ADDRESS：GP-IB 接口地址。

OUT Z：输出阻抗。

INTERFACE：接口选择。

BAUD：RS232 接口通信速率。

PARITY：RS232 接口通信数据位数和校验。

STORE OPEN：存储功能开或关。

输出阻抗“OUT Z”：仪器的输出阻抗，可以在高阻（编号和提示符分别为 1：HIGH Z）和 50Ω（编号和提示符分别为 2：50 Ω）进行设置。出厂时设置为高阻（编号和提示符分别为 1：HIGH Z）。

在显示区闪烁显示为输出阻抗“OUT Z”1s 后，自动显示当前输出阻抗，可用数据键或调节旋钮输入当前输出阻抗。

（三）计数器使用说明

计数器功能是指可以进行测频和计数功能模式。

1．按“Shift”键和“测频”键，进入频率测量功能模式，此时显示区下端功能状态显示区显示频率测量功能模式标志 Ext 和 Freq，可以对从后面板“测频/计数输入”端口外部输入信号的频率进行测量。若再按“Shift”键和“计数”键设置当前处于计数测量功能模式，此时显示区下端功能状态显示区显示计数测量功能模式标志 Ext 和 Count，可以对从后面板“测频/计数输入”端口外部输入信号的周期个数进行计数。

测量频率范围为 1Hz～100MHz。

2．闸门时间：在测频功能模式下，按“Shift”键和“闸门”键进入闸门时间设置状态，可用数据键或调节旋钮输入闸门时间值。在闸门开启时，显示区右侧频率计数状态显示区显示闸门开启标志“GATE”。

闸门时间范围为 10ms～10s。

3．低通：在频率计数器功能模式下，按“Shift”键和“低通”键设置当前输入信号经过低通进行测量，显示区右侧频率计数状态显示区显示低通状态标志“Filter”。

4．衰减：在频率计数器功能模式下，按“Shift”键和“衰减”键设置当前输入信号经过衰减进行测量，显示区右侧频率计数状态显示区显示衰减状态标志“ATT”。

在计数功能模式下，按位移键“◄”键后计数停止，并显示当前计数值，再按一次位移键“◄”键，计数继续进行。

在计数功能模式下，按“►”键后把计数值清零并重新开始计数。

1.2.2　33120A 任意波形发生器

一、33120A 任意波形发生器简介

本函数发生器是稳定的低失真度的仪器。可以产生最高 15MHz 的 5 种基本信号以及高达 5MHz 的 5 种以上任意波形信号，并且具有各种调制信号，广泛适用于音频响应测试、振

动测试、伺服系统仿真、超声波应用等。

（一）仪器应用简介

1．仪器特点

（1）低失真波形（正弦、三角波和方波）以及斜波、噪声信号。另外，能产生幅度调制（AM）、频率调制（FM）、脉冲串调制（Burst）、频移键控调制（FSK）四种调制波形以及脉冲谱包络波（SINC）、负斜齿波、指数上升波、指数下降波、心率波五种任意波形。

（2）具有对数和线性扫频。

（3）简便的按键式输入。输出信号的频率和幅度调节具有多种方式：输入数字、按键递增或递减、调节旋钮。

（4）在对数或线性扫频模式下可调节扫频时间和扫频宽度。

（5）方波信号可以调节占空比。

（6）能够设置直流偏置。

（7）具有 TTL 电平标准的同步信号输出。

（8）具有 50Ω主信号输出。

（9）具有设置 50Ω和开路负载阻抗功能，在不同负载阻抗下输出幅度显示不同。

（10）高可视性的真空荧光显示。

（11）有仪器状态存储功能。

（12）四个可下载的 16 000 点任意波形存储器。

（13）标准 HP-IB（IEEE-488 接口）及 RS-232 接口。

（14）SCPI（用于可编程仪器的标准指令）兼容性。

（15）用于 Microsoft Windows 3.1 的 Optional 34811A Bench Link/Arb 波形产生软件。

2．面板特点

33120A 的前面板如图 1.2.3 所示。

图 1.2.3　33120A 任意波形发生器前面板图

前面板上有两排键，绝大多数键由两个功能。第一功能由按键上的黑色字表示，第二功能由按键上方的蓝色字表示，第三功能由按键左侧的绿色字表示。

按键究竟工作在何种功能状态可以从显示器的显示判断。如果显示“Shift”字样，表示按键在第二功能状态。如果显示“Num”，表示按键处于第三功能状态。如果没有显示“Shift”或“Num”，则按键处于第一功能状态。

按键进入和退出第二功能状态的方法是：按下“Shift”键。

按键进入和退出第三功能状态的方法是：按下“Enter Number”键。

显示屏上提供了 11 位的数码管显示，以及大量的指示灯。各指示灯表示目前数码管的显示和仪器工作处于何种状态。

（二）基本使用方法

1．自检

（1）当接通仪器电源后，函数发生器将进行自检，此时显示器会亮起来，输出 1kHz/100mV 的正弦信号。

（2）如果要进行更加全面的自检，可在打开仪器电源开关时按住“Shift”键 5s 以上，放开后仪器开始全面自检。如果自检成功，将显示 PASS。如果自检不成功，则显示 FAIL，同时显示 ERROR。

2．数字输入方式

当函数发生器显示屏上的数字在闪动时，表示可以改变该数字。此时，可按以下步骤改变此数字：

（1）按“Enter Number”键，显示屏显示：ENTER NUM，并且 NUM 指示灯点亮。

（2）根据需要设置的值按下相应的数字键（看按键左侧的绿色字）。

注意，在数字输入时，默认的单位是 Hz 和 V。在输入过程中要注意小数点的位置和零的个数。

（3）按“Enter”键确认输入并退出数字输入状态。

3．旋钮输入方式

当函数发生器显示屏上的数字在闪动时，表示该数字可以修改。此时，可利用显示屏右侧的旋钮快速递增或递减闪动的数字。

一般情况下，数字输入方式可以直接设置到指定的数值。旋钮输入和箭头输入通过递增或递减方式设置数值，当显示屏当前值与指定值相差较多时，这两种方法相对较慢。但如果将这两种方式配合使用，也很快能完成设置任务。

4．箭头输入方式

当函数发生器显示屏上的数字在闪动时，表示该数字可以修改。此时，可按以下步骤改变此数字：

（1）用“<”键和“>”键使数字闪动移到要改变的位置上。

（2）用“∧”键或“∨”键使闪动的数字递减或递增到所需的数字。

5．输出频率单位设置

在频率设置模式下，使用“>”或“<”键使显示屏上的频率单位闪动，然后使用“∨”键使频率单位以 10 倍关系递减，最低到 mHz，使用“∧”键使频率单位以 10 倍关系递增，最高到 MHz。

6．输出频率单位设置

（1）打开仪器电源，输出一个幅度为 100mVp-p 的正弦信号或上次保存的信号。

（2）按下 AMPL 键进入幅度设置模式。

（3）输入需要的幅度值。

输入幅度值有三种方式：数字输入、旋钮和箭头输入方式。

7．输出幅度单位设置

先按下“Shift”键使键盘进入蓝色字样表示的功能状态，再使用“>”键选择幅度单位为 dBm，或者使用“∨”键选择幅度单位为 mVrms，使用“∧”键选择频率单位为 mVp-p。

8．输出偏置电压设置

（1）打开仪器电源，输出一个直流偏置为 0Vdc 的正弦信号或上次保存的信号。

（2）按下“Offset”键进入直流偏置设置模式，显示屏点亮 Offset 指示灯。

（3）输入需要的偏置值。

9．输出直流电压

33120A 函数发生器可以输出±5V 范围内的直流电压。

（1）打开仪器电源，输出一个正弦信号或上次保存的信号。

（2）进入直流电压状态。按下前面板上最上排按键中的任意一种，并保持 2s 以上。显示屏显示当前直流电压值。

（3）输入需要电压值。

（4）设置电压值的单位。

10．输出设置方波占空比

本功能只对方波信号有效。当输出方波的频率小于 5MHz 时，占空比可以设置为 20%～80%之间的任意值。如果方波信号频率大于 5MHz 时，占空比只能在 40%～60%之间设置。

（1）打开仪器电源，输出一个正弦信号或上次保存的信号。

（2）选择输出波形。按下方波选择键，使仪器输出方波信号，显示屏上方波指示灯点亮。

（3）进入占空比设置模式。按“Shift”键使键盘进入蓝色字样表示的功能状态，再按“%Duty”键进入占空比设置模式，此时显示屏显示当前的占空比值。

（4）输入需要的占空比值。

二、应用举例

（一）基本操作实例

1．输出含直流偏置的正弦波信号

设输出正弦波信号含有 200mV 偏置置电压、频率 10kHz、幅度为 500mV。

（1）选择输出波形。

（2）设置输出电压值和单位。

（3）设置输出频率值和单位。

（4）设置偏置电压。

2．输出幅度调制信号

幅度调制波由载波和调制波组成。载波的幅度将随调制波幅度的改变而改变，载波和调制波幅度的关系用调制系数反映。

33120A 可以设置载波的波形、频率、幅度以及调制波的波形、频率和调制系数。

设载波信号幅度 2V、频率 10kHz。调制信号频率 1kHz，调制系数 0.5。

（1）设置载波信号幅度和频率

按照输出普通波形的方式选择载波波形的波形、频率、幅度。

（2）进入幅度调制工作模式

先按“Shift”键使键盘进入蓝色字样表示的功能状态，再按下“AM”键，显示屏 AM 指示灯点亮。

（3）设置调制信号波形

首先，按“Shift”键使键盘进入蓝色字样表示的功能状态，再按下“<”键（Recall Menu），显示屏显示：1：AM SHAPE。其次，按“∨”键移到下一级，显示屏上将显示当前选定的调制波波形。如显示屏显示：SINE，表示用正弦波调制载波。再次，按“Enter”键保存设置并关闭菜单，显示屏显示 Entered。

（4）设置调制信号频率

现在，显示屏仍然点亮着 AM 指示灯。按“Shift”键使键盘进入蓝色字样表示的功能状态，再按下“Freq”键，显示屏上将显示：MOD ××Hz，可修改系统默认的频率值和单位。注意：调制波频率应低于载波频率。

（5）设置调制系数

现在，显示屏仍然点亮着 AM 指示灯。按“Shift”键使键盘进入蓝色字样表示的功能状态，再按下“Ampl”键（level），显示屏上将显示: ××% DEFTH，可修改系统默认的调制系数。经过以上设置，可以从主输出端输出所设置的幅度调制信号。

3．输出扫频信号

扫频信号常用于对电路频率特性的观测。在频率扫描模式下，函数发生器从起始频率开始，以所设置的扫描速度，逐渐改变输出信号的频率，直到达到所设置的终止频率。并且可以规定起始频率和终止频率之间频率变化的规律为：线性或对数规律。

本仪器可以设置扫描信号的波形和幅度、起始频率、终止频率、扫描模式以及扫描时间。

设扫频信号起始频率和终止频率分别为 100Hz 和 2MHz，扫频时间为 2s，采取对数扫频方式。

（1）选择扫描信号的波形及幅度

按照输出普通波形的方式选择扫描信号的波形、幅度。

（2）进入扫频工作模式

先按“Shift”键使键盘进入蓝色字样表示的功能状态，再按下“Sweep”键，显示屏 SweeP 指示灯点亮。

（3）进入扫频参数设置菜单

按“Shift”键使键盘进入蓝色字样表示的功能状态，再按下“<”键（Recall Menu），显示屏显示：1：START F，这表明已进入扫频参数设置菜单。通过“<”键和“>”键可以切换到扫频信号各参数设置状态。

（4）设置起始频率

当显示屏显示 1：START F，按“∨”键移到下一级编辑状态，显示屏上将显示当前的起始频率，显示屏显示：︿××Hz，可在此设置所需的起始频率。设置后按“Enter”键保存设置并关闭菜单。

（5）设置终止频率

现在，显示屏仍然点亮着 SWP 灯。按“Shift”键使键盘进入蓝色字样表示的功能状态，再按下“<”键（Recall Menu），显示屏显示：1：START F。按“>”键切换到显示屏为：2：STOP F。此时，与设置起始频率一样，按“∨”键移到下一级编辑状态，可设置终止频率。设置后，仍然按“Enter”键确认设置并关闭菜单。

（6）设置扫描时间

现在，显示屏仍然点亮着 SWP 指示灯。按“Shift”键盘进入蓝色字样表示的功能状态，再按下“<”键（Recall Menu），显示屏显示：1：START F。按两次“>”键切换到显示屏显示为：3：SWP TIME。此时,与设置起始频率一样，按“∨”键到下一级编辑状态，可设置扫频时间。设置后，仍然按“Enter”键确认设置并关闭菜单。

（7）设置扫描方式

现在，显示屏仍然点亮着 SWP 指示灯。按“Shift”键盘进入蓝色字样表示的功能状态，再按下“<”键（Recall Menu），显示屏显示：1：START F。按三次“>”键切换到显示屏显示为：4：SWP MODE。此时，与设置起始频率一样，按“∨”键到下一级编辑状态，可按【>】键选择扫频方式为 LINE 或 LOG……设置后，仍然按“Enter”键确认设置并关闭菜单。

经过以上设置，可以从主输出端输出所设置的扫频信号。

（二）使用注意事项

1．一般情况下，数字输入方式可以直接设置到指定的数值。旋钮输入和箭头输入通过递增或递减方式设置数值，当显示屏当前值与指定值相差较多时，这两种方法相对较慢。但如果将这两种方式配合使用，也很快能完成设置任务。

2．输出端标明为 50Ω 负载，表示信号源的阻抗是 50Ω。允许连接到其他阻抗的电路，但输出电压和端口阻抗将改变。

3．输出信号的幅度与所接负载有一定的关系，负载不同，信号源输出不同。对于 33120 而言，其主输出端固定的输出阻抗为 50Ω。但可以设置所接负载阻抗为高阻或 50Ω，根据负载阻抗设置不同，输出信号幅度不同。如果设置为“高阻”负载，输出信号幅度将时设置为 50Ω 负载时的 2 倍。例如，50Ω 负载时输出幅度为 1Vp-p，则设置为“高阻”负载时的输出幅度为 2Vp-p。为了避免出现振荡，端口最好以 50Ω 阻抗连接（再使用高频和方波输出时），并且连接线尽可能短。

4．输出幅度与输出函数有关。当选择一个输出函数时，其最大幅度小于当前实际功能时，输出幅度将自动得到调整，由于个输出波形具有不同的峰值特性，当选择输出单位为 Vrms 或 dBm 时，则冲突可能发生。例如，如果将所输出的 5Vrms 方波（50Ω 负载）切换成正弦波，则函数发生器将把输出幅度调整到 3.535Vrms（正弦波波形幅度上限）。

5．33120 函数发生器的直流偏置电压|Voffset|与输出信号幅度 Vp-p 有一定的约束关系，如下：

|Voffset| + Vp-p/2 <= Vmax ， 且 |Voffset| <= 2×Vp-p

其中，Vmax 表示当前偏值电压所允许的最大输出幅度值。

6．当输出终端负载改变时，直流偏置电压将自动调整。例如，如果输出负载电阻由 50Ω 改变为高阻，若原来设置直流偏置为 100mV，则现在直流偏置自动变为 200mV。

7．对于任意波，如果波形本身存在着偏置（数据平均值不等于零），Offset 指示灯将会点亮。

8．输出频率设置与仪器各波形的最高频率有关。当选择一个输出函数时，其最高频率低于当前实际功能频率时，输出频率将自动调整。例如，如果将输出的 1MHz 正弦波切换成三角波，函数发生起将把输出频率自动调整到 100kHz（三角波频率的上限），同时显示屏显示：FREQ LIMIT。

9．输出频率设置与仪器各波形的最高频率和占空比有关。对于高于 5MHz 的方波输出频率，其占空比系数限制在 40%~60%之间（低于 20%～80%）。当选择一个频率，是的当前占空比系数溢出此频率的限制范围，占空比系数将自动调整。例如，如果设置占空比系数为 70%，再将频率切换到 8MHz，函数发生器就会自动把占空比系数调整到 60%（该频率的占空比系数上限）。

1.2.3　TFG2040　DDS 函数信号发生器

一、函数信号发生器外观

TFG2040　DDS 函数信号发生器外观图如图 1.2.4 所示。

TFG2000 系列 DDS 函数信号发生器采用直接数字合成技术（DDS），具有快速完成测量工作所需的高性能指标和众多的功能特性。主波形输出频率为 40mHz～40MHz，信号输出幅度 20mVp-p～20Vp-p，频率精度可达到 10^{-5} 数量级，频率分辨率高，可以输出正弦波、方波、三角波、锯齿波、阶梯波等 32 种波形。信号发生器可以对本身信号进行功率放大和作为频率计使用。

图 1.2.4　TFG2040　DDS 函数信号发生器外观图

TFG2000 系列 DDS 函数信号发生器面板操作说明图如图 1.2.5 所示。

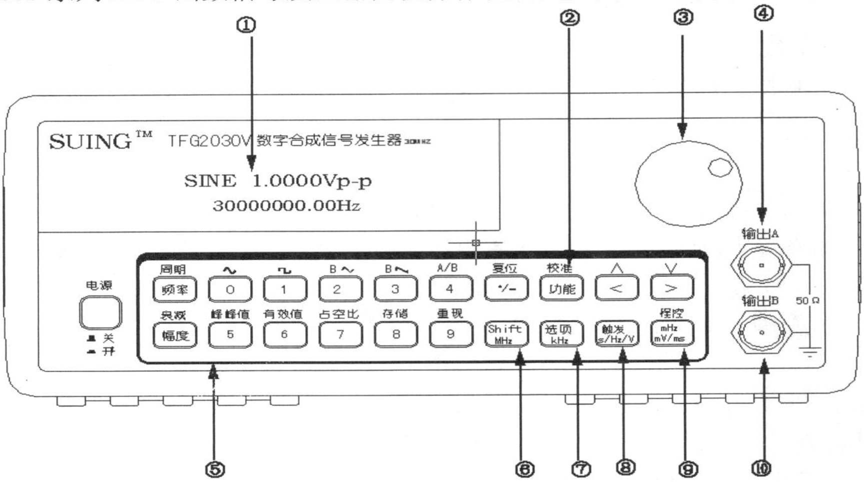

图 1.2.5　TFG2000 系列 DDS 函数信号发生器前面板图

① 菜单、数据、功能显示区
②“功能”键
③ 手轮
④ 输出通道 A
⑤ 按键区
⑥“上挡”（Shift）键
⑦“选项”键
⑧“触发”键
⑨“程控”键
⑩ 输出通道 B

说明：仪器前面板上共有 20 个按键（见图 1.2.5），按键功能如下：

“频率”“幅度”键：频率和幅度选择键。

“0”“1”“2”“3”“4”“5”“6”“7”“8”“9”键：数字输入键。

“MHz”“kHz”“Hz”“mHz”键：双功能键，在数字输入之后执行单位键功能，同时作为数字输入的结束键。直接按“MHz”键执行“Shift”功能，直接按“kHz”键执行“选项”功能，直接按“Hz”键执行“触发”功能。

“./-”键：双功能键，在数字输入之后输入小数点，“偏移”功能时输入负号。

“<”“>”键：光标左右移动键。

“功能”键：主菜单控制键，循环选择六种功能。

“选项”键：子菜单控制键，在每种功能下循环选择不同的项目。

“触发”键：在“扫描”“调制”“猝发”“键控”“外测”功能时作为触发启动键。

“Shift”键：上挡键（显示“S”标志），按“Shift”键后再按其他键，分别执行该键的上挡功能。

二、函数发生器操作

（一）开机与复位

1．按下面板上的电源按钮，电源接通。首先显示“WELCOME TO USE”（欢迎使用），然后依次显示 0，1，2，3，4，5，6，7，8，9，最后进入复位初始化状态，显示出当前 A 路波形和频率值。

2．通道设置选择

反复按“Shift”“A/B”两键可循环选择为 A 路、B 路。

（二）A 路功能设定

1．数据的输入

（1）数字键输入

十个数字键用来向显示区写入数据。写入方式为自右至左移位写入，超过十位后左端数字溢出丢失。符号键“./-”具有负号和小数点两种功能，在“偏移”功能时，按此键可以写入负号。当数据区已经有数字时，按此键则在数据区的末位数字上加小数点，如果数据区中已经带有小数点，则按此键不再起作用。使用数字键只是把数字写入显示区，这时数据并没有生效，所以如果写入有错，可以按当前功能键后重新写入，对仪器工作没有影响。等到确认输入数据完全正确之后，按一次单位键（“MHz”“kHz”“Hz”“mHz”），这时数据开始生效，仪器将显示区数据根据功能选择送入相应的存储区和执行部分，使仪器按照新的参数输出信号。

数据的输入可以使用小数点和单位键任意搭配，仪器都会按照固定的单位格式（Hz，V，ms）将数据显示出来。

（2）步进键输入

在实际应用中，往往需要使用一组几个或几十个等间隔的频率值或幅度值，如果使用数字键输入方法，就必须反复使用数字键和单位键，这是很麻烦的。为了简化操作，可以把频率间隔值设定为“步长频率”，使用步进键输入方法,每次使频率增加一个步长值，或每次减少一个步长值，而且数据改变后即刻生效，不用再按单位键。

例如：要产生间隔为 12.5kHz 的一系列频率值，按键顺序如下：

按“功能”键选择为“扫描”，按“选项”键选中“步长频率”，按“1”“2“.”“5”“kHz”。此后不管在任何功能时，只要在 A 路频率状态下，都可以连续按“Shift”“∧”或“Shift”“∨”，得到一系列间隔为 12.5kHz 的递增或递减的频率值序列。

（3）调节旋钮输入

在实际应用中，有时需要对信号进行连续调节，这时可以使用数字调节旋钮输入方法。按位移键“<”或“>”，可以使数据显示中的光标数字位左移或右移，面板上的旋钮为数字调节旋钮，向右转动旋钮，可使光标位数字连续加一，并能向高位进位。向左转动旋钮，可使光标位数字连续减一，并能向高位借位。使用旋钮输入数据时，数字改变后即刻生效，不用再按单位键。光标数字位向左移动，可以对数据进行粗调，向右移动则可以进行细调。

调节旋钮输入可以在多种项目选择时使用，当不需要使用旋钮时，可以用位移键“<”和“>”取消光标数字位，旋钮的转动就不再有效。

2．功能选择

仪器开机后为“连续”功能，按“功能”键可以循环选择“连续”“扫描”“调制”“猝发”“键控”“外测”六种功能。

● “连续”功能状态：

（1）A 路频率周期设定：按“选项”键，选中“A 路频率”，显示出当前频率值。按“Shift”“周期”键，可以显示出当前周期值。

（2）幅度设定：按“幅度”键，选中“A 路幅度”，显示出当前幅度值。可用数字键或调节旋钮输入幅度值，“输出 A”端口即有该幅度的信号输出。

（3）幅度值的格式：A 路幅度值的输入和显示有两种格式：按“Shift”“峰峰值”选择峰峰值格式 p-p，按“Shift”“有效值”选择有效值格式 rms 。随着幅度值格式的转换，幅度的显示值也相应地发生变化。

（4）幅度衰减器：按“Shift”“衰减”可以选择 A 路幅度衰减方式，开机或复位后为自动方式“AUTO”。此外仪器设置有固定衰减方式。按“Shift”“衰减”后，用数字键输入衰减 dB 值，再按“Hz”键，可以设定衰减值−20dB、−40dB 和−60dB 三挡，输入数字大于 70 时选择为自动方式 AUTO。

（5）输出负载：幅度设定值是在输出端开路时校准的，输出负载上的实际电压值为幅度设定值乘以负载阻抗与输出阻抗的分压比，仪器的输出阻抗约为 50Ω，当负载阻抗足够大时，分压比接近于 1，输出阻抗上的电压损失可以忽略不计。但当负载阻抗较小时，输出阻抗上的电压损失已不可忽略，负载上的实际电压值与幅度设定值是不相符的，这点应予以注意。

（6）A 路输出波形选择：A 路具有两种波形，在输出选择为 A 路时，可以按“Shift”“0”选择正弦波，按“Shift”“1”选择方波。

（7）方波占空比：在 A 路选择为方波之后，按“Shift”“占空比”可以显示出方波占空比，这时可用数字键或调节旋钮输入占空比数值，输出即为设定占空比的方波。

（8）TTL 波的影响：当频率较高时，受 TTL 信号电平转换时的影响，正弦波形上会产生出两处毛刺，为消除这种影响，开机或复位后 TTL 信号是关闭的。如果要使用 TTL 信号，可以按“Shift”“1”键将方波打开，TTL 信号也被打开，此后 A 路再选择为正弦波时 TTL 信号也不再关闭。如果要消除 TTL 信号对正弦波的影响，可以按“Shift”“复位”键将其关闭。

（9）A 路偏移设定：在有些应用中，需要使输出的交流信号中含有一定的直流分量，使信号产生直流偏移。在“连续”功能时，按“选项”键选中“A 路偏移”，显示出当前偏移值。可用数字键或调节旋钮输入偏移值。

（10）直流电压输出：如果幅度衰减选择为固定 0 dB 时，输出偏移值即等于偏移设定值，与幅度大小无关。如果将幅度设定为 0V，那么偏移值可在±10V 范围内任意设定，仪器就变成一台直流电压源。可以输出设定的直流电压信号。在偏移设定时光标指示位无效，调节旋钮只能细调。

（11）零点调整：对输出信号进行零点调整时，使用调节旋钮调整直流偏移量，比使用数字键要方便得多，向右转动旋钮直流电平上升，向左转动旋钮直流电平下降，经过零点时正负号能够自动变化，此时光标指示无效。

（12）A 路存储与重现：在有些应用中，需要多次重复使用一系列不同频率和幅度的信号，频繁使用数字键设置显然非常麻烦，这时使用信号的存储和重现功能就非常方便。

按“Shift”“复位”键，存储地址指向第一个存储信号，可以设定第一个信号的频率值和幅度值，然后按“Shift”“存储”键，显示区清除，表示这个信号的频率值和幅度值都已经被存储起来。再设定第二个信号的频率值和幅度值，按“Shift”“存储”键，将第二个信号存储起来。如此下去直到存入最后一个信号。此后在需要的时候，只要连续按“Shift”“重现”键，全部存储信号就会依次重现出来，这使得多次重复性的测试变得非常方便。

● 扫描功能：

按“功能”键选中“扫描”，如果当前显示为频率值，则进入频率扫描状态。输出频率的扫描采用步进方式，每隔一定的时间，输出频率自动增加或减少一个步长值。扫描始点频率、终点频率、步长频率和每步间隔时间都可由操作者来设定。

● 调制功能：

按“功能”键，选中“调制”，如果当前显示为频率，按“触发”键即可启动频率调制过程（调频 FM ON）。按“幅度”键显示为幅度，按“触发”键即可启动幅度调制过程（调幅 AM ON）。在调制功能时，A 路为载波信号，B 路为调制信号。一般来说载波频率应该比调制频率高十倍以上。

（1）载波频率：在幅度调制时载波频率与“连续”功能时所设置的频率相同。

（2）调制频率：按“选项”键选中“B 路频率”，显示出 B 路频率值，可用数字键或调节旋钮设定 B 路频率值。

（3）调制波形：按“选项”键选中“B 路波形”，显示出调制信号的波形序号和波形提示，可用数字键或调节旋钮改变这个序号，即可改变调制信号的波形。

（4）调制深度：在幅度调制时，按“选项”键选中“深度”，显示出调制深度值，可用数字键或调节旋钮设定调制深度值。

（5）调制频偏：在频率调制时，按“选项”键选中“频偏”，显示出调制频偏值，可用数字键或调节旋钮设定调制频偏值，调制频偏表示载波信号周期的变化量，如果载波信号周期的变化量为ΔT，载波信号周期为 T，则：

$$调制频偏\% = 100\Delta T/2T$$

（6）外部调制输入：幅度调制和频率调制都可以使用外部调制信号，仪器后面板上有一个“调制输入”端口，可以引入外部调制信号。外部调制信号的频率应该和载波信号的频率相适应，外部调制信号的幅度应根据调制深度或调制频偏的要求来调整。使用外部调制信号时，应将 B 路幅度设定为 0，关闭内部调制信号。

● 猝发功能：

按“功能”键选中“猝发”，仪器即进入猝发输出状态，可以输出一定周期数的脉冲串或对输出信号进行门控。

例如：要对频率 1kHz 幅度 2V 的信号进行猝发输出，每组输出 5 个波形，各组波形之间间隔为 5ms。按键顺序如下：

按“功能”键选中“猝发”

按“选项”键选中“频率”，按“1”“kHz”

按“幅度”键选中“幅度”，按“2”“V”

按“选项”键选中“计数”，按“5”“Hz”

按“选项”键选中“间隔”，按“5”“ms”

最后按“触发”键即可启动猝发输出过程。

● 键控功能：

在数字通信或遥控遥测系统中，对数字信号的传输通常采用频移键控（FSK）或相移键控（PSK）的方式，对载波信号的频率或相位进行编码调制，在接收端经过解调器再还原成原来的数字信号。按“功能”键选中“键控”，仪器即可输出 FSK、PSK 和 ASK 调制信号。

（1）频移键控输出：在功能选择为“键控”时，如果当前显示为频率值，按“选项”键选中“始点频率”，设定载波频率值。按“选项”键选中“终点频率”，设定跳变频率值。按“选项”键选中“间隔时间”，设定两个频率的交替时间间隔。然后按“触发”键，显示出“FSK”，即可输出频移键控信号。按任意键可使输出停止。

（2）相移键控输出：在频移键控方式下，按“选项”键选中“相移”，显示出当前相移值。用数字键设定“相移”值（不为 0），“间隔时间”即为相移交替时间，然后按“触发”键，显示出“PSK”，即可输出相移键控信号，按任意键可使输出停止。

（3）相移键控的观测：由于相移键控信号不断地改变相位，在模拟示波器上不容易同步，不能观测到稳定的图形，如果把 B 路频率和相移键控时的 A 路频率值设置为相同的值，在双踪示波器上用 B 路信号作同步触发信号，即可观测到稳定的相移键控信号波形。

（4）幅移键控输出：在功能选择为“键控”方式下，按“幅度”键，显示出当前幅度值，各项参数设定方法与 FSK 相类同。按“幅度”“触发”键，显示出“ASK”，即可输出幅移键控信号。

● 外测：

该仪器具有外测频功能，可对外接信号测频并显示。

技术指标中给出的参数误差为出厂时的指标，经过长期使用或者温度变化较大时误差可能会增大。在用作精密测量时，应该对仪器进行校准。

（三）B 路功能设定

1．波形选择：B 路具有 32 种波形，如表 1.2.2 所示。在项目选择为“B 路波形”时，显示出当前波形的序号和波形提示，用数字键或调节旋钮改变这个序号，可以对 B 路输出波形进行选择。在 B 路任何选项时，都可以按“Shift”“0”选择正弦波，“Shift”“1”选择方波，“Shift”“2”选择三角波，“Shift”“3”选择锯齿波。

表 1.2.2 B 路 32 种波形表

序号	波　形	提　示	序号	波　形	提　示
00	正弦波	SINE	16	正弦波横切割	SIN-TRA
01	方波	SQUARE	17	正弦波纵切割	SIN-VER
02	三角波	TRIANG	18	正弦波调相	SIN-PM
03	降锯齿波	DN-RAMP	19	阶梯波	STAIR
04	正弦波（2 倍频）	2-SINE	20	正直流	P-DC
05	方波（2 倍频）	2-SQUAR	21	负直流	N-DC
06	三角波（2 倍频）	2-TRING	22	对数函数	LOG
07	锯齿波（2 倍频）	2-RAMP	23	指数函数	EXP
08	升锯齿波	UP-RAMP	24	半圆函数	ROUND
09	正脉冲	P-PULSE	25	Sinx/x 函数	SINX/X
10	负脉冲	N-PULSE	26	平方根函数	SQURT
11	正双脉冲	2P-PULS	27	正切函数	TANGENT
12	负双脉冲	2N-PULS	28	心电图波形	CARDIO
13	编码调宽脉冲	CO-PULS	29	地震波形	QUAKE
14	正弦全波整流	ALL-SIN	30	任意波形	ARB
15	正弦半波整流	HLF-SIN	31	随机噪声	NOISE

2．频率设定：按“选项”键选中“B 路频率”，显示出当前频率值。可用数字键或调节旋钮输入频率值，在“输出 B”端口即有该频率的信号输出。

B 路频率不能进行频率周期转换。

3．幅度设定：按“选项”键，选中“B 路频率”，再按“幅度”键，选中“B 路幅度”显示出当前幅度值，可用数字键或调节旋钮输入幅度值，“输出 B”端口即有该幅度的信号输出。

B 路幅度只能使用幅度峰峰值 V_{p-p}，没有衰减器。

1.2.4　EEl641B 系列函数信号发生器/计数器

一、概　述

定义及用途：本仪器是一种精密的测试仪器，因其具有连续信号、扫频信号、函数信号、脉冲信号等多种输出信号和外部测频功能，故定名为函数信号发生器/计数器。

二、使用说明

EEl641B1 型函数信号发生器 / 计数器的前面板图如图 1.2.6 所示。

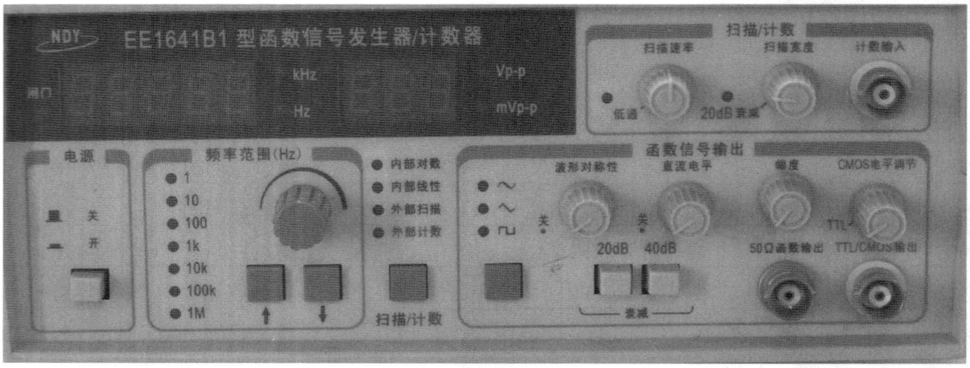

图 1.2.6　EEl641B1 型函数信号发生器/计数器的前面板图

1. 频率显示窗口：显示输出信号的频率或外测频信号的频率。

2. 电压显示窗口：显示函数输出信号的电压值（不同厂家的产品可能显示为 50Ω负载时的峰峰值，或选 1MΩ时的峰峰值）。

3. 扫描宽度调节旋钮：调节此电位器可以改变内扫描的时间长短。在外测频时，逆时钟旋到底（绿灯亮），为外输入测量信号经过衰减“20dB”进入测量系统。

4. 外部计数输入插座：扫描/计数键功能选择在外扫描外计数状态时，外扫描控制信号或外测频信号由此输入。

5. TTL/CMOS 信号输出端：输出标准的 TTL 幅度的脉冲信号，输出阻抗为 600Ω。控制 CMOS 电平调节旋钮顺时针打开输出 5～15V 可调 CMOS 信号。控制 CMOS 电平调节旋钮逆时针旋到底时输出 TTL 波形。

6. 函数信号输出端：输出多种波形受控的函数信号，如正弦波、三角波、方波等，输出幅度 20$V_{p\text{-}p}$（1MΩ负载），10$V_{p\text{-}p}$（50Ω负载）。

7. 函数信号输出幅度调节旋钮：调节范围 20dB。

8. 函数信号输出信号直流电平预置调节旋钮：调节范围：−5～+5V（50Ω负载），当电位器处在关位置时，则为 0 电平。

9. 输出波形对称性调节旋钮：调节此旋钮可改变输出信号的对称性。当电位器处关位置时，则输出对称信号。

10. 函数信号输出幅度衰减开关：20dB、40dB 键均不按下，输出信号不经衰减，直接输出到插座口。20dB、40dB 键分别按下，则可选择 10 倍或 100 倍衰减。

11. 函数输出波形选择按键：可选择正弦波、三角波、脉冲波输出。

12．扫描/计数按键：可选择多种扫描方式和外测频方式。输出单频信号时，扫描/计数灯应处于全灭状态。

13．频率范围选择旋钮：调节此旋钮可改变输出频率的 1 个频程。

14．频段选择按键：包括“↑”键和“↓”键，按此按键，左边指示灯上下移动，标明当前所在频率档位。

15．整机电源开关：此按钮按下时，机内电源接通，整机工作。此键释放为关掉整机电源。

三．应用举例

此处只简介 50Ω主函数信号及 TTL 脉冲信号输出，输出电缆常用 BNC 接头的开路电缆。

例一：用信号源输出一个频率为 5kHz 峰峰值为 2V 直流偏置为 0V 的标准正弦波信号。

（1）选择正确的输出端口。用电缆从面板右下侧 50Ω函数信号输出端输出正弦波信号。

（2）逆时针调节波形对称性及直流电平旋钮之关闭状态。

（3）由频段选择按键选 10k 挡，调节频率范围选择旋钮使信号源输出频率为 5kHz。

（4）调节函数信号输出幅度调节旋钮，用测量仪器（如示波器）监测被测电路输入端直至输入的正弦波峰峰值达到 2V。

注意：当信号发生器输出的信号作为其他电路的输入信号时，若测量实际电路输入端的输入电压大小，不应该通过函数信号发生器的电压显示窗口读出电压值。因为电压显示窗的显示值是在信号发生器输出端负载为规定负载时信号发生器的输出电压值，而实际应用中，被测电路输入端的输入阻抗与信号发生器的规定负载并不一定相同，此时信号发生器电压显示窗显示值与实际输出值也并不一定相同。因此我们应该如前所述在电路中带载实测信号源输出电压。

例二：输出一个 2kHz TTL 信号。

（1）选择正确的输出端口，即 TTL/CMOS 信号输出端。调节 TTL/CMOS 输出旋钮逆时针关断，用电缆从面板右下侧 TTL/CMOS 输出 TTL 信号。

注意：TTL/CMOS 输出旋钮顺时针打开时，输出为 CMOS 信号，幅值 5～15V 可调。

（2）由频段选择按键选 11k 挡，调节频率范围选择旋钮使信号源输出频率为 2kHz。

（3）当输出 TTL 信号时，函数发生器的输出幅度调节旋钮不能改变输出 TTL 信号的幅度。

1.3 直流稳压电源

直流稳压电源（DC Regulated Power Supply）是所有电子设备工作的能源来源。稳压电源按输出电源的类型分有直流稳压电源和交流稳压电源；按稳压电路与负载的连接方式分有串联稳压电源和并联稳压电源，按调整管的工作状态分有线性稳压电源和开关稳压电源。图 1.3.1 为直流稳压电源工作示意图。

直流稳压电源的典型指标有：

电压调整率：表征当输入电压变化时直流稳压电源输出电压稳定的程度。

电流调整率：表征当输入电压不变时，电源对由于负载电流变化而引起的输出电压波动的抑制能力。

纹波抑制比：表征直流稳压电源对输入端引入的市电电压的抑制能力。

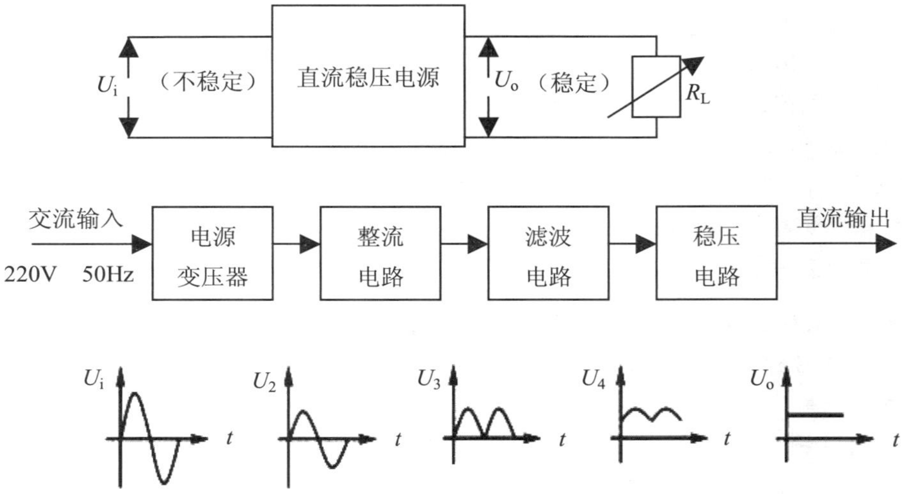

图 1.3.1　直流稳压电源工作示意图

一、YB1700 系列可调式直流稳压电源概述

YB1700 系列可调式直流稳压稳流电源的输出电压与稳流电流均连续可调，是稳压与稳流可自动转换的高稳定性直流电源。可同时显示双路输出电压和电流，且具有三路输出，其中一路为固定的 5V 输出。另外，两路可调电源可进行串联或并联使用，并由其中的一路主电源进行电压或电流跟踪。串联时最高输出电压可达两路电压额定值之和，并联时最大输出电流可达两路电流额定值之和。

（一）使用特性与技术指标

具有稳压、稳流功能。可任意进行串联或并联。纹波小。精度高，稳定性高。

1．输入交流电压：220V AC ±10%，50Hz ±2Hz

2．双路可调稳压电源主要输出指标

输出直流电压：2 × 0～30V

输出直流电压：2 × 0～3A

YB1731C2A 型直流稳压电源面板图，如图 1.3.2 所示。

图 1.3.2　YB1731C2A 型直流稳压电源面板图

（二）使用注意事项

1．检查电压

参看表 1.3.1 可知，该直流稳压电源的正确工作电压范围，在接通电源之前应检查电源电压。

表 1.3.1　直流稳压电源的正确工作电压范围

额定电压/频率范围	工作电压/频率范围
220V/50Hz	198V～242V/48Hz～52Hz

2．确保所用的保险丝是指定的型号

为了防止由于过电流引起的电路损坏，请使用正确的保险丝值。

YB1731A/B　2A，YB1731A/B/C　3A，3AYB1731A/C　5A

如果保险丝熔断，仔细检查原因，修理后换上规定的保险丝。

二、面板操作件作用说明

面板介绍：

图 1.3.3 为 YB1731A 型直流稳压电源前面板示意图

1．电源开关（POWER）

将电源开关按键弹出即为“关”位置，将电源线接入，按电源开关，已接通电源。

2．电压调节旋钮（VOLTAGE）

此为主电路电压调节旋钮，顺时针调节，电压由小变大，逆时针调节，电压由大变小。

3．恒压指示灯（C.V）

当主电路处于恒压状态时，C.V 指示灯亮。

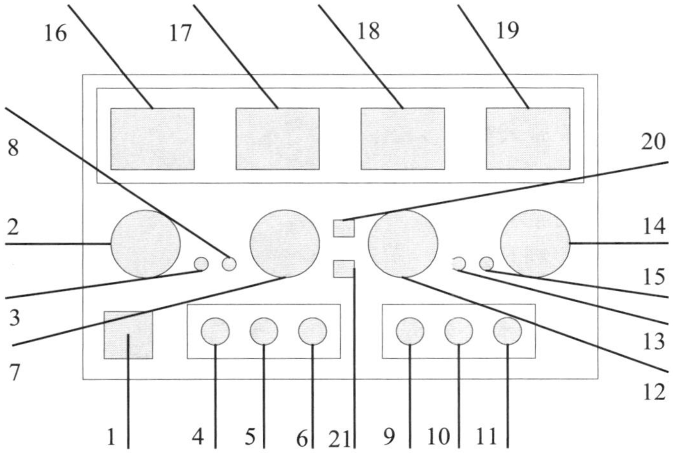

图 1.3.3　YB1731A 型直流稳压电源前面板示意图

4．输出端口（CH1）

此为主路（CH1）输出正端。

5．输出端口（CH1）

机壳接地端。

6．输出端口（CH1）

此为主路（CH1）输出负端。

7．电流调节旋钮（CURRENT）

此为主电路电流调节旋钮，顺时针调节，电流由小变大，逆时针调节，电流由大变小。

8．恒流指示灯（C.C）

此为主路恒流指示灯，当主路处于恒流状态时，此灯亮。

9．输出端口（CH2）

此为从路（CH2）输出正端。

10．输出端口（CH2）

机壳接地端。

11．输出端口（CH2）

此为从路（CH1）输出负端。

12．电压调节旋钮（VOLTAGE）

此为从路电压调节旋钮，顺时针调节，电压由小变大，逆时针调节，电压由大变小。

13．恒压指示灯（C.V）

此为从路恒压指示灯，当从路处于恒压状态时，此灯亮。

14．电流调节旋钮（CURRENT）

此为从路电流调节旋钮，顺时针调节，电流由小变大，逆时针调节，电流由大变小。

15．恒流指示灯（C.C）

此为从路恒流指示灯，当从路处于恒流状态时， 此灯亮。

16．显示窗口

此为主路（CH1）电压显示窗口。

17．显示窗口

此为主路（CH1）电流显示窗口。

18．显示窗口

此为从路（CH2）电压显示窗口。

19．显示窗口

此为从路（CH2）电流显示窗口。

20．电源独立、组合控制开关

此开关弹出，两路分别可独立使用。开关按入，电源进入跟踪状态。

21．电源串联、并联选择开关

（20）开关按入，（21）开关弹出，为串联跟踪，此时调节主路电源电压调节旋钮（2），从路输出电压严格跟踪主路输出电压，使输出电压最高可达两路电压的额定值之和。（20）、（21）开关同时按入，为并联跟踪，此时调节主电源电压调节旋钮（2），从路输出电压严格跟踪主路输出电压，调节主路电源电流调节旋钮（7），从路输出电流跟踪主路输出电流，使输出电流最高可达两路电流的额定值之和。

三、使用方法

打开电源开关前先检查输入的电压，将电源线插入面板上的交流插孔，如下表示设定各个控制键：

电源（POWER）：电源开关键弹出

电压调节旋钮（VOLTAGE）：调至中间位置

电流调节旋钮（CURRENT）：调至中间位置

跟踪开关（TRACK）：置弹出位置

所有控制键如上设定后，打开电源。

（一）一般检查

1．调节电压调节旋钮，显示窗口显示的电压值应相应变化。顺时针调节电压调节旋钮，指示值由小变大；逆时针调节，指示值由大变小。

2．双路（CH1、CH2）输出端口应有输出。

3．双路（CH1、CH2）输出可调电源的独立使用。

将（20）、（21）开关分别置于弹起位置（即⊥位置）

可调电源作为稳压电源使用时，首先应将稳流旋钮（7）和（14）顺时针调节到最大，然后打开电源开关（1），并调节电压调节旋钮（2）和（12），使从路和主路输出直流电压至需要的电压值，此时稳压状态指示灯（3）和（13）灯亮。

4．可调节电源作为稳流源使用时，在打开电源开关（1）后，先将稳压调节旋钮（2）和（12）顺时针调节到最大，同时将稳流调节旋钮（7）和（14）逆时针调节到最小，然后按上所需负载，顺时针调节旋钮（7）和（14），使输出电流至所需要的稳定电流值。此时稳压状态指示灯（3）和（13）熄灭，稳流状态指示灯（8）和（15）灯亮。

5．在作为稳压源使用时，稳流电流调节旋钮（7）和（14）一般应该调至最大。

但是，本电源也可以任意设定限流保护点。设定办法为：打开电源，逆时针将稳流调节旋钮（7）和（14）调至最小，然后短接正负端子，并顺时针调节稳流调节旋钮（7）和（14），使输出电流等于所要求的限流保护点的电流值。此时，限流保护点就被设定好了。

（二）双路（CH1、CH2）输出可调电源的串联使用

1．将（20）开关按下（即⊥位置），（21）开关置于弹起（即⊥位置），此时，调电压调节旋钮（2），从路的输出电压严格跟踪主路输出电压，使输出电压最高可压的额定值之和。

2．在两路电源处于串联状态时，两路的输出电压由主路控制，但是两路的电流调节仍然是独立的。因此，在两路串联时应该注意（14）电流调节旋钮的位置，如旋钮（14）在逆时针到底的位置或从路输出电流超过限流保护点，此时，从路的输出电压将不再跟踪主路的输出电压。所以一般两路串联时应将旋钮（14）顺时针调节到最大。

3．双路（CH1、CH2）输出可调电源的并联使用。

4．（20）开关按下（即⊥位置），（21）开关也按下（即⊥位置），此时两路电源节主路电源电压调节旋钮（2），两路输出电压一样。同时，主路稳压指示灯（3）灯亮。从路稳压指示灯（13）熄灭。

5．在电源处于并联状态时，从路电源的稳流调节旋钮（14）不起作用，当电源做稳流使用时，只需要调节主路的稳流调节旋钮（7）。此时主、从路的输出电流均受其控制并相同。其输出电流最大可达二路输出电流之和。

正、负 12V 电源连接示意图如图 1.3.4 所示。

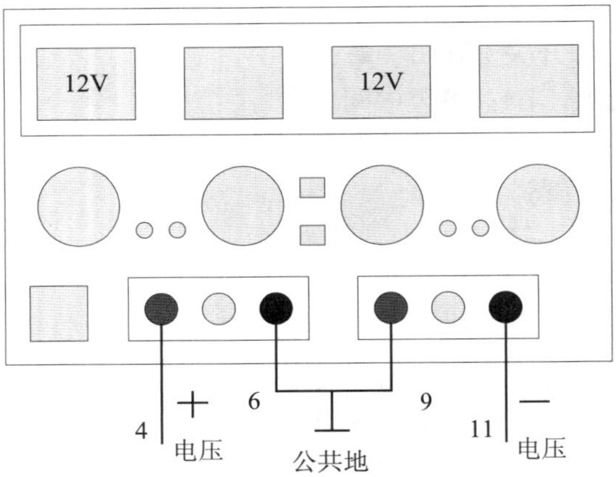

图 1.3.4　正、负 12V 电源连接示意图

1.4　频率特性测试仪

频率特性是网络性能最直观的反映。频率特性测试仪（Frequency Characteristic Instrument）用于测量网络的幅频特性和相频特性，简称扫频仪。它是一种能在示波管屏幕上直接显示被测电路幅频特性曲线的图示测量仪器。用扫频仪监测对网络频率特性进行调整以及对网络动态快速测量都十分方便，例如 BT-3GIII型频率特性测试仪，它利用矩形内刻度示波管作为显示器，直接显示被测设备的频率特性曲线。应用该仪器可以快速测量或调整甚高频段的各种有源无源网络的幅频特性和驻波特性。图 1.4.1 为频率特性测试仪原理框图。

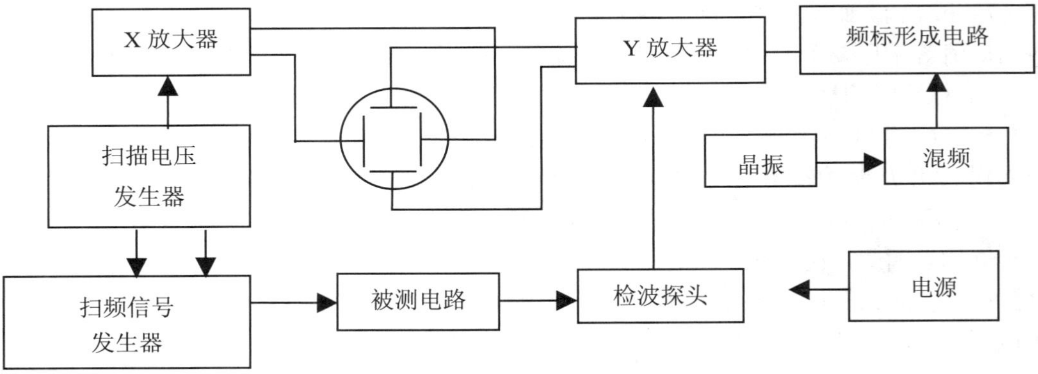

图 1.4.1　频率特性测试仪原理框图

前面板介绍

（一）面板功能键及旋钮介绍

图 1.4.2 为频率特性测试仪面板图，其主要按钮功能简介如下：

“Y 位移”：调节显示光迹在 Y 轴方向的偏离位置。

“Y 增益”：调节确定的频幅在 Y 轴显示的高度。

频标幅度：调节频标在 Y 轴显示的高度。

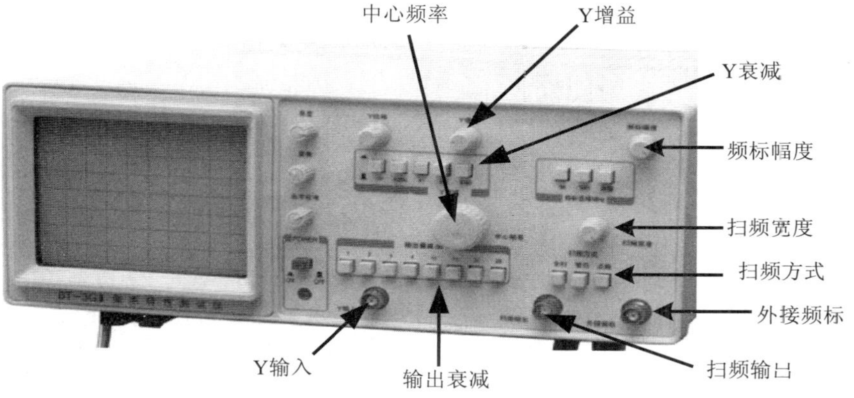

图 1.4.2 频率特性测试仪面板图

+/–，AC/DC：+/–调节输入信号的极性，“AC/DC”调节输入耦合方式。

Y 衰减：按下“X10”Y 轴幅度显示缩小 1/10，其余类推。

频标选择 MHz：按下 50MHz 或 10.1MHz 键，扫频线上（X 轴向）分别出现 50MHz 或 10.1MHz 频标信号，10.1MHz 频标高的为 10MHz，矮的为 1MHz，按下“外接”键则选择外接信号频标。

水平校准：旋转扫频线，调节其水平度。

中心频率：调节扫频中心频率，顺时针旋转，扫频线水平右移。

扫频宽度：调节扫频宽度，频标宽度及频标之间的间隙宽度亦随之改变。

输出衰减：输出衰减 1dB，2 dB，3 dB，4 dB，10 dB，10 dB，20 dB，20 dB，同时按下则衰减分贝数相加。

扫频方式：“全扫”，全频率范围扫描，扫频线无频标，“窄扫”在中心频率附近扫描，有频标。

Y 输入：被检测信号的输入端。

扫频输出：从低频到高频扫描输出信号频率给被测电路，用以检测高频电路的幅频特性及带宽。

外接频标：外接频标信号的输入端。

（二）常用的基本操作方法

1．零频率标记识别

置“扫频方式”的“窄扫”挡，外接频率置于“外接”挡。调扫频宽度和频标幅度适中。顺时针旋转 “中心频率”旋钮，扫描线上的频标向右平移，当旋足时屏幕上应出现零频标，零频标的特征是：它的左侧有一幅度较小的细线作为识别标致（见图 1.4.3 左边图），零频标右侧第一个为 1MHz 频标。确定了零频标后，向右依次是 2、3、4……MHz 频标，满十出现一个大频标，如 1.4.3 右图所示。逆时针旋转“中心频率”旋钮，屏幕上频标向左平移，自零频标起至 300MHz 范围内频标应该分得清。

2．频标检查

置“频标选择”于 50MHz，调节“中心频率”旋钮，全频段内每间隔 50MHz 出现 1 个频率标记，间隔分得清。检查外接标记时，置“频标选择”于外接，在外接标记输入端输入 30MHz 的连续波振荡信号，输入幅度约 0.5V，此时在显示器上应出现指示 30MHz 的菱形标记。图 1.4.3 为频率特性测试仪的频标。

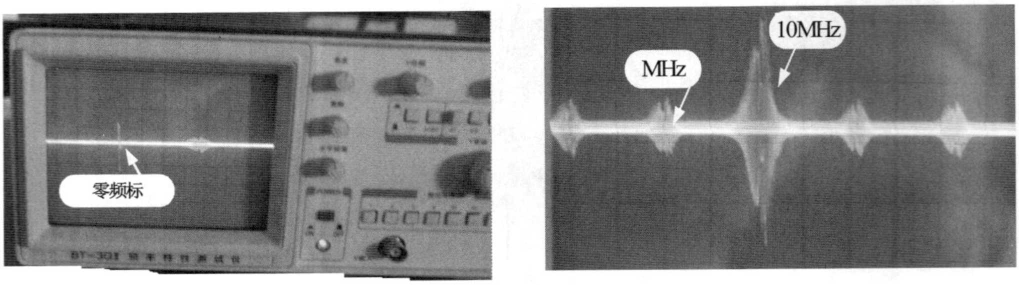

图 1.4.3 频率特性测试仪的频标

（三）测量实例

例：用 BT－3G III 频率特性测试仪测量一个放大器的增益和通频带。

1．增益测量步骤

（1）零分贝校正：先将 75Ω射频电缆接扫频信号输出插座，另一端接低阻检波器“75Ω”输入端，用检波电缆（50Ω）把低阻检波器输出引入“Y 输入”端，“输出衰减”置 0dB，“Y 衰减”置校正挡，调节“Y 增益”使扫频电压线与基线之间的距离为整数格 *H*（一般取 *H*=5 格）。

（2）将经过零分贝校正的频率特性测试仪与被测电路连接好，如图 1.4.4 所示。保持“Y 增益”旋钮不动，再调节两个“输出衰减”旋钮，使屏幕显示的幅频特性曲线的幅度正好为 *H*，则“输出衰减”的分贝值就等于被测电路的增益。例如：粗衰减为 20dB，细衰减为 3dB，则增益 *A*=23dB。

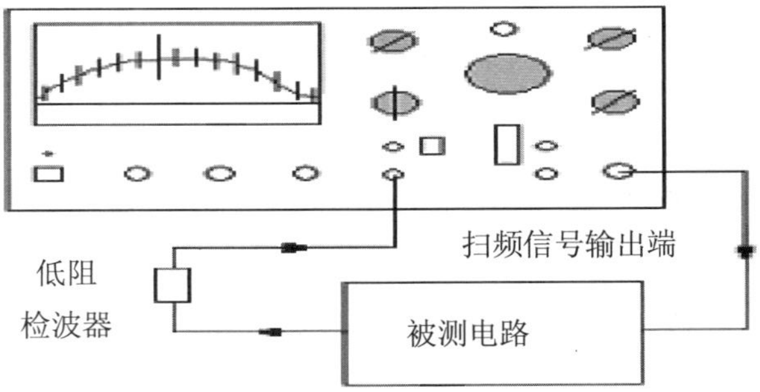

图 1.4.4 频率特性测试仪测试通频带及增益连接示意图

2．带宽的测量

频标选“10、1”MHz，调节“中心频率”旋钮和“扫频宽度” 旋钮，从屏幕上显示的幅频特性曲线上确定下限频率 f_L 与上限频率 f_H（根据 f_L 和），则带宽为 $BW = f_H - f_L$。例如：从幅频特性曲线上，读出曲线弯曲段下降到中频段幅度的 0.707 时所对应的低端频率 f_L=47MHz、高端频率 f_H = 55MHz，则 BW=55MHz−47MHz=8MHz。

说明一点，如果被测设备本身带有检波器输出，其输出可直接用电缆馈入显示系统的 Y 输入端。

1.5 高频 Q 表

一、WY2851D 数显 Q 表的简介

WY2851D 数显 Q 表是一种多功能、多用途、多量程数字的化阻抗测试仪器。它是根据串联谐振原理，以电压比值刻度 Q 值的。图 1.5.1 为 WY2851D 数显 Q 表的前面板图。

它能测量高频电感和谐振回路的 Q 值、电感器的电感量和分布电容量、电容器的电容量和损耗角。配以专用夹具 WY914 介质损耗装置对绝缘材料的高频介质损耗，高频回路有效并联及串联电阻，传输线的特性阻抗等。

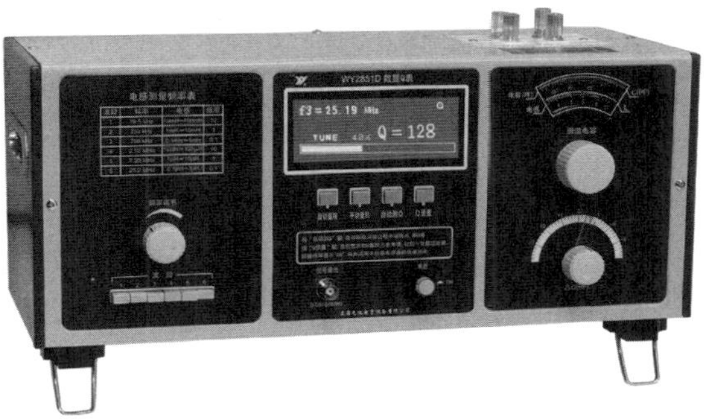

图 1.5.1 WY2851D 数显 Q 表

二、WY2851D 数显 Q 表的技术参数

（一）Q 值测量

Q 值测量范围：5～999 三位数显

Q 值量程分挡：100、316、999，量程可自动切换

频率范围：50kHz～10MHz　　　频率范围：10～25MHz

固有误差：±5%±满刻度的 2%

固有误差: ±8%±满刻度的 2%

工作误差：±7%±满刻度的 2%

工作误差: ±10%±满刻度的 2%

频率范围：25～50MHz

固有误差：±12%±满刻度的 2%

工作误差：±15%±满刻度的 2%

（二）电感测量

测量范围：0.1μH～100mH

分六个量程：0.1～1μH、1～10μH、10～100μH、0.1～1mH，1mH～10mH、10mH～100mH

测量误差：＜5%±0.02μH

三、WY2851D 数显 Q 表的工作原理

1.“Q”的定义

符号“Q”表明一个元件或一个系统的质量，它等于每振荡一周间贮藏能量对损耗比值

的 2π倍。按数值计算它是在测试频率下的串联电抗对串联电阻的比率。

$$Q=\frac{X}{R}=\frac{2\pi fL}{R}=\frac{1}{2\pi fCR} \tag{1-2}$$

通过一个简单的串联谐振电路说明“Q”表工作原理。

如图 1.5.2 所示回路中，串联引入一个幅度为 e 频率为 f 地电动势。

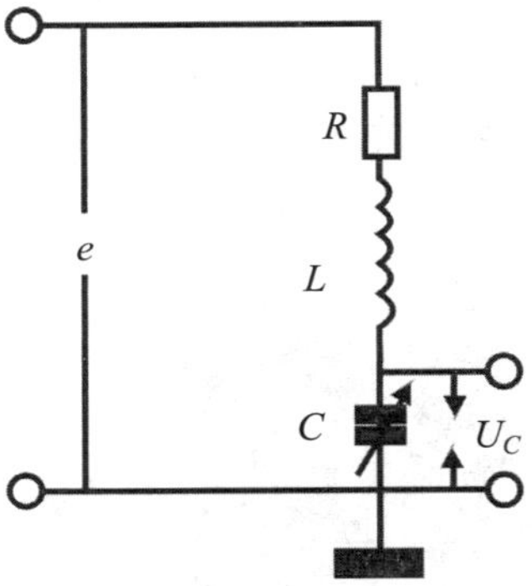

图 1.5.2　串联谐振电路

如果 e 保持常数（已知电平）一个约定的电压表连于回路电容的两端，电压表的指示直接用回路 Q 的单位进行定标，从而能直接读出回路的 Q 值。

串联谐振电路中，有效电阻 R，除被测电感有效电阻外，还包括 Q 表内部调谐电容器，指示电压表，宽带变压器和接线柱等损耗等效电阻值。所以 Q 表测得值将稍低于被测电感的实际的有效 Q 值。

基于上述理由，为了正确地测量元件的 Q 值，还需要考虑到测试回路中残余参数的影响。

对一般的测量可予忽略，即 Q 表指示读得值等于被测元件的有效 Q 值。对测试频率高于 10MHz，又要较高精确度时，需按均值进行修正。均值的高低能直接表征 Q 表自身回路的品质优劣。不能提供均值的 Q 表，其测得 Q 值的有效性不能得到确认。

2．WY2851D 数显 Q 表组成框图

Q 表组成框图如图 1.5.3 所示。

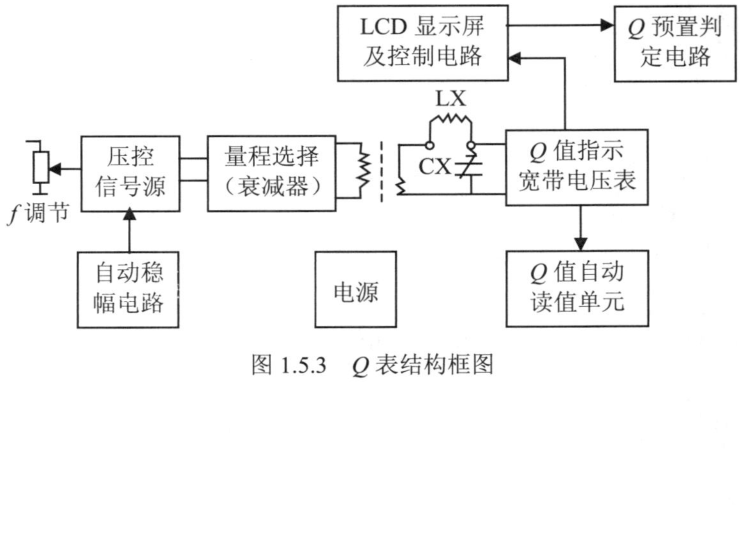

图 1.5.3　Q 表结构框图

四、高频线圈电感值的测量举例

1．将被测线圈接在“Lx”接线柱上，接触良好，如图 1.5.4 所示。

图 1.5.4　被测线圈的连接与读数显示

2．根据线圈大约电感值，在面板左上方对照“电感测量频率表”上选择一测试频率点，然后将频率调节旋钮调到这一频率点上，如图 1.5.5 所示。

图 1.5.5　电感测量频率表

3．置 Q 值“手动量程”适当的挡级上。

4．使微调电容指针放在“0”上，调节主调电容到谐振，这时刻度盘所指示电容数是 C_1 对应度盘上指示电感值，乘以对照表上所指的倍数，就是线圈有效电感值（Le），如图 1.5.6 所示。

图 1.5.6　Q 表读数

Le 值将会比用其他原理测得的电感值稍大，其原因是 Q 表谐振时被测电感的分布电容也相应起作用，故称之为有效电感值。这个有效电感概念对高频使用时更有实用价值。

由此可以计算得出所绕制的线圈的电感值约为 0.18uH，需要对其进行微调以使其电感值达到 0.05uH。

第 2 章　数字电路综合实验

2.1　实验一　触发器实现波形整形及脉冲延时的研究

2.1.1　基础实验

一、实验目的

1．掌握使用集成门电路构成施密特触发器和单稳态触发器的基本方法。

2．掌握集成施密特触发器在波形整形电路中的作用。

3．掌握集成单稳态触发器在脉冲延时电路中的作用。

二、实验仪器与器材

1．双踪示波器一台

2．信号源一台

3．数字万用表

4．“整形与延时”实验底板一块

三、预习要求

1．预习关于施密特触发器和单稳态触发器的基本概念。

2．预习微分电路的构成原理。

3．预习在交流信号上叠加直流信号的方法。

4．预习用示波器双踪观测波形的方法。

5．回答预习思考题：

（1）什么是门电路的阈值电压？施密特触发器具有几个阈值电压？

（2）什么是施密特触发器电路的整形作用？施密特触发器电路的工作条件是什么？

（3）单稳态触发器的作用是什么？

（4）用示波器测试如图 2.1.1 所示波形 Q_1，若想准确地读出窄脉冲的宽度，应如何设置示波器的水平扫描时基挡位？

图 2.1.1　正脉冲的波形

四、实验原理

1．施密特触发器

施密特触发器具有幅值比较功能并且输出波形边沿陡峭，所以常用于脉冲幅度鉴别、脉冲整形和脉冲变换等。施密特触发器不同于前述的各类触发器，它具有以下特点：

（1）施密特触发器属于电平触发，对于缓慢变化的信号仍然适用，当输入信号达到某一定电压值时，输出电压会发生突变。

（2）施密特电路对输入信号幅值变化（幅值增加或减少），不同趋势有不同的阈值电压，它具有如图 2.1.2 所示的传输特性。

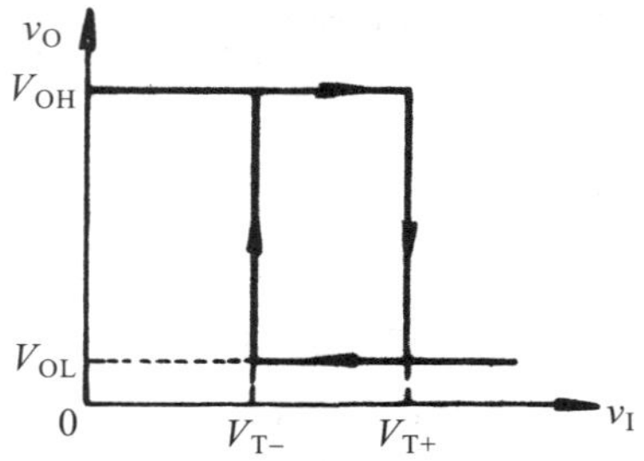

图 2.1.2　施密特触发器传输特性

普通的门电路只有一个阈值电压，当输入电压从低电平上升到阈值电压或从高电平下降到阈值电压时电路的状态将发生变化。施密特触发器是一种特殊的门电路，与普通的门电路不同，施密特触发器有两个阈值电压，分别称为正向阈值电压和负向阈值电压。在输入信号从低电平上升到高电平的过程中使电路状态发生变化的输入电压称为正向阈值电压 V_{T+}，在输入信号从高电平下降到低电平的过程中使电路状态发生变化的输入电压称为负向阈值电压 V_{T-}。正向阈值电压与负向阈值电压之差称为回差电压ΔV_T。

施密特电路的特性可以阻止输入电压出现微小变化而引起的输出电压的改变。

利用施密特触发器状态转换过程中的正反馈作用，可以把边沿变化缓慢的周期性信号变换为边沿很陡的矩形脉冲信号，称为波形变换应用，如图 2.1.3（a）所示。

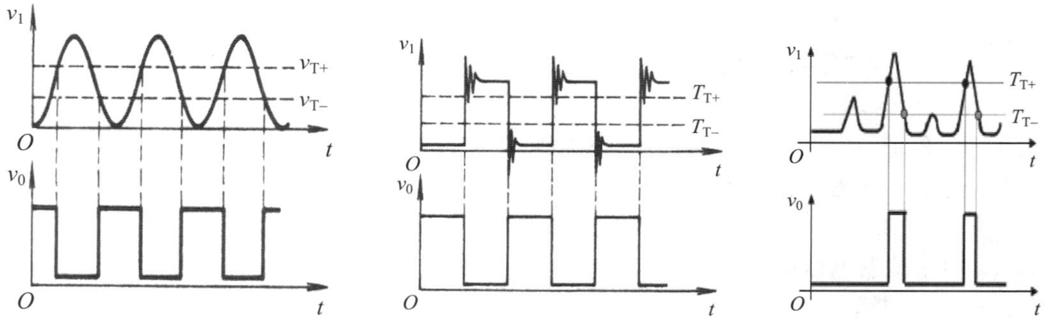

（a）波形变换　　（b）脉冲整形　　（c）脉冲鉴幅

图 2.1.3　施密特触发器传输特性

在数字系统中，矩形脉冲在传输中经常发生波形畸变，出现上升沿和下降沿不理想的情况，可用施密特触发器获得较理想的矩形脉冲，常称为脉冲整形，如图 2.1.3（b）所示。

幅度不同、不规则的脉冲信号时加到施密特触发器的输入端时，能选择幅度大于欲设值的脉冲信号进行输出，此特性可作为脉冲鉴幅应用，如图 2.1.3（c）所示。

① CMOS 门电路组成的施密特触发器

图 2.1.4 电路中，CMOS 反相器可用 CD4069，其引脚图如图 2.1.5 所示。

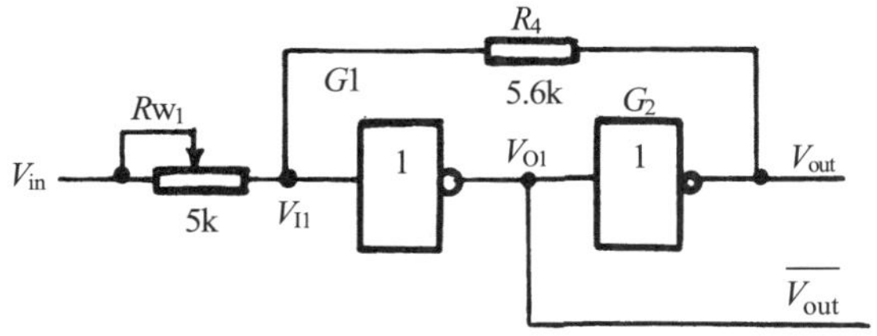

图 2.1.4　CMOS 反相器组成的施密特触发器

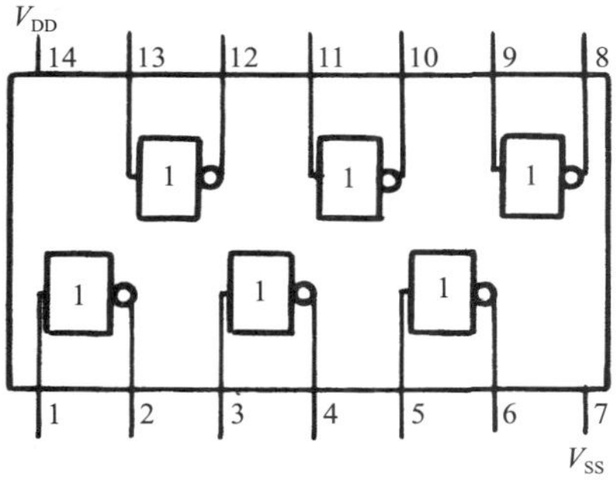

图 2.1.5　CD4069 引脚图

CMOS 反相器的阈值电压 $V_{TH}≈V_{DD}/2$，$R_{W1}<R_4$，如输入信号 V_{in} 为三角波，电路的参数如下：施密特触发器在输入信号正向增加时的阈值电压，称为正向阈值电压，用 V_{T+}表示。

$$V_{T+} \approx (1+\frac{R_{W1}}{R_4})V_{TH}$$

施密特触发器在输入信号减小时的阈值电压，称为负向阈值电压，用 V_{T-}表示。

$$V_{T-} \approx (1-\frac{R_{W1}}{R_4})V_{TH}$$

得回差电压为　　$\Delta V_T=V_{T+}-V_{T-}\approx 2(R_{W1}/R_4)V_{TH}$

实验中：　　V_{T+}为 2.5～4.775V

V_{T-}为 0.267～2.5V

上式表明，回差电压的大小可以通过改变 R_{W1}、R_4 的比值来调节。电路工作波形及传输特性如图 2.1.6 所示。

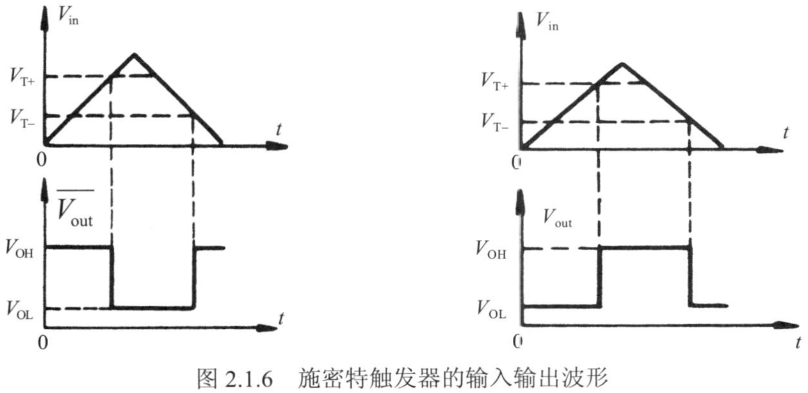

图 2.1.6　施密特触发器的输入输出波形

②集成施密特触发器

具有施密特整形功能的集成芯片有施密特非门（如 HC/HCT14、CD40106、LS14 等）、施密特与非门（如 HC/HCT132、CC4093、LS13、LS132 等）和触发器（如 SN74276）等。

下面介绍 CD40106。图 2.1.7 为 CD40106 的引脚图及功能框图。表 2.1.1 为 CD40106 阈值数值。图 2.1.8 为 CD40106 的测试电路图。

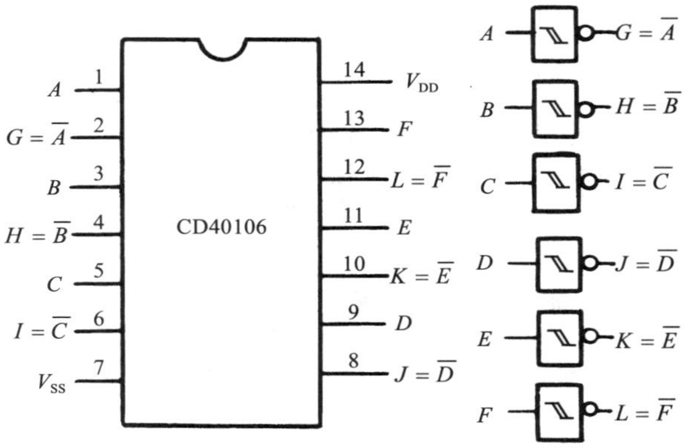

图 2.1.7　CD40106 的引脚图及功能框

表 2.1.1　CD40106 阈值数值

参数名称	V_{DD}/V	最小值/ V	最大值/ V	典型值
V_{T+} 上限阈值电压	5	2.2	3.6	2.9
	10	4.6	7.1	5.9
	15	6.8	10.8	8.8
V_{T-} 下限阈值电压	5	0.9	2.8	1.9
	10	2.5	5.2	3.9
	15	4	7.4	5.8
ΔV_T 滞回电压	5	0.3	1.6	0.9
	10	1.2	3.4	2.3
	15	1.6	5.0	3.5

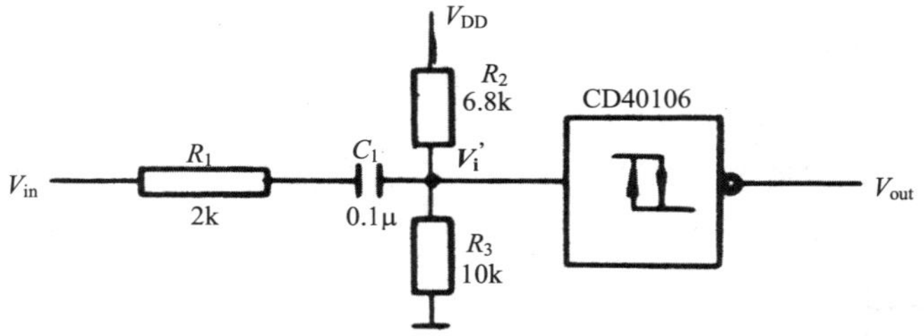

图 2.1.8　CD40106 测试电路

电源 V_{DD}=5V 时，V_{T+}为 2.2～3.6V，典型值为 2.9V；V_{T-}为 0.9～2.8V，典型值为 1.9V。本实验中：$V'=(10k/16.8k)\times 5V\approx 3$ V。

输入信号叠加在 3V 直流电平上后变为 V_i' 作为施密特触发器电路的真正输入信号，如图 2.1.9 所示。

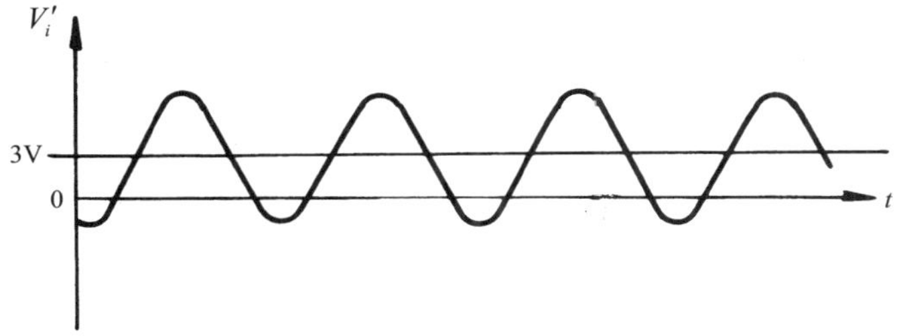

图 2.1.9 施密特触发器电路输入信号波形图

2. 单稳态触发器

单稳态触发器是广泛应用于脉冲整形、延时和定时的常用电路。单稳态触发器只有一个稳定的状态。这个稳定状态要么是 0，要么是 1。单稳态触发器的工作特点是：

（1）在没有受到外界触发脉冲作用的情况下，单稳态触发器保持在稳态。

（2）在受到外界触发脉冲作用的情况下，单稳态触发器翻转，进入“暂稳态”。假设稳态为 0，则暂稳态为 1。

（3）经过一段时间，单稳态触发器会自动从暂稳态返回稳态。单稳态触发器在暂稳态停留的时间仅仅取决于电路本身的参数。

①用与非门组成的单稳态触发器。利用与非门做开关，依靠定时元件 RC 的充放电来控制与非门的开启和关闭。单稳态电路有微分型和积分型两大类，这两大类触发器对触发脉冲的极性与宽度有不同的要求。

a．微分型单稳态触发器，如图 2.1.10 所示。负脉冲触发，R_5 和 C_2 构成输入微分电路；R_6、R_{w2}、C_3 构成微分定时电路。

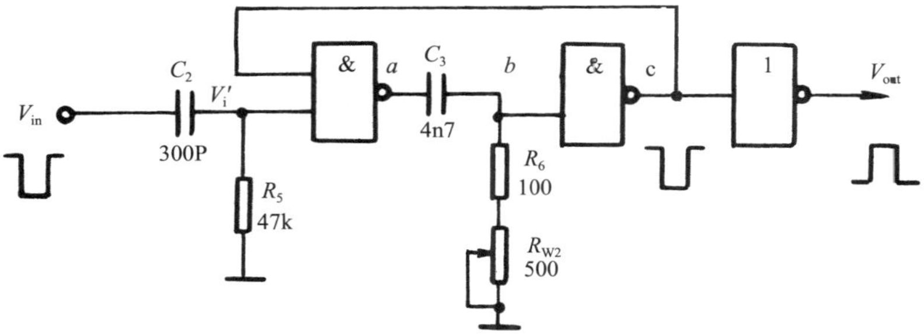

图 2.1.10 微分型单稳态触发器

输出 V_{out} 脉宽 $t_w \approx$（0.7～1.3）RC_3。其工作波形图如图 2.1.11 所示。图 2.1.11 中与非门可用 74XX00。引脚图如图 2.1.12 所示。

微分型单稳态触发器（图 2.1.10）包含阻容元件构成的微分电路。$R=R_6+R_{W2}=$（100～600）Ω；C_3=4 700P；$t_w=$（0.7～1.3）$R \cdot C_3$ =（0.32～3.6）$\times 10^{-6}$s。

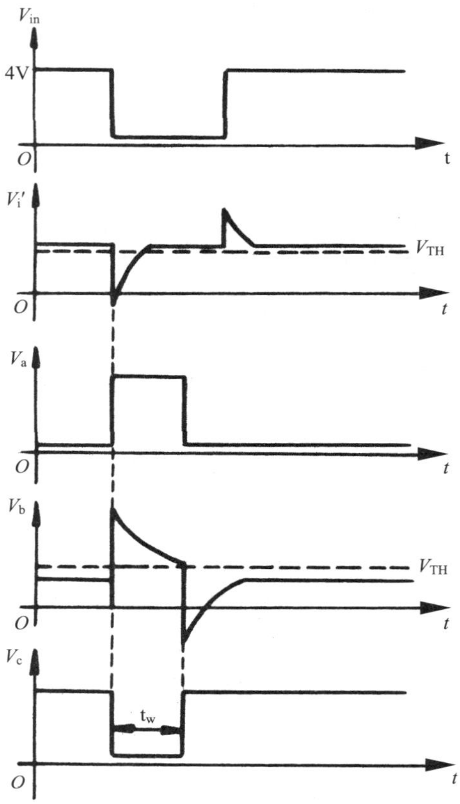

图 2.1.11　微分型单稳态触发器波形图

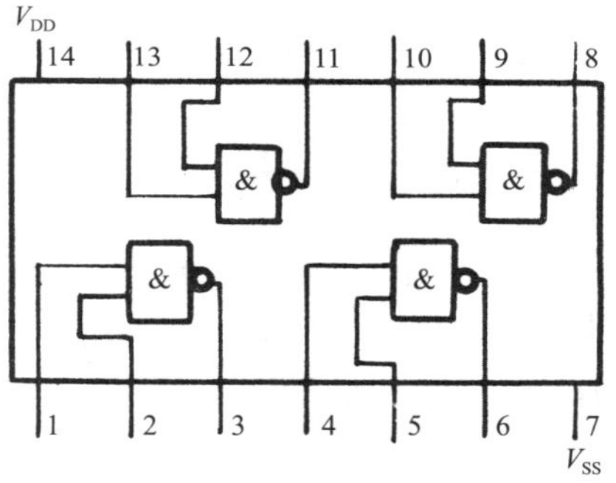

图 2.1.12　74XX00 引脚图

电容 C_2 和电阻 R_5 构成一个时间常数很小的微分电路，它能将较宽的矩形触发脉冲 V_{in} 变成较窄的尖触发脉冲 V_i'，注意 C_2 和电阻的 R_5 元件取值与输入信号频率及占空比有关，对某一特定频率为 f 的信号，C_2 和电阻的 R_5 乘积远小于其脉宽的 1/10 时，微分效果明显；C_2 和电阻的 R_5 乘积与信号脉宽可比拟时，则构成阻容耦合电路，无微分作用了。

b. 积分型单稳触发器，电路如图 2.1.13 所示。采用正脉冲触发。其工作波形图如图 2.1.14 所示。$t_w=1.1RC_4$；$R=R_7+R_{W3}=$（100～600）Ω；$C_4=4700P$。

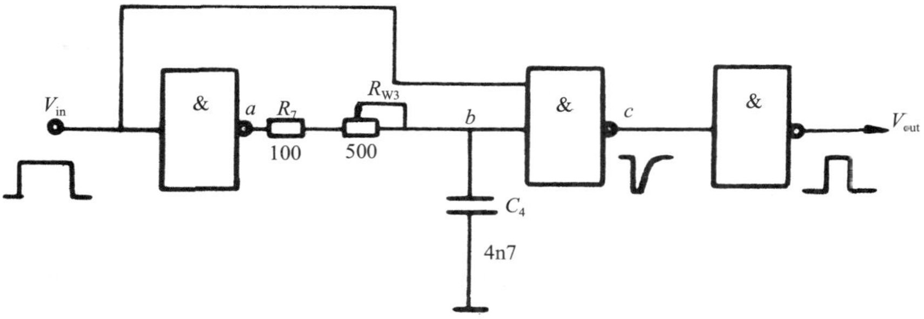

图 2.1.13 积分型单稳态触发器

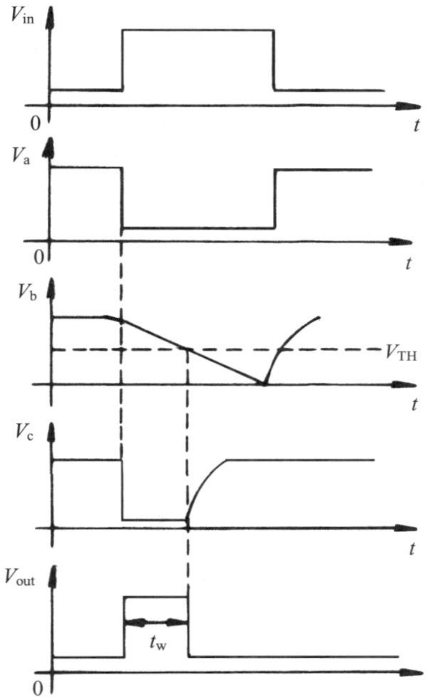

图 2.1.14 积分型单稳态触发器工作波形图

②集成单稳态触发器。集成单稳态触发器有两种类型：可重触发的和不可重触发的。不可重复触发的单稳态触发器，在进入暂稳态期间，如有触发脉冲作用，电路的工作过程不受影响，只有当电路的这一次暂态结束后，输入触发脉冲才会影响电路状态。可重复触发的单稳态触发器，在进入暂稳态期间，如有触发脉冲作用，电路会被重新触发，是暂稳态继续延迟一个暂态时间。

这里介绍的集成单稳触发器 CD4098 是可重复触发的。使用时也可根据器件手册将其设置成为不可重复触发的工作模式。CD4098 构成脉冲延时电路；单稳态触发器的延时作用常被应用于时序控制。表 2.1.2 为 CD4098 双单稳触发器的逻辑功能。

表 2.1.2 CD4098 双单稳态触发器逻辑功能

输 入			输 出		
+TR	−TR	RESET	Q	$\overline{Q}$	
↑	1	1	⎍	⊔	上升沿连续触发

（续表）

输 入			输 出		
↑	0	1	Q	$\overline{Q}$	触发沿无效
1	↓	1	Q	$\overline{Q}$	触发沿无效
0	↓	1	⎍	⎍	下降沿连续触发
×	×	0	0	1	复位为初态

CD4098 双单稳态触发器的引脚图见图 2.1.15 所示。

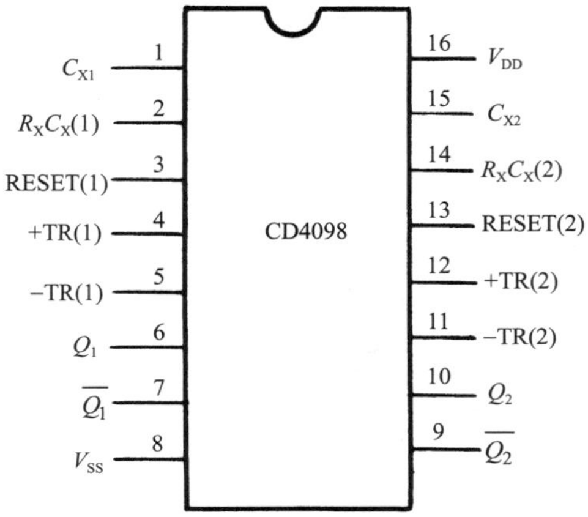

图 2.1.15 CD4098 双单稳态触发器引脚图

其典型延时及定时时间为外接电阻 R_X 与外接电容 C_X 乘积的一半。

五、实验任务及要求

实验任务：

1．测试由 CMOS 门电路组成的如图 2.1.4 的施密特触发器电路。输入端 V_{in} 接 2kHz、直流偏置为 0、V_{PP}=11V（带载实测）的三角波信号，改变 R_{W1} 的值，用双踪示波器观测两组在要求的 R_{W1} 位置下 V_{in} 和 V_{out} 的波形变化情况，分别画出两组输入、输出波形并标出两个阈值电压 V_{T+} 及 V_{T-} 在输入信号波形中的位置同时测试其数值。

2．测试用 CD40106 实现的如图 2.1.8 所示集成施密特触发器整形电路。输入端 V_{in} 接 2kHz 的正弦波，按表 2.1.3 中所给不同幅度的输入情况，观测输出信号 V_{out}，将所测输出信号的幅度填入表 2.1.3 中，并画出输入 V_{in} 为 6V 时的 V_i' 和输出 V_{out} 的波形图，实测此时电路的 VT_+ 以及 VT-，与理论值相比较。讨论并说明输入信号幅度的改变对输出波形的影响。

表 2.1.3 集成施密特触发器实验电路测试表

输入信号峰峰值（V）（带载实测）	1.4	2.4	4.5	5.6	6	6.4
输出信号峰峰值（V）						

3．测试用与非门构成的如图 2.1.10 所示的微分型单稳态触发器电路。

（1）输入 V_{in} 接 TTL 信号，当输入信号频率分别为 100kHz 和 5kHz 时，观察输入微分电路的输出 V_i' 和输入 V_{in} 的关系，得出结论；

（2）当输入 V_{in} 接 5kHz TTL 信号，用双踪示波器观测并测试 V_{in} 和 V_i'，V_a，V_b，V_c，V_{out} 的波形；分析各波形之间的关系。

（3）通过改变 R_{W2}，测试此电路输出 V_{out} 中暂稳态的最大及最小定时时间 tw_{min} 和 tw_{max}。

4．测试用与非门构成的如图 2.1.13 所示的积分型单稳态触发器电路。

（1）输入 V_{in} 接 20kHz TTL 信号，改变 R_{W3}，用双踪示波器观测 V_{in} 和 V_a，V_b，V_c，V_{out} 的波形变化情况。

（2）通过改变 R_{W3}，测试此电路输出 V_{out} 中暂稳态的最大及最小定时时间 tw_{min} 和 tw_{max}。

六、实验中的常见故障及解决办法

现象 1：无法测试施密特电路的阈值电压。

解决办法：用双踪示波器观测施密特触发器阈值电压时，使两个波形的地线重合并利用示波器显示器上的栅格，可以便于观测数据。

现象 2：不理解电路板上各芯片的供电电压是 5V。

解决办法：电路板的供电电压是 10V，经过 7805 三端稳压器稳压为 5V 后，作为电路板上各个集成芯片的供电电源电压。

现象 3：图 2.1.8 所示电路无输出。

解决方法：图 2.1.8 所示电路的输入信号要合适，太小无输出，太大输出波形将会失真。

现象 4：微分型单稳态触发器电路输入微分电路的输出不是对输入信号的微分。

解决办法：请检查输入信号是否为 TTL 信号，并且注意输入信号频率与输入微分电路参数的关系。

七、实验报告中的数据要求

1．用示波器双踪测试输入输出波形，并画出波形图时应标明参数。

2．根据实验结果分析各个电路的工作原理。

3．讨论延时灯实验的改进方法。

4．总结各个测试结果的结论，分析并总结实验中易发生的错误。

八、思考题

1．图 2.1.4 所示电路中的施密特触发器的阈值可调吗?请写出 V_{T+}以及 V_{T-}的变化范围。

2．图 2.1.8 所示电路中输入信号的幅度若小于 0.1V，则一定无输出，为什么?

3．为什么图 2.1.10 所示微分型单稳态触发器的 V_i' 端波形会有尖峰?

2.1.2 设计性实验

一、设计要求

利用集成单稳态触发器 CD4098 设计简易的触摸延时灯电路。

要求：可通过触摸按钮打开指示灯，触摸按钮后延时 2s 左右灯亮，灯亮的时间可在 1～15s 之间连续可调。

二、实验内容

（1）根据任务要求写出设计步骤，选定器件；
（2）根据所选器件画出电路图；
（3）写出实验步骤和测试方法，设计实验记录表格；
（4）进行安装、调试及测试，排除实验过程中的故障；
（5）分析、总结实验结果。

三、参考方案

应用 CD4098 可以实现脉冲延时，原理图如图 2.1.16 所示。4 脚为触发信号输入端，可通过比较器对触摸产生的信号进行比较后再产生触发信号，使触发准确度得以提高。

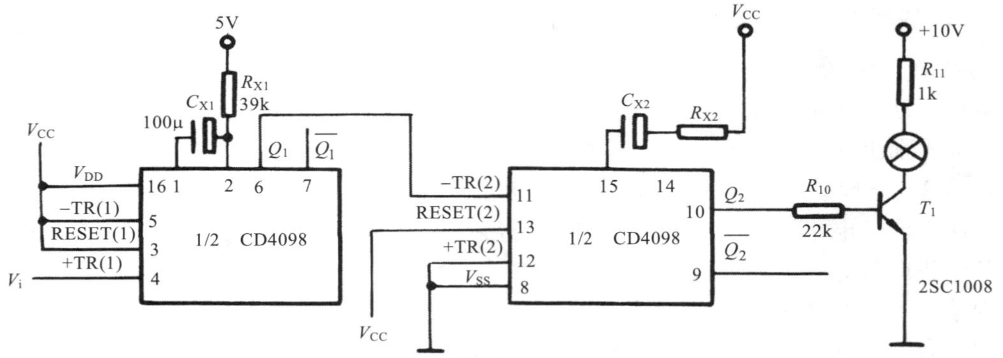

图 2.1.16　CD4098 实现脉冲延时的原理图

$t_{W1}=1/2C_{X1}\times R_{X1}$，$t_{W1}$ 决定从触发信号（V_i）有效到灯亮的时间。

$t_{W2}=1/2C_{X2}\times R_{X2}$，$t_{W2}$ 决定灯持续亮多久。

其工作过程如图 2.1.17 所示。

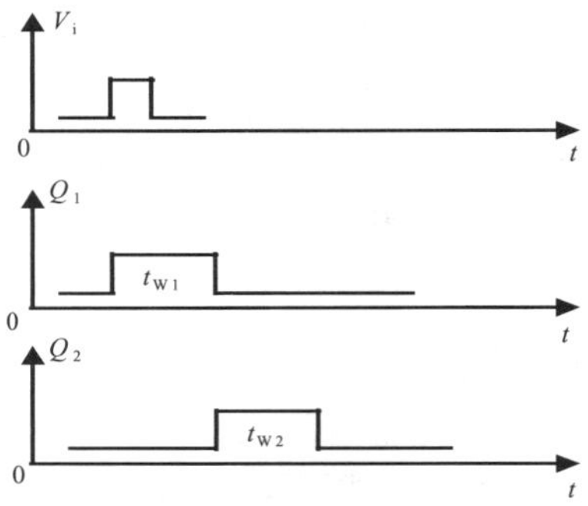

图 2.1.17　延时灯的工作过程

附：实验底板电路图和实验底板实物图，如图 2.1.18、图 2.1.19 所示。

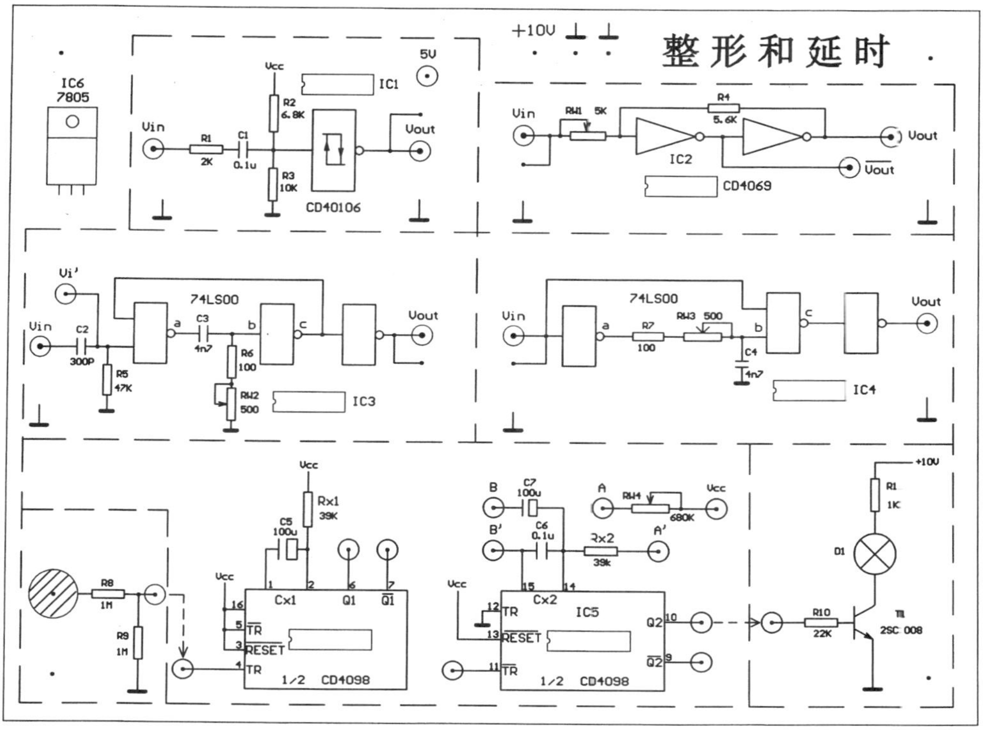

图 2.1.18　实验底板电路图

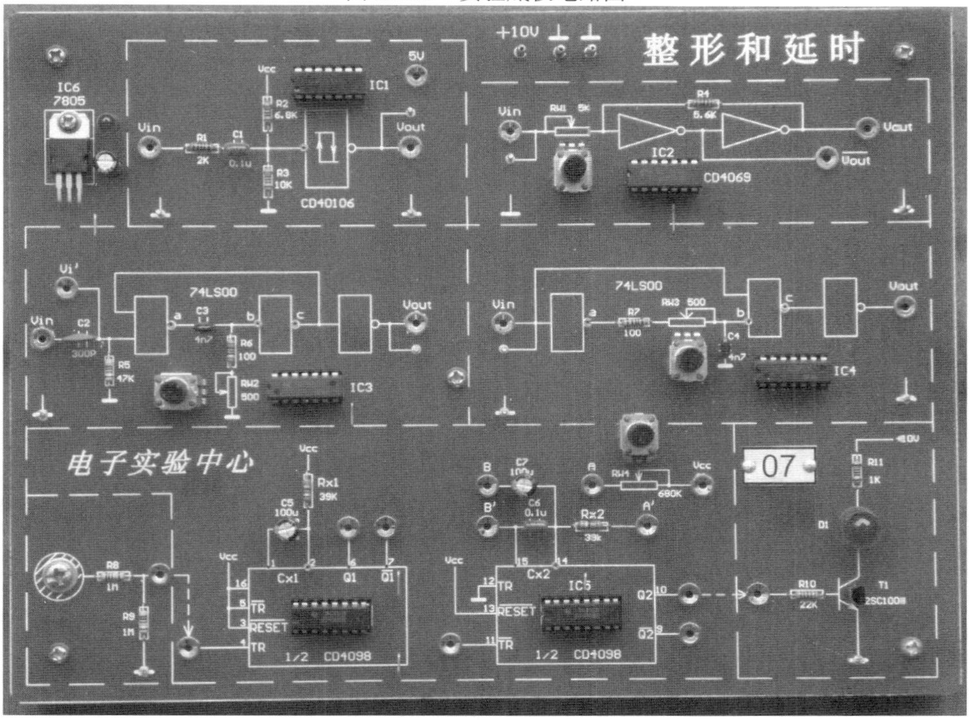

图 2.1.19　实验底板实物图

2.2 实验二 555 集成定时器的应用

2.2.1 基础实验

一、实验目的

1. 掌握 555 定时器的工作原理。熟悉 555 时基电路逻辑功能的测试方法。
2. 掌握用 555 定时器构成多谐振荡器、单稳态触发器、施密特触发器的原理和方法。
3. 了解定时器 555 的实际应用。

二、实验仪器与器材

1. 双踪示波器一台
2. 低频信号源一台
3. 直流稳压电源一台
4. 万用表一只
5. 元器件：NE555、CC4017 等
6. “555 的应用”实验底板一块、导线若干、其他相关元器件

三、预习要求

1. 学习有关 555 集成定时器的内部组成结构及工作原理。
2. 了解 555 定时器各引脚及其功能以及主要技术参数。
3. 掌握 555 定时器的基本应用电路的工作原理。
4. 阅读教材中有关多谐振荡器、单稳态触发器和施密特触发器的内容。
5. 了解 555 定时器的实际应用电路。
6. 回答预习思考题

（1）根据 555 定时器的逻辑结构图以及功能表判断，若 TH 端接小于比较器 A_1 同相输入端电压的直流信号、$\overline{TR}$ 端接小于比较器 A_2 反相输入端电压的直流信号、$\overline{R_d}$ 端接高电平，则输出为什么电平？

（2）在 555 定时器的逻辑结构图中，基本 RS 触发器的两个输入端 $\overline{R}$、$\overline{S}$ 分别为什么电平时触发器才翻转？$\overline{R}$、$\overline{S}$ 端可否同时为低电平？说明原因。

（3）使 555 定时器输出低电平“0”有几种方法？举例说明至少两种方法。

（4）分析下面电路的输出与电路参数的关系。若输入信号 V_i 为频率 100Hz 的 TTL 信号，C 为 0.1μF，R 为 1kΩ，则输出波形为何种形式？又将 V_i 为频率改为 1MHz，输出波形又为何种形式？

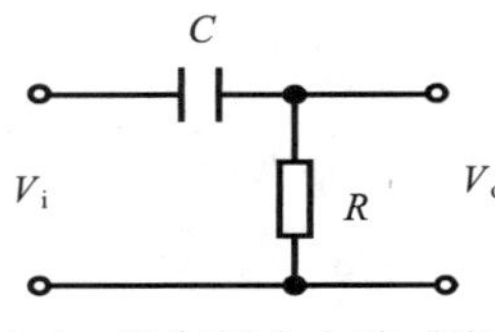

图 2.2.1 阻容耦合电路或微分电路

四、实验原理

555 定时器是一种集模拟电路和数字电路于一身的集成电路，能以简单的方式与数字集成电路直接相连，中间无需转换，被广泛应用于工农业生产、家用电器、科研、仪表、儿童玩具以及安全防护等方面。其产品有双极型和 CMOS 型两类，两者的电路工作性能基本相同，CMOS 型电路具有更高的输入阻抗。按集成电路内部定时器的个数又可分为单定时器和双定时器；双极型单定时器电路的型号为 555，双定时器电路的型号为 556，其电源电压的范围为 5～18V。CMOS 单定时器电路的型号为 7555，双定时器电路的型号为 7556，将四个定时器电路集成在一个芯片上的四定时器电路的型号为 7558，其电源电压的范围为 2～18V。CMOS 型定时器的最大负载电流要比双极型的小，两种类型的定时器管脚号及其功能均一致。

双极型和 CMOS 型的 555 电路在组成结构上有一些区别，下面以双极型单定时器 555 芯片为例介绍其电路组成及功能。

（一）双极型 555 定时器的电路结构及其功能

图 2.2.2 是 555 定时器内部电路结构框图，图 2.2.2（a）中 1～8 是引脚号。图 2.2.2（b）为 555 定时器外引脚图。555 定时器的内部电路可分为 5 个部分，它们分别是：由 3 个电阻组成的分压器，两个电压比较器 A_1 与 A_2、一个基本 RS 触发器、一个放电三极管 T、1 个反相器 G。组成分压器的三个电阻的阻值均为 5 kΩ，“555”由此得名。比较器 A_1 的参考电压为 $\frac{2}{3}V_{cc}$，加在 A_1 的同相输入端，比较器 A_2 的参考电压为 $\frac{1}{3}V_{cc}$，加在 A_2 的反相输入端，这两个参考电压决定了 555 电路输入端的特性。比较器 A_1、A_2 的输出端分别接基本 RS 触发器的输入端 $\overline{R}$、$\overline{S}$，基本 RS 触发器的输出 Q 的输出电平与 555 定时器的输出一致。反相器 G_3 的作用是提高负载能力，并隔离负载对 555 定时器的影响，这个特性使 555 可以直接驱动小型继电器和扬声器等。

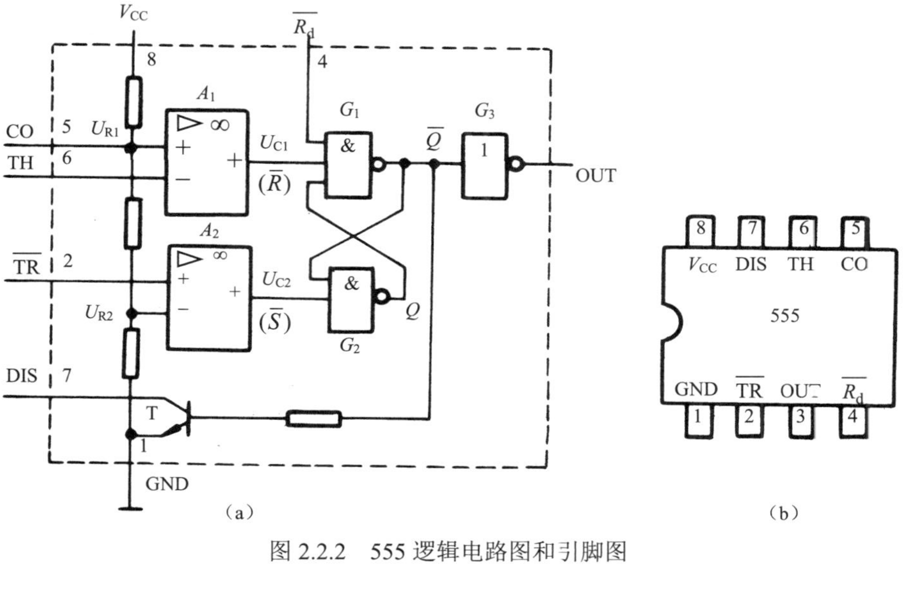

图 2.2.2　555 逻辑电路图和引脚图

各引脚功能如下：

引脚 6（TH）为高触发输入端，由此输入触发脉冲时，为高电平触发。在管脚 5 不外加电压的情况下，当 TH 端输入电压低于 $\frac{2}{3}V_{cc}$ 时，比较器 A_1 输出 1；当 TH 端输入电压高于 $\frac{2}{3}V_{cc}$ 时，比较器 A_1 输出 0，使 RS 触发器置 0，则此时 555 定时器输出也为 0。

引脚 2（$\overline{TR}$）为低触发输入端，由此输入触发脉冲时，为低电平触发。在管脚 5 不外加电压的情况下，当输入电压 $\overline{TR}$ 高于 $\frac{1}{3}V_{cc}$ 时，比较器 A_2 输出 1；当输入电压 $\overline{TR}$ 低于 $\frac{1}{3}V_{cc}$ 时，比较器 A_2 输出 0，使 RS 触发器置 1，此时 55 定时器输出也为 1。

引脚 3（OUT）为输出端，输出电流一般为 50mA，最大可达 200mA，可直接驱动小型继电器、发光二极管、指示灯、扬声器等。输出高电压约低于电源电压 1～3V。

引脚 4（$\overline{R_d}$）为直接复位端，低电平有效，通常情况下，应为高电平。

引脚 5（CO）为电压控制端，若在该端外加一个电压，就可改变比较器的参考电压，高、低触发端的触发电压也随之改变。此端不用时，一般经 0.01μF 的电容接地，以提高比较器参考电压 U_{R1} 和 U_{R2} 的稳定性。

引脚 7（DIS）为放电端，当 555 定时器输出为 1，即 RS 触发器的输出 Q=1，$\overline{Q}$ =0 时，三极管 T 截止；定时器输出为 0，即 Q=0，$\overline{Q}$ =1 时，三极管 T 导通，外接电容即可通过三极管 T 放电。

引脚 8 为电源端。

引脚 1 为接地端。

555 定时器的功能表如表 2.2.1 所示。

表 2.2.1　555 定时器功能表

TH	$\overline{TR}$	$\overline{R_d}$	OUT	DIS
×	×	0	0	导通
$>\frac{2}{3}V_{CC}$	$>\frac{1}{3}V_{CC}$	1	0	导通
$<\frac{2}{3}V_{CC}$	$>\frac{1}{3}V_{CC}$	1	保持	保持
$<\frac{2}{3}V_{CC}$	$<\frac{1}{3}V_{CC}$	1	1	截止

（二）555 定时器的主要技术参数

555 时基电路分为双极型和 CMOS 型两种，两种电路参数的差别在使用时应注意。

1．电源电压和静电电流

双极型的 555 电路的电源电压一般为 4.5～6V，CMOS 型 555 电路的电源电压一般为 3～18V。

静态电流是 555 空载时的消耗电流，与电路的测试条件有关。在电源电压为 15V 时，双极型 555 的静态电流为 10mA，而 CMOS 型 555 的静态电流为 0.12Ma，可见 CMOS 型 555

的静态电流相对要小得多，在电源电压相同的情况下，CMOS 型 555 的静态功耗也大大低于双极型。

2．驱动电流

驱动电流是指 555 电路驱动负载时的工作电流，也称为负载电流。根据 555 电路的输出状态和与负载的连接方式，可以分为“拉电流”和“灌电流”两种负载的驱动方式。对于双极型 CB555，两者的最大值均为 200mA，对于 CMOS 型的 CB555，灌电流为 5～20mA，拉电流为 1～5mA，电流大小与工作电源有关。

3．最高工作频率

最高工作频率是指 555 用作振荡器使用时，输出正当脉冲所能达到的频率，多数 555 电路的最高工作频率约为 500kHz。

4．放电电流

555 电路在用作单稳态电路或者振荡器电路时，7 脚的外接电容要随时充放电，当电容放电时，流过放电管的电流为放电电流，对于双极型 CB555，放电电流不大于 200mA，对于 CMOS 型的 CB555，放电电流为 10～50mA，电流大小与工作电源有关。

（三）555 定时器的主要使用注意事项

1．如果 555 集成电路的质量不好，例如高频特性差，则当做为振荡器使用时，工作频率超过 10kHz 就可能停振；若静态电流太大会造成静态功耗的增大。

2．555 内部的比较器能响应 20ns 的脉冲，为了能有效防止外部干扰所造成的误动作，其 5 脚对地应接 0.01μF 的去耦电容，并应安装在引脚最近处。在较高要求时，在直流电源引入线大于 10cm 时，在 8 脚对地也应安装去耦电容。

3．触发脉冲的作用可使 2 脚被驱动至充分接地，使 A_2 比较器的存储时间可达 10μs，这种作用了单稳脉冲的宽度最小值，通常单稳脉冲的宽度最小值不小于 10 μs。

4．复位端 4 脚到输出的延迟时间典型值为 0.47μs，所以复位脉冲宽度必须大于等于 0.3μs。

5．555 电路的 7 脚是集电极开路输出端，使得门电路的并接成为可能，555 电路与 TTL 电路兼容，但高速使用时需注意内部的延时作用。

（四）555 的典型应用电路

1．多谐振荡器

多谐振荡器的特点是：多谐振荡器没有稳定状态，只有两个暂稳态；通过电容的充电和放电，使两个暂稳态相互交替，从而产生自激振荡，无需外触发；输出周期性的矩形脉冲信号，由于含有丰富的谐波分量，故称为多谐振荡器。

555 电路组成的多谐振荡器用途十分广泛，其产生的矩形脉冲可以作为数字电路的时钟脉冲信号源、作为电源变换器的交流信号源、产生长周期脉冲时还可作为定时器的时基信号源等。

如图 2.2.3（a）所示，由 555 定时器和外接元件 R_1、R_2、C组成多谐振荡器，脚 2 与脚 6 直接相连，通过电容 C 接地。电路没有稳态，仅存在两个暂稳态，电路亦不需要外加触发信号，利用电源通过 R_1、R_2 向 C 充电，以及 C 通过 R_2 向放电端放电，使电路产生振荡。

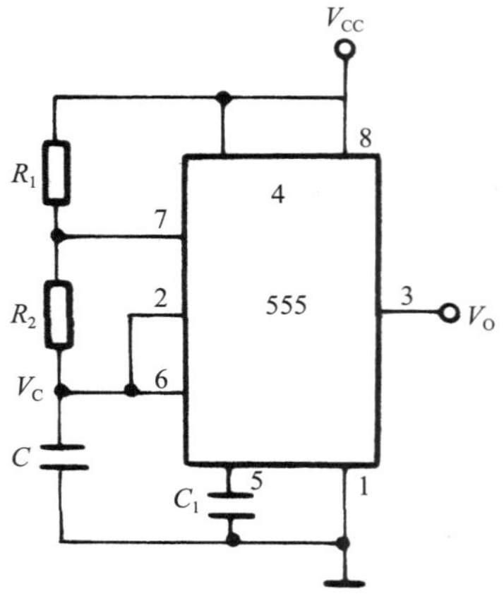

(a)

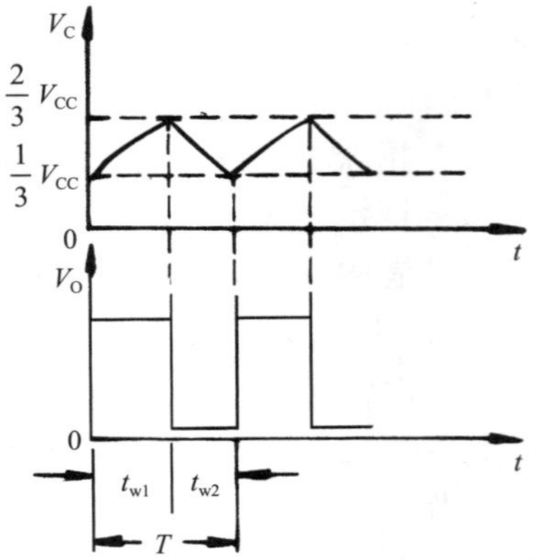

(b)

图 2.2.3 多谐振荡器

其工作过程如下：

接通电源时，电容器 C 初始电压 $V_c=0$，这时 $\overline{R}=1$，$\overline{S}=0$，555 定时器输出 V_o 为高电平，三极管 T 截止，电源经 R_1、R_2 开始对电容 C 充电。电容上的电压开始升高。

当 $V_C>\frac{2}{3}V_{CC}$ 时，$\overline{R}=0$，$\overline{S}=1$，定时器输出 V_o 为低电平，三极管 T 导通，电容 C 经 R_2 和三极管 T 放电。电容上的电压开始下降

当 $V_c<\frac{1}{3}V_{cc}$ 时，又使 $\overline{R}=1$，$\overline{S}=0$，定时器输出 V_o 为高电平，三极管 T 截止，电源经 R_1，R_2 开始对电容 C 充电。

如此周而复始，输出矩形脉冲序列，在图 2.2.3（b）中，给出了相应的输出波形，T_{W1} 是电容 C 从 $\frac{1}{3}V_{CC}$ 充电至 $\frac{2}{3}V_{CC}$ 所需的时间，T_{W2} 是电容 C 从 $\frac{2}{3}V_{CC}$ 放电至 $\frac{1}{3}V_{CC}$ 所需的时间。注意此图中的电容端电压 Vc 波形中忽略了电容上电压由 0V 开始充电到 $\frac{1}{3}V_{CC}$ 的初始充电时间。起振后的周期为 T，由 T_{W1} 和 T_{W2} 构成，由于充电电阻为 R_1+R_2，相应的充电时间常数为（R_1+R_2）C；放电电阻约为 R_2，相应的放电时间常数为 R_{2C}，因此此电路的充放电时间常数是不相等的，输出的波形是占空比大于 50%的矩形波，若想输出方波此电路则不能满足要求。只有将充放电回路分开则才可以产生不同占空比的矩形波。

图 2.2.3 输出信号的周期

$$T=t_{W1}+t_{W2}$$
$$t_{W1}=\ln2\left(R_1+R_2\right)C=0.7(R_1+R_2)C$$
$$t_{W2}=\ln2R_2C=0.7R_2C$$

输出信号的占空比

$$q=\frac{t_{W1}}{T}=\frac{t_{W1}}{t_{W1}+t_{W2}}=\frac{R_1+R_2}{R_1+2R_2}$$

外部元件的稳定性决定了多谐振荡器的稳定性，555 定时器配以少量的元件即可获得较

高精度的振荡频率和具有较强的功率输出能力。因此这种形式的多谐振荡器常用作时钟脉冲发生器。

2．用 555 定时器构成单稳态触发器

单稳态电路是指电路只有一个稳定状态，另一个状态为不稳定状态或称为暂稳定状态，当用信号触发时，使它进入暂稳态，经过一定时间后又自动恢复成稳态。

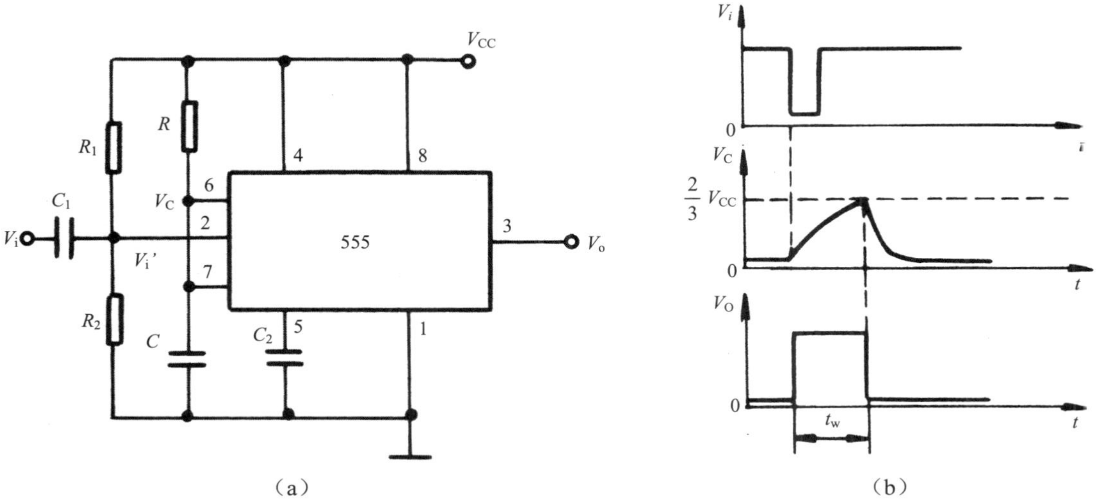

图 2.2.4　单稳态触发器

图 2.2.4（a）所示为由 555 定时器和外接定时元件 R、C 构成的脉冲启动式单稳态触发器。将电路的 6 脚、7 脚连在一起接入 RC 电路，将 2 脚单独用作启动端，电路的启动过程是将一个负脉冲作为触发信号加在 2 脚上，因此称为脉冲启动式单稳态触发器。此电路的稳态为“0”，暂态为“1”。

其工作过程如下：

输入端电路由 C_1、R_1、R_2 组成，适当选取 R_1、R_2，接通电源，未加触发信号时，$V_i' > \frac{1}{3}V_{CC}$，这时 $\overline{S}=1$。若触发器初始状态为 0，则三极管 T 导通，$V_C \approx 0$，$\overline{R}=1$，电路处于稳态，输出 $V_o=0$，为低电平。若触发器初始状态为 1，则三极管 T 截止，V_{CC} 经电阻 R 对电容 C 充电，当 $V_C > \frac{2}{3}V_{CC}$ 时，$\overline{R}=0$，使触发器输出 $Q=0$，$\overline{Q}=1$，三极管 T 迅速放电，$\overline{R}=1$，电路进入稳态，输出 V_o 为低电平。也就是说，无论触发器状态如何，未加触发脉冲时，电路始终为稳态，使输出 V_o 为低电平。

当负脉冲触发信号在 2 脚出现时，使 $V_i' < \frac{1}{3}V_{CC}$，使 $\overline{S}=0$，触发器置 1，输出 V_0 为高电平，三极管 T 截止，电容 C 开始充电，电路进入暂稳态。当充电一定时间后电容电压上升到 $V_C > \frac{2}{3}V_{CC}$ 时（电路上，需保证在此之前，V_i' 已提前回到了超过 $\frac{1}{3}V_{CC}$，$\overline{S}=1$ 的情况），$\overline{R}=0$，使触发器输出 $Q=0$，$\overline{Q}=1$，三极管 T 速放电，$\overline{R}=1$，电路自动回到稳态，输出 V_o 为低电平。

图 2.2.4（b）为该单稳态触发器的工作波形。暂稳态持续的时间 t_W 就是电容 C 从 0 充

电至$\frac{2}{3}V_{CC}$所需时间，由外接电阻、电容的大小决定。RC 电路零状态响应为

$$V_c = V_{CC}\left(1-e^{-\frac{t_W}{\tau}}\right)$$

式中：$\tau = RC$。

将$V_c = \frac{2}{3}V_{CC}$代入上式，可得脉冲宽度

$$t_w = RC\ln\frac{V_{CC}}{V_{CC}-\frac{2}{3}V_{CC}} = RC\ln 3 = 1.1RC$$

调整外接电阻 R、电容 C 的值，可调整输出的正脉冲宽度 t_W，从而可用于定时控制，可直接驱动小型继电器，并可以使用复位端（4 脚）接低电平的方法来中止暂态，重新计时。注意图 2.2.4 中，暂稳态持续的时间 t_W 时间后是电容的放电时间，图中显示出了放电的过程实际上由于放电时间常数是由电容 C 和非常小的放电管导通电阻的乘积决定的，放电时间非常短，所以可以忽略不计，实际测量中会看到电容上的电压近似直接由$\frac{2}{3}V_{CC}$变为 0V。

单稳态触发器分为不可重复触发的单稳态触发器和可重复触发的单稳态触发器。不可重复触发的单稳态触发器在暂稳态期间，外界的触发信号不再起作用，只有在暂稳态结束后，才能接受触发信号。可重复触发的单稳态触发器，在电路的暂稳态期间，加入一个新的触发脉冲，会使暂稳态延续，如果下一个触发脉冲与新触发脉冲的时间间隔超过暂稳态持续时间 t_W，那么，延续的时间为原触发脉冲与新触发脉冲的间隔时间，否则，暂稳态会一直延续下去，直到后一个触发脉冲与前一个触发脉冲相距的时间间隔超过暂稳态持续时间 t_W，电路才返回稳态。

图 2.2.4 中所示电路，当电路被触发进入暂态后，对触发端 2 脚再加入触发脉冲，电路也不会发生任何状态的改变，所以是不可重复触发的单稳态触发器。

图 2.2.4 中所示电路，输入端电路由 C_1、R_1、R_2 组成了微分电路，它将输入的触发脉冲 V_i 微分后加入电路的触发端 2 脚，对电路的输入端加上低电平后，微分电路将 V_i 变为窄脉冲 V_i'，将电路触发完后 2 脚电压很快发生翻转变为高电平，使电路的触发更可靠。使用时需注意对微分电路参数的选择，微分电路可把矩形波转换为尖脉冲波，即只有输入波形发生突变的瞬间才有输出。而对恒定部分则没有输出。输出的尖脉冲波形的宽度与 $R \times C$ 有关（即电路的时间常数），$R \times C$ 越小，尖脉冲波形越尖，反之则宽。此电路的 $R \times C$ 必须远远少于输入波形的宽度，否则就失去了波形变换的作用，变为一般的 RC 耦合电路了，一般 $R \times C$ 少于或等于输入波形宽度的 1/10 就可以了。

3．施密特触发器

电路如图 2.2.5（a）所示，只要将脚 2、6 连在一起作为信号输入端，即得到施密特触发器。施密特触发器是双稳态电路的一种。通过不同的触发电平使输出端发生翻转。

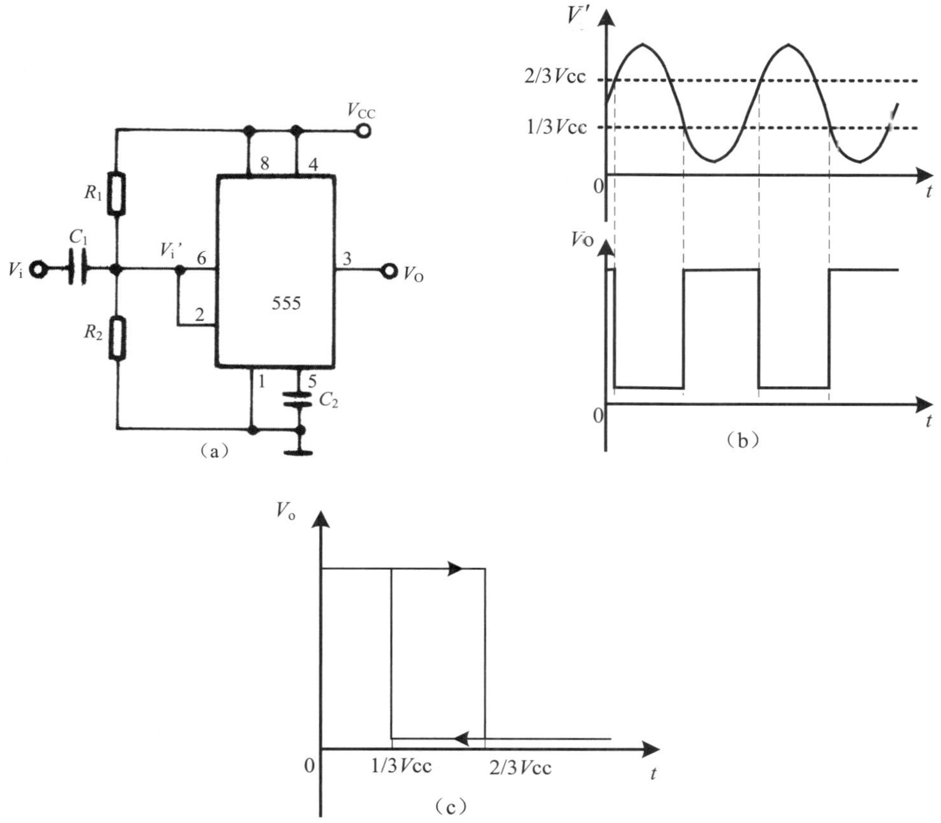

图 2.2.5　施密特触发器

为了提高触发灵敏度，电路中引入 R_1、R_2 和 C_1。注意此处 R_1、R_2 和 C_1 起到的作用是阻容耦合电路，将输入信号中的直流成分滤去，为输入交流信号重新叠加一个直流成分后再送入施密特触发器电路的输入端 2 脚和 6 脚，即 V_i' 端。

设被整形变换的电压为正弦波 V_i，经 C_1、R_1、R_2 加到 555 定时器的 2 脚和 6 脚变为信号 V_i'。其工作过程如下：

当 V_i' 从小于 $\frac{1}{3}V_{CC}$ 增加到 $\frac{1}{3}V_{CC}$ 的过程中，输出 V_o 为高电平。

当 V_i' 从 $\frac{1}{3}V_{CC}$ 增加到 $\frac{2}{3}V_{CC}$ 过程中，输出 V_o 保持不变，仍为高电平。

当 V_i' 大于上限触发电平 $V_{TH}=\frac{2}{3}V_{CC}$ 时，输出翻转为低电平。

当 V_i' 从 $\frac{2}{3}V_{CC}$ 继续上升至最大值，然后再减少到 $\frac{1}{3}V_{CC}$ 的过程中，输出 V_o 保寺不变，仍为低电平。

当 V_i' 降至 $\frac{1}{3}V_{CC}$ 以下时，输出 V_o 又翻转为高电平。

也就是说，V_i' 增加过程中，达到上限，而在 V_i' 减少过程中，必须达到下限触发电平

$V_{TL}=\frac{1}{3}V_{CC}$时，触发器的状态才发生变化。可见施密特触发器有两个阈值电平$V_{TH}=\frac{2}{3}V_{CC}$、$V_{TL}=\frac{1}{3}V_{CC}$。图 2.2.5（b）所示为输入、输出信号波形。

电路的电压传输特性曲线如图 2.2.5（c）所示。

上限、下限触发电平之差称为回差电压ΔV。

$$\Delta V=\frac{2}{3}V_{CC}-\frac{1}{3}V_{CC}=\frac{1}{3}V_{CC}$$

若要对输出信号进行电平转换，可利用放电端 DIS 作为输出端。在 555 定时器的电压控制端（管脚 5）外接一电源，可改变上、下触发电平值和回差电压。

施密特触发器的抗干扰能力强，常作整形、幅度鉴别、波形转换、电平转换等。

五、实验任务及要求

实验任务：

1．用 555 定时器构成多谐振荡器

（1）按图 2.2.3（a）连接电路，取 $R_1=R_2=100\ \text{k}\Omega$，$C_1=0.01\mu\text{F}$、$C=0.01\mu\text{F}$。用双踪示波器分别观察并记录$V_C$、$V_o$波形，注意记录各输出电压幅值以及输出波形的周期。

（2）改变 $C=0.1\mu\text{F}$ 或改变电阻 $R_1=R_2=10\ \text{k}\Omega$。分别测试输出信号的频率和占空比，记录相应数据于表 2.2.2 中。

表 2.2.2　*R*、*C* 参数变化测试表

$R_1=R_2=100\ \text{k}\Omega$	$C=0.1\mu\text{F}$	$f=$	占空比=
$R_1=R_2=100\ \text{k}\Omega$	$C=0.01\mu\text{F}$	$f=$	占空比=
$R_1=22\text{k}\Omega$，$R_2=10\text{k}\Omega$	$C=0.01\mu\text{F}$	$f=$	占空比=

2．用 555 定时器构成单稳态触发器

按图 2.2.4（a）连接电路，取 $R_1=R_2=5.1\text{k}\Omega$，$R=100\text{k}\Omega$，$C=0.01\mu\text{F}$，$C_1=0.01\mu\text{F}$。输入 500HzTTL 信号，用双踪示波器分别观察并记录 V_i、V_i'、V_C、V_o的波形，并在图中标出周期、幅值、脉宽等。

3．用 555 定时器构成施密特触发器

按图 2.2.5（a）电路接线，取 $R_1=R_2=100\text{k}\Omega$，$C_1=C_2=0.01\mu\text{F}$。输入正弦波信号 1kHz，逐渐加大 V_i的幅度，用双踪示波器分别观察并记录一组V_i'、V_o波形（注意标明上、下限触发电平以及幅度、周期）。

（选做）在电压控制端⑤外接 3V 电压，在示波器上观察该电压对输出波形的脉宽，上、下限触发电平以及回差电压的影响。

六、实验中的常见故障及解决办法

现象 1：单稳态电路输出出错。

解决办法：单稳态电路的输入信号选择要特别注意。V_i的周期 T 必须大于 V_o的脉宽 t_W，并且低电平的宽度要小于 V_o的脉宽 t_W，否则电路不能正常工作。可以采用实验中加输入微分电路的方法将输入信号变为窄脉冲。

现象 2：不理解电路板上各芯片的供电电压是 6V。

解决办法：电路板的供电电压是 10V，经过 7806 三端稳压器稳压为 6V 后，作为电路板上 555 集成芯片的供电电源电压。

现象 3：图 2.2.5 所示的施密特电路无输出。

解决方法：电路的输入信号要合适，太小无输出。

现象 4：微分型单稳态触发器电路输入微分电路的输出不是对输入信号的微分。

解决办法：请检查输入信号是否为 TTL 信号，并且注意输入信号频率与输入微分电路参数的关系。

七、实验报告中的数据要求

1．用示波器双踪测试输入输出波形，并画出波形图时应标明参数，并与理论值相比较。

2．根据实验结果分析各个电路的工作原理。

3．讨论多谐振荡器实验的改进方法。

4．总结各个测试结果的结论，分析并总结实验中易发生的错误。

八、思考题

1．555 定时器，CO 端为电压控制端，当悬空时，触发电平分别为多少？当接固定电平 V_{CO} 时，触发电平分别为多少？

2．对于本次实验中用 555 定时器构成的多谐振器，其振荡周期和占空比的改变与哪些因素有关？若只需改变周期，而不改变占空比，应调整哪个元件参数？

3．对于本次实验中用 555 定时器构成的多谐振器电路，若实现其输出矩形波的振荡频率约为 300Hz，占空比约为 60%，应如何选择的外接元件 R 和 C？

4．本次实验中有 555 构成的单稳态触发器中，输入信号为什么选窄脉冲信号？输出波形的脉冲宽度与哪些因素有关？

5．用 555 定时器组成的施密特触发器，当 V_{CC}=12V，电压控制端悬空，V_{TH}、V_{TL}、ΔV 各为多少？当 V_{CC}= 10V，电压控制端 V_{CO} =8 V 时，V_{TH}、V_{TL}、ΔV 各为多少？

2.2.2 设计性实验

电子圣诞树电路：

一、设计要求

要求：利用集成定时器 555 设计频率可调的时钟信号，使电子圣诞树上的灯按照时钟周期闪烁。

二、实验内容

（1）根据任务要求写出设计步骤，选定器件参数；

（2）根据所选器件参数画出电路图；

（3）写出实验步骤和测试方法，设计实验记录表格；

（4）进行安装、调试及测试，排除实验过程中的故障；

（5）分析、总结实验结果。

三、参考方案

应用 NE555 构成的多谐振荡器可以实现频率可调的脉冲信号发生器作为时钟信号，原理图如图 2.2.6 所示。

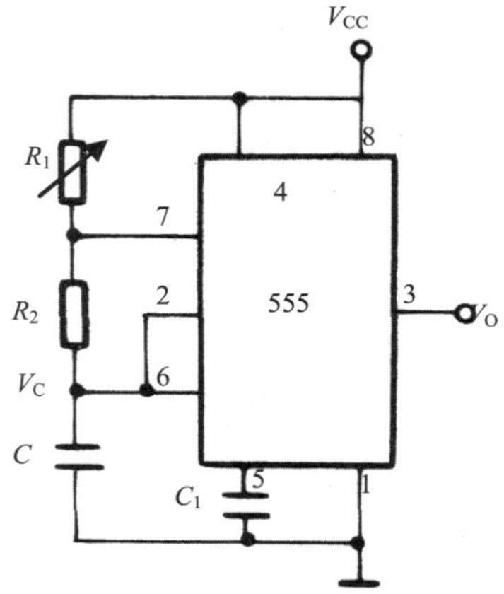

图 2.2.6 频率可调的多谐振荡器

CD4017 是一个集成的十进制计数器，在正常工作状态下，随着时钟信号的周期，其输出依次为高电平。将彩灯分组接成圣诞树图形摆放，用 CD4017 的不同输出端分别控制不同组彩灯的两灭，即可实现设计。

具体电路如图图 2.2.7 所示。下面是图 2.2.7 电子圣诞树电路的工作过程说明：

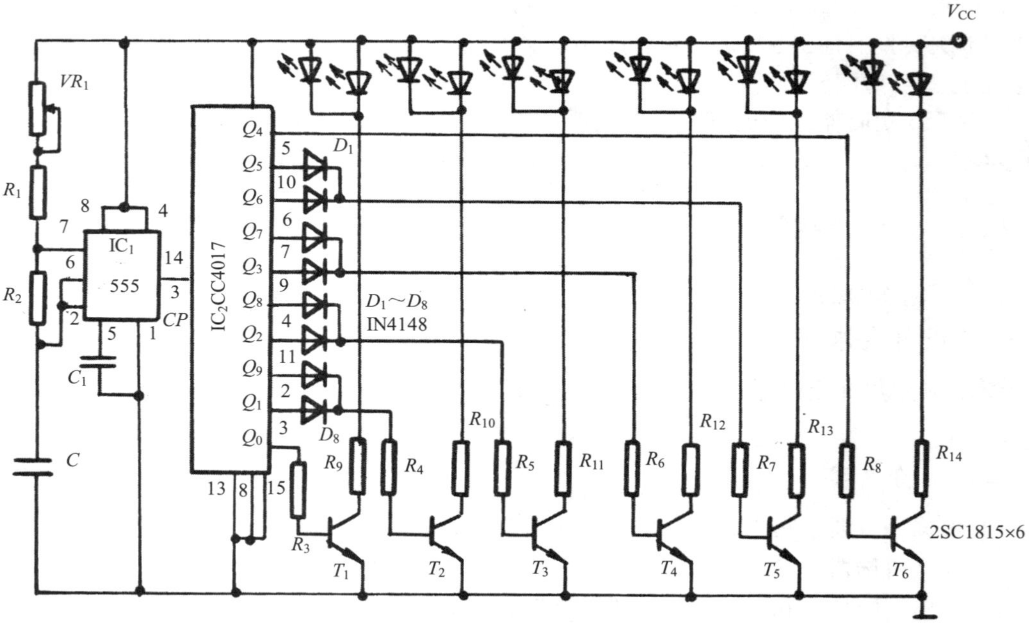

图 2.2.7 电子圣诞树电路

电子圣诞树电路由时钟脉冲产生器、脉冲分配器电路和驱动显示电路组成。

时钟脉冲产生器由 555 定时器和 R_1、R_2、VR_1 及 C 组成，它的输出作为 IC_2 的计数脉冲，

IC_2采用十进制计数器/脉冲分配器 CC4017。16 脚接电源，8 脚接地，可在 3～18V 电压下工作。14 脚是时钟脉冲输入端，13 脚是输入时钟脉冲控制端，一般接低电平，若接高电平会令 14 脚暂停作用。15 脚是置零端，一般接低电平，若接高电平则使输出置零。每当时钟脉冲上升到达时使 CC4017 输出脚 Q_0～Q_9 依次输出高电平脉冲，脉冲宽度为时钟周期，利用此脉冲信号将对应 T_1～T_6 依次饱和导通，则对应的各路发光二极管依次点亮，漂亮的圣诞树就呈现在我们的眼前。

数字定时器：

一、设计要求

（1）利用 555 定时器设计一个数字定时器，每启动一次，电路即输出一个宽度为 10s 的正脉冲信号。搭接电路并测试其功能。

（2）利用 555 定时器设计一个十分频器，输入频率为 1kHz 的脉冲信号。

（3）模拟声响电路。按图 2.2.8 接线，组成两个多谐振荡器，调节定时元件，使 I 输出较低频率，II 输出较高频率，连好线，接通电源，试听音响效果。调换外接阻容元件，再试听音响效果。

二、实验内容

（1）根据任务要求写出设计步骤，选定器件参数；

（2）根据所选器件参数画出电路图；

（3）写出实验步骤和测试方法，设计实验记录表格；

（4）进行安装、调试及测试，排除实验过程中的故障；

（5）分析、总结实验结果。

三、参考方案

如图 2.2.8 所示。

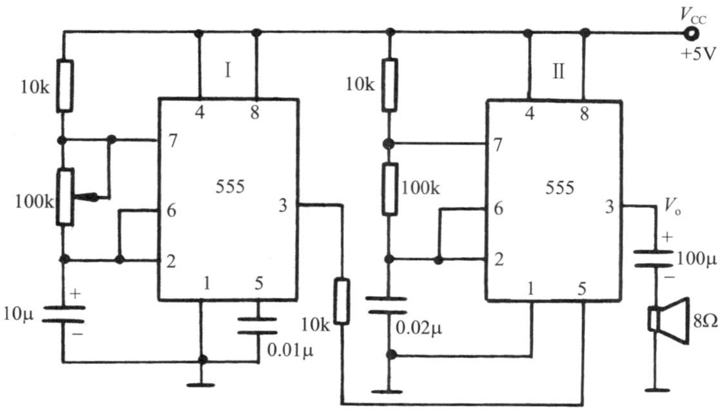

图 2.2.8　模拟声响电路

附：实验底板电路图和实验底板实物图，如图 2.2.9、图 2.2.10 所示。

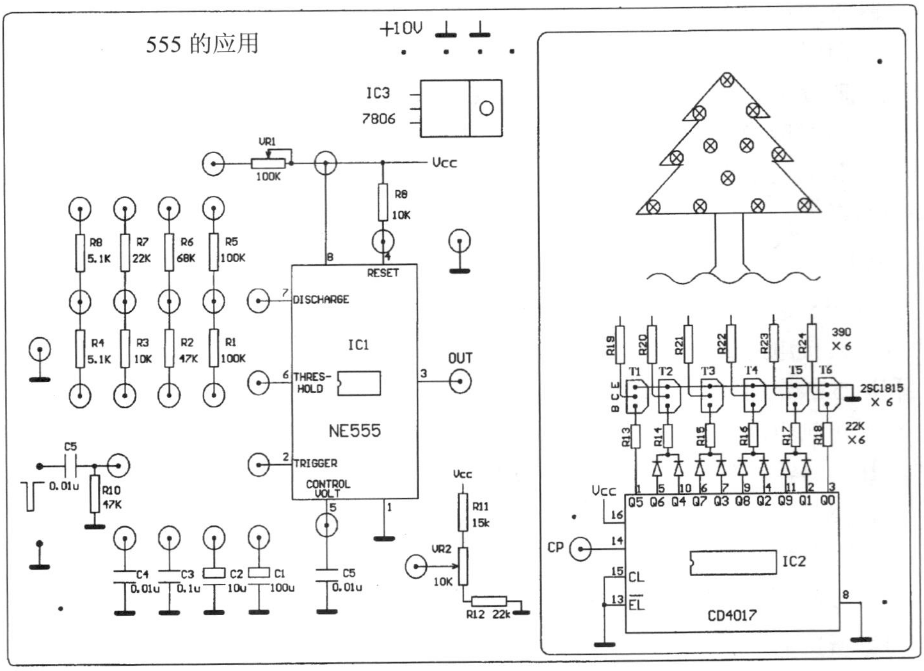

图 2.2.9　555 实验底板电路图

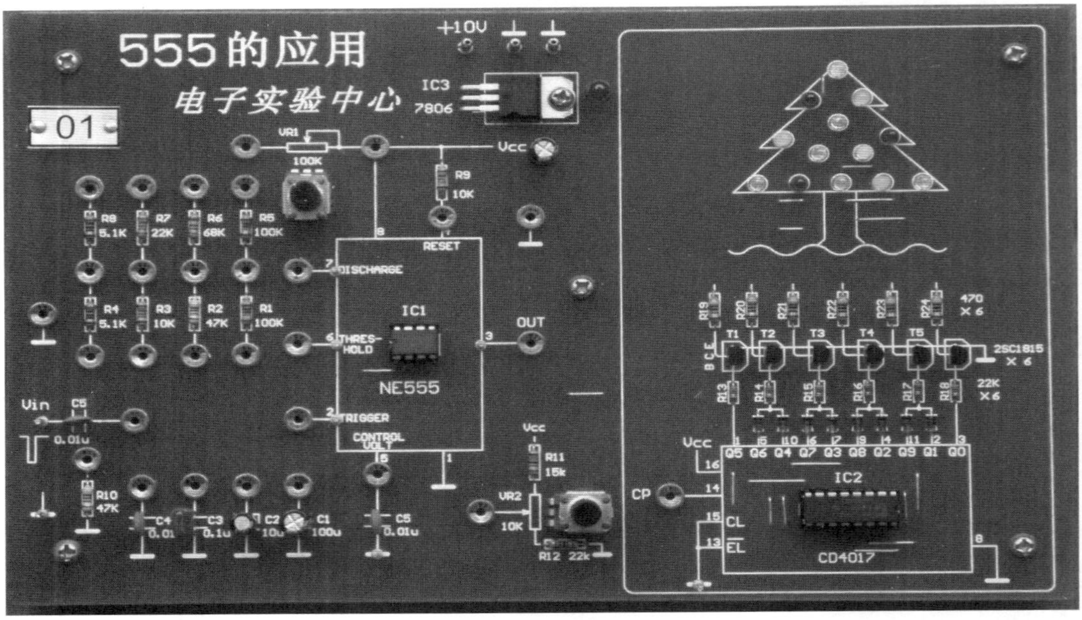

图 2.1.10　555 实验底板实物图

2.3 实验三 数据选择和译码显示

2.3.1 基础实验

一、实验目的

1．掌握数据选择器的功能和应用方法。

2．熟悉数码管的使用方法。

3．掌握二进制译码器和七段显示译码器的功能和使用方法。

4．学习中规模集成计数器的计数分频功能。

5．掌握组成数码管动态显示的工作原理和设计方法。

6．利用数据选择器和译码器等进行电路设计。

二、实验仪器与器材

1．双踪示波器一台

2．函数发生器一台

3．直流稳压电源一台

4．“数据选择和译码显示”实验底板一块

三、预习要求

1．认真阅读多路数据选择器、二进制译码器、七段显示译码器及同步计数器的相关资料，了解集成器件 74LS153、CD4511、74LS139、74LS161 的功能及使用方法。

2．掌握多位数码管动态显示电路的原理。

3．按设计任务要求，画出电路连接图及波形图，设计相应的实验步骤及实验表格。

4．回答预习思考题

（1）数据选择器是组合逻辑电路还是时序逻辑电路？

（2）什么是 BCD 码？

（3）电路中数据选择器 74LS153 的地址输入端的作用是什么？

（4）译码器 74LS139 的输出是高电平有效还是低电平有效？

（5）同步计数器 74LS161 在计数时，使能端 S_2 和 S_1 应该如何连接？

四、实验原理

1．数据选择器分时传输组成动态译码结构图如图 2.3.1 所示。

（1）用四路数据选择器从多路输入数据（BCD 码）中选择其中 1 路送到输出端，由译码显示器驱动 LED 显示十进制数。四路数据由四个 LED 分别显示，由显示控制译码器控制选通，数据选择器和显示控制译码器由数据选通信号实现同步传输和显示。

（2）若用外来的数字信号，送至计数器 CP 端，将计数器输出 Q_B、Q_A (依次循环输出 00,01,10,11) 作为数据选择器的地址信号，则可使输出十进制数实现动态显示。

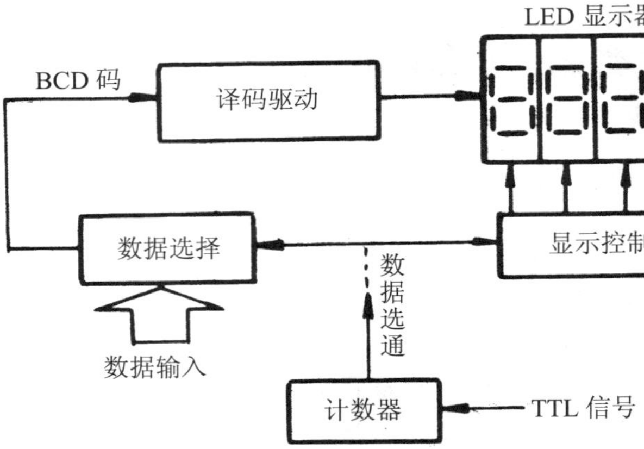

图 2.3.1 数据选择器分时传输组成动态译码方框图

2．四位数码管动态显示电路原理图如图 2.3.2 所示。

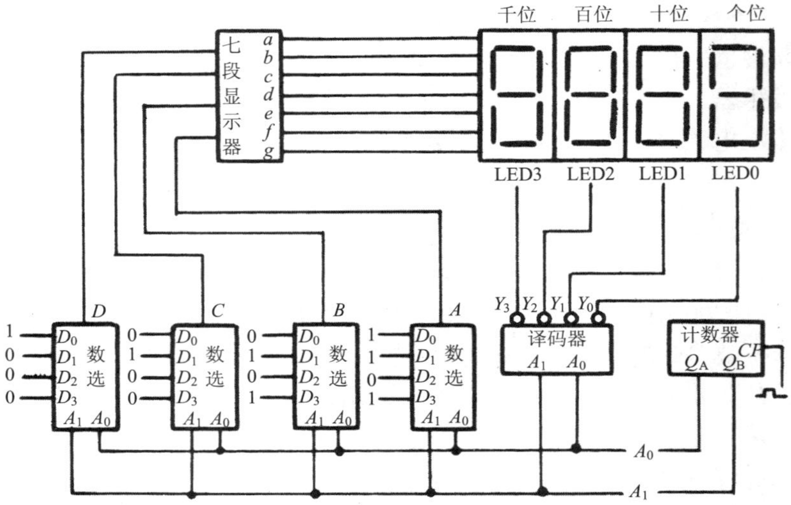

图 2.3.2 四位 LED 动态显示电路

（1）利用数据选择器的分时传输功能，可分别传送四组 8421BCD 码，并进行译码显示。一般一个数码管需要一个七段译码显示器，利用数据选择器和显示控制译码器组成动态显示，则若干个数码管可共用一片七段译码显示器。

（2）用 4 个四选一（本实验我们使用的是两片双四选一 74LS153）数选可组成一个四路数据选择器。四路 8421BCD 码连接如图 2.3.2 所示：每一路数据的个位数全送至数据选择器 A 的 D_0～D_3 位，十位送选择器 B 的 D_0～D_3 位，百位送选择器 C 的 D_0～D_3 位，千位送选择器 D 的 D_0～D_3 位。当地址码为 00 时，数据选择器传送的是第一路 8421BCD 码（1001）；当地址码为 01 时，数据选择器传送的是第二路 8421BCD 码（0111）；当地址码为 10 时，数据选择器传送的是第三路 8421BCD 码（0000）；当地址码为 11 时，数据选择器传送的是第四路 8421BCD 码（0011），经七段译码驱动后就分别得到四路数据的七段显示码。被点亮的数码管受地址码 A_1、A_0 经 2–4 线译码器的输出控制。当 A_1A_0=00 时，Y_0=0，则对应第一路数据的数码管亮，其他依此类推为第二到第四路数据的数码管亮。

（3）当接入计数器后，由 CP 端输入一定频率的 TTL 信号，输出端 Q_B、Q_A 分别接数据选择器和显示控制译码器的地址输入端 A_1、A_0，由于 Q_B、Q_A 端以 00、01、10、11 循环，故构成一个模 4 的计数器。当四个数码管以较高频率依次点亮时，由于人的视觉停留效果，看上去四个数码管都一直处于点亮的状态。

（4）用多位 LED 显示，一般采取动态扫描方式、分时循环显示，即多个发光管轮流交替点亮。这种方式是利用人眼的滞留现象，只要在 1 秒内一个发光管亮 24 次以上，每次点亮时间维持在 2ms 以上，则人眼感觉不到闪烁，宏观上仍可看到多位 LED 同时显示的效果。动态显示可以简化硬件、降低成本、减小功耗。图 2.3.2 所示是一个四位 LED 动态显示电路，七段驱动器输出 LED 字符七段代码信息，显示控制驱动器输出 4 个 LED 的位选通信号，即分时使 Y_0～Y_3 轮流有效，使得 LED_0～LED_3 轮流显示。

3．模块功能介绍。

（1）数据选择器。能够从来自不同地址的多路数字信息中任意选出所需要的一路信息作为输出的组合电路。数据选择器有多个输入、一个输出。其功能类似于单刀多掷开关，故又称为多路开关（MUX）。在控制端的作用下可从多路并行数据中选择一路送输出端。数据选择器的主要用途是实现多路信号的分时传送、实现组合逻辑函数、进行数据的串-并转换等。

TTL 中规模数据选择器，是根据多位数据的编码情况将其中一位数据由输出端送出去的电路。74LS153 是双四选一数据选择器，其中有两个四选一数据选择器，它们各有四个数据输入端 $1D_3$、$1D_2$、$1D_1$、$1D_0$ 和 $2D_3$、$2D_2$、$2D_1$、$2D_0$，一个输出端 $1Y$、$2Y$ 和一个控制许可端 S。选通控制端 S 为低电平有效。当控制许可端 S=1 时，传输通道被封锁，芯片被禁止，Y=0，输入的数据不能传送出去；当控制许可端 S=0 时，传输通道打开，芯片被选中，处于工作状态，输入的数据被传送出去。A_1、A_0 是地址选择端，两路选择器公用。管脚图如图 2.3.3 所示。

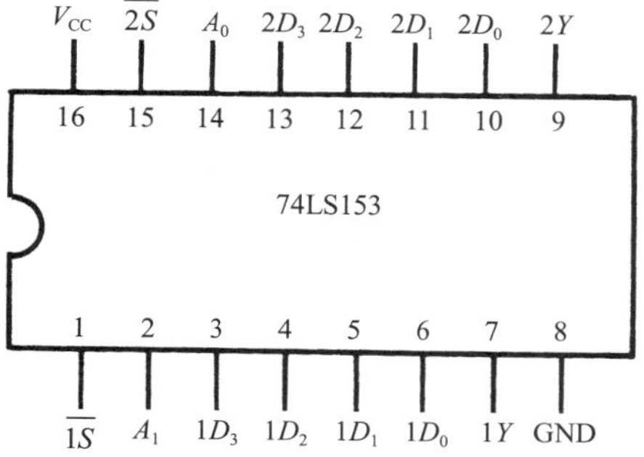

图 2.3.3　74LS153 引脚图

表 2.3.1　74LS153 功能表

输入				输出
S	D	A_1	A_0	Y
1	X	X	X	0
0	D_0	0	0	D_0
0	D_1	0	1	D_1
0	D_2	1	0	D_2
0	D_3	1	1	D_3

74LS153 逻辑功能如表 2.3.1 所示。从功能表可看出，当 S 端输入为低电平时，四选一数据选择器处于工作状态，它有 4 位并行数据输入 D_0～D_3，当选择地址输入 A_1、A_0 的二进制码依次由 00 递增至 11 时，4 个通道的并行数据便依次传送到输出端 Y，转换成串行数据。

（2）LED（Light Emitting Diode）显示器（七段数码管）。在数字系统中，常常需要将运算结果用人们习惯的十进制显示出来，这就要用到显示译码器。显示译码器主要用来驱动各种显示器件，如 LED、LCD 等，从而将二进制代码表示的数字、文字、符号“翻译”成人们习惯的形式，直观地显示出来。

目前用于显示电路的中规模译码器种类很多，其中用得较多的是七段显示译码器。它的输入是 8421BCD 码，输出是由 *a*、*b*、*c*、*d*、*e*、*f*、*g* 构成的一种代码，我们称之为七段显示码。根据字形的需要，确定 *a*、*b*、*c*、*d*、*e*、*f*、*g* 各段应加什么电平，就得到两种代码对应的编码表。七段显示码被送到七段显示器显示。

七段显示器分共阴极和共阳极两种形式，它们的外形结构和二极管连接方式分别如图 2.3.4、图 2.3.5 所示。从图 2.3.4 和图 2.3.5 中可以看出，对于共阳极的显示器，当输入低电平时发光二极管发光；对于共阴极的显示器，当输入高电平时发光二极管发光。与之相应的译码器的输出也分低电平有效和高电平有效两种。如 74LS46、74LS47 为低电平有效，可用于驱动共阳极的 LED 显示器；74LS48、74LS49 为高电平有效，可用于驱动共阴极的 LED 显示器。有的 LED 显示器带有小数点，一般用 *DP* 表示。

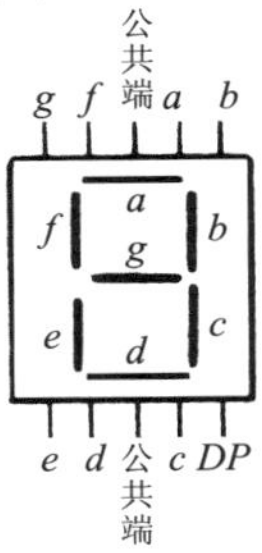

图 2.3.4　外形结构图

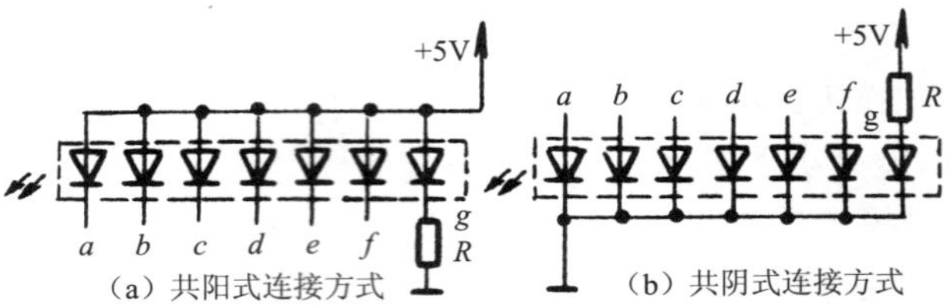

图 2.3.5

值得注意的是，有的译码器内部电路的输出级有集电极电阻，如 74LS48，它在使用时可直接接显示器。而有的译码器为集电极开路（OC）输出结构，如 74LS47 和 74LS49，它们在工作时必须外接集电极电阻，可通过调整电阻值来调节显示器的亮度。

（3）显示译码器。二-十进制译码器，用 4 位二进制数 0000～1001 分别代表十进制数 0～9，称为二-十进制数，又称 BCD 码（Binary Coded Decimal）。

BCD 码七段译码器的输入是一位 BCD 码（以 *D*、*C*、*B*、*A* 表示），输出是数码管各段的驱动信号以 *abcdefg* 表示，也称 4-7 译码器。若用它驱动共阴 LED 数码管，则输出应为高电平有效，即输出为高电平时，相应显示段发光。例如，当输入 8421 码 *DCBA*=0100 时，应显示 4，即要求同时点亮 *bcfg* 段，熄灭 *ade* 段，故译码器的输出应为 *abcdefg* =0110011，这也是一组代码，常称为段码。8421BCD 码对应的显示如表 2.3.2 所示。

表 2.3.2　BCD 码与 LED 相应发光段对照表

发光段	0	1	2	3	4
BCD	0000	0001	0010	0011	0100
发光段代码	*abc def*	*bc*	*abd eg*	*abc*	*bc fg*
发光段	5	6	7	8	9
BCD 码	0101	0110	0111	1000	1001
发光段代码	*abc fg*	*cde fg*	*abc*	*abc defg*	*abc fg*

CMOS 集成电路 CD4511 是一个用于驱动共阴 LED 显示器的 BCD 码七段码译码器，其引脚图如图 2.3.6 所示，逻辑功能如表 2.3.3 所示。其功能如下：

LT：当 BI=1，LT=0 时，不管输入 *DCBA* 状态如何，七段均发亮，显示“8”。它主要用来检测数码管是否损坏。

BI：当 BI=0 时，不管其他输入端状态如何，七段数码管均处于熄灭状态，不显示数字。

LE：使能控制端，当 LE=0 时，允许译码输出。

DCBA（*D* 为最高位）：输入二进制码。

abcdefg：各笔画段控制端，输出高电平时点亮相应的笔画段。

表 2.3.3　CD4511 功能表

输入							输出							
LE	$\overline{BI}$	$\overline{LI}$	*D*	*C*	*B*	*A*	*a*	*b*	*c*	*d*	*e*	*f*	*g*	登录
X	X	0	X	X	X	X	1	1	1	1	1	1	1	8
X	0	1	X	X	X	X	0	0	0	0	0	0	0	
0	1	1	0	0	0	0	1	1	1	1	1	1	0	0
0	1	1	0	0	0	1	0	1	1	0	0	0	0	1
0	1	1	0	0	1	0	1	1	0	1	1	0	1	2
0	1	1	0	0	1	1	1	1	1	1	0	0	1	3
0	1	1	0	1	0	0	0	1	1	0	0	1	1	4
0	1	1	0	1	0	1	1	0	1	1	0	1	1	5
0	1	1	0	1	1	0	0	0	1	1	1	1	1	6
0	1	1	0	1	1	1	1	1	1	0	0	0	0	7
0	1	1	1	0	0	0	1	1	1	1	1	1	1	8
0	1	1	1	0	0	1	1	1	0	1	0	1	1	9
0	1	1	1	0	1	0	0	0	0	0	0	0	0	
0	1	1	1	0	1	1	0	0	0	0	0	0	0	
0	1	1	1	1	0	0	0	0	0	0	0	0	0	
0	1	1	1	1	0	1	0	0	0	0	0	0	0	
0	1	1	1	1	1	0	0	0	0	0	0	0	0	
0	1	1	1	1	1	1	0	0	0	0	0	0	0	
1	1	1	X	X	X	X								

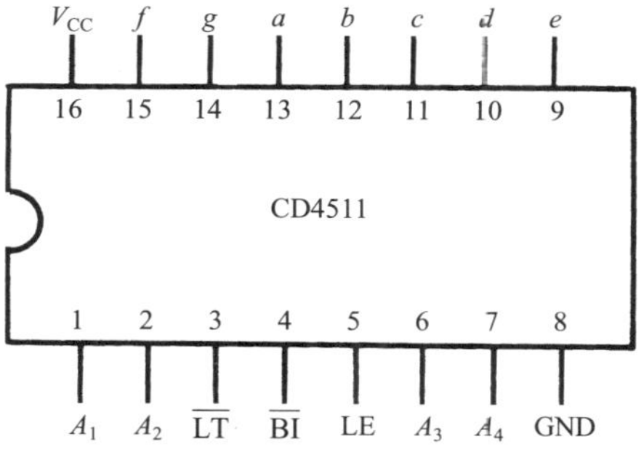

图 2.3.6　CD4511 引脚图

（4）变量译码器。把输入二进制代码的状态翻译成对应的输出信号，即译码器输出表示输入变量的状态。如 n 位二进制译码器，其译码器的输入端有 n 个，译码器输出就有 2^n 个。变量译码器可做数据分配器使用。双 2-4 线译码器 74LS139，其引脚图如图 2.3.7 所示，功能表如表 2.3.4 所示。

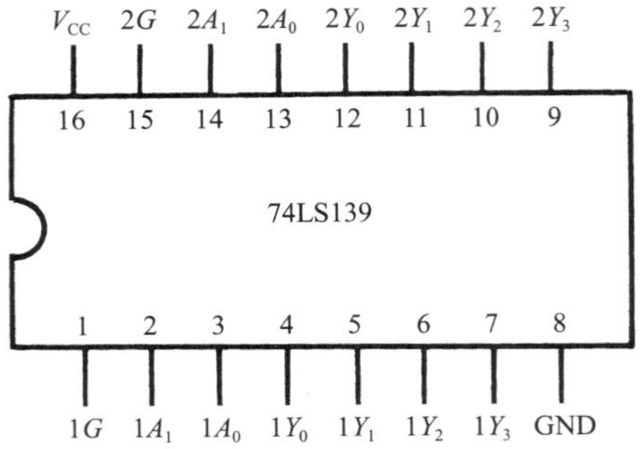

图 2.3.7　74LS139 引脚图

表 2.3.4　74LS139 功能表

输入			输出			
使能	选择					
G	A_1	A_0	Y_0	Y_1	Y_2	Y_3
1	X	X	1	1	1	1
0	0	0	0	1	1	1
0	0	1	1	0	1	1
0	1	0	1	1	0	1
0	1	1	1	1	1	0

该译码器有两组 2-4 线译码器。每组有两个地址输入端 A_1、A_0，四个译码输出端 Y_0、Y_1、Y_2、Y_3，当输入为 00 时，Y_0 输出为“0”，其他输出端为“1”；同理可推其他输出状态，即只有输出变量下标对应的二进制代码与输入代码相等的输出端为“0”，其他输出端为“1”。另外，该译码器还有一个使能端（选通端）G，当它为高电平时，输出全为高；当它为低电平时，才允许译码。

（5）同步计数器。计数器分为同步计数器和异步计数器，在同步计数器中，各触发器都是利用被计数的脉冲作为时钟，因此各触发状态同时更新。同步计数器具有工作速度快、译码后输出波形好等优点，使用非常广泛。四位二进制同步计数器 74LS161 能同步并行预置数据，异步清零，具有清零、置数、计数和保持四种功能，且具有进位信号输出，可串接计数使用。74LS161 的引脚图如图 2.3.8 所示，其功能表如表 2.3.5 所示。

该计数器有清零信号 $\overline{Cr}$，使能信号 S_1、S_2，置数信号 $\overline{\text{LD}}$，时钟 CP 和四个数据输入端 A、B、C、D，另外还有四个数据输出端 Q_D、Q_C、Q_B、Q_A 以及进位输出端 Q_{cc}，且 $Q_{cc}=Q_A \cdot Q_B \cdot Q_C \cdot Q_D \cdot S_2$。根据功能表分析计数器功能如下：

当 $\overline{C_r}=0$，不管其他控制信号为何状态，对计数器清零。当 $\overline{C_r}=1$，$\overline{\text{LD}}=1$，时钟脉冲上升沿到达时，不管其他控制信号为何状态，$Q_DQ_CQ_BQ_A=DCBA$，即完成了并行置数功能。而如果没有时钟脉冲的上升沿到达，尽管 $\overline{\text{LD}}=0$ 也不能将预置数据置入触发器。这就是同步预置与异步预置的不同之处。当 $\overline{C_r}=1$，$\overline{\text{LD}}=1$，且 $S_1=S_2=1$ 时，计数器伴随着时钟脉冲，将 8421BCD 码循环计数。当计数状态达到 1111 时，其 $Q_{cc}=1$，产生进位输出，其脉宽为一个时钟周期。当 $\overline{C_r}=1$，$\overline{\text{LD}}=1$，$S_1=0$，$S_2=1$ 时，计数器的所有输出（包括 Q_{cc}）都处于保持状态。当 $\overline{C_r}=1$，$\overline{\text{LD}}=1$，$S_2=0$，S_1 为任意态时，计数器的进位输出 $Q_{cc}=0$，其余输出处于保持状态。

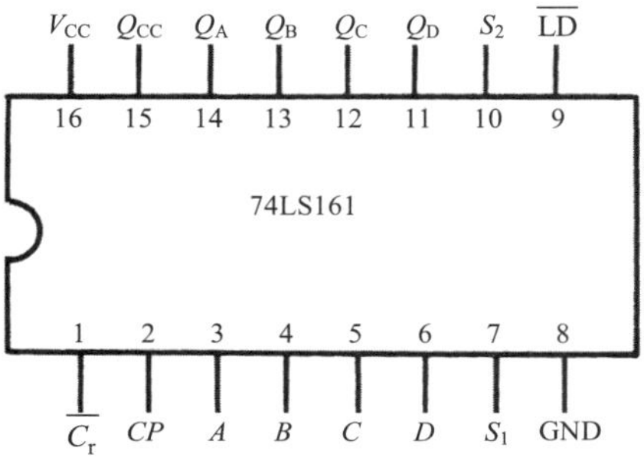

图 2.3.8 74LS161 引脚图

表 2.3.5 74LS161 功能表

$\overline{Cr}$	$\overline{LD}$	S_1	S_2	S_3	功能
0	×	×	×	×	清“0”
1	0	×	×	↑	预置
1	1	1	1	↑	计数
1	1	0	1	×	保持
1	1	×	0	×	保持 $Q_{CC}=0$

4．实验电路面板如图 2.3.11 所示。

(1) 稳压电源给实验电路板提供 10V 电源，经 7805 得到电路中各个集成芯片所需的 5V 电压。

(2) 将两片数据选择器 74LS153 的输入端 $D_0\ C_0\ B_0\ A_0$，$D_1\ C_1\ B_1\ A_1$，$D_2\ C_2\ B_2\ A_2$，$D_3\ C_3\ B_3 A_3$ 分别接至拨动开关 SW4、SW3、SW2、SW1 进行数据输入，SW1～SW4 可通过拨动开关对 BCD 码进行预置。

(3) 数据选择器输出的 8421BCD 码 DCBA 经显示译码器 CD4511 驱动送至数码管显示。

(4) 2-4 线译码器 74LS139 的地址输入端与数据选择器的地址端已连接，74LS139 的输出端 $1Y_3$、$1Y_2$、$1Y_1$、$1Y_0$ 分别接至四个 LED 显示数码管的共阴端 Y_3、Y_2、Y_1、Y_0，进行分时显示。

(5) 2-4 线译码器 74LS139 的地址输入端 B、A 的选择可手动选择或由计数器 LS161 动态选择。在手动选择时，将 B、A 端都接地为 00，此时允许第一路信号输出；将 B 端接地，A 端悬空为 01，此时允许第二路信号输出；将 B 端悬空，A 端接地为 10，此时允许第三路信号输出；若 B、A 端都悬空时为 11 状态，此时允许第四路信号输出。若 TTL 信号送至计数器 74LS161CP 端，输出端 Q_B、Q_A 与数据选择器地址端 B、A 相连，则可进行动态显示。

五、实验任务及要求

实验任务：

1．BCD 码-七段码显示译码器功能测试。

任选一组开关（SW1-SW4），将导线连接至译码器（CD4511）输入端；任意选择一位数码管，将公共端 Y 端接低电平。用逻辑开关 SW 输入 BCD 码 0000—1111，观察数码管输出显示，将结果填入表 2.3.6 中，得出相应的实验结论。

表 2.3.6 BCD 码-七段码显示译码器功能测试表

BCD 码输入	LED 显示	BCD 码输入	LED 显示	BCD 码输入	LED 显示
0000		0110		1100	
0001		0111		1101	
0010		1000		1110	
0011		1001		1111	
0100		1010			
0101		1011			

2．测试变量译码器 74LS139 的逻辑功能。

（1）将实际测试时 LED 公共端 Y_3，Y_2，Y_1，Y_0 与译码器 139 的输出 $1Y_3$，$1Y_2$，$1Y_1$，$1Y_0$ 之间的连线关系填入下面括号内。

Y_3—（　　）；　Y_2—（　　）；　Y_1—（　　）；　Y_0—（　　）。

（2）通过手动控制译码器 74LS139 的地址输入端 *B*、*A* 依次为 00-01-10-11（地址输入端 *A*、*B* 悬空为高电平），用逻辑开关 SW 输入任意一组 BCD 码至显示译码器输入端，观察数码管输出显示，将结果填入表 2.3.7 中，得出相应结论。

表 2.3.7　74LS139 的逻辑功能测试表

B	*A*	数字显示在哪个 LED 上
0	0	
0	1	
1	0	
1	1	

3．测试数据选择器 74LS153 的逻辑功能。

（1）将 2 片 74LS153 的输出 *DCBA* 接显示译码器 CD4511 的输入端 *DCBA*。

（2）2 片数据选择器可以选择 4 个数据（每个数据有 4 位如 $D_iC_iB_iA_i$），可由发光管指示。实验报告上数据选择器的地址端 *B*，*A* 与 74LS139 的输入 *B*，*A* 端已连在一起，可用手动控制。

（3）手动控制 *B*、*A*，实现 BA 为 00，01，10，11 时依次在 LED0、LED1、LED2、LED3 上显示 0，1，2，3，如表 2.3.8 所示。

表 2.3.8　74LS153 的逻辑功能测试表

B	*A*	LED3 输出显示	LED2 输出显示	LED1 输出显示	LED0 输出显示	发光二极管显示			
						D	*C*	*B*	*A*
0	0								
0	1								
1	0								
1	1								

4．实验任务：同步计数器工作波形测试。

将同步计数器 74LS161 的 *CP* 接入 1kHz TTL 信号，用示波器双踪测量，分别画出 *CP*、Q_A、Q_B、Q_C、Q_D 和 Q_{CC} 的波形。记录每个波形的幅度和周期（注意：*CP*，Q_A，Q_B，Q_C，Q_D，Q_{CC} 波形时序一一对应），如图 2.3.9 所示。

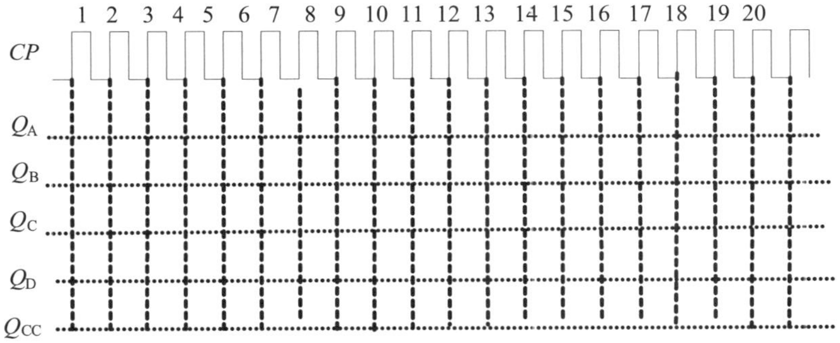

图 2.3.9 同步计数器 74X161 测试波形图

5．四路数据 LED 动态显示实验。要求：实现从左至右每隔 1 秒依次显示 5、6、7、8 以及左至右同时显示 5、6、7、8。

实验电路见数码管的四位动态显示图。将 74LS161 同步计数器的输出端 Q_B、Q_A 与 74LS139 的输入 *B*，*A* 端（即数据选择器的地址输入端）相连，将计数器 74LS161 的 *CP* 端接 1Hz 的 TTL 信号，观测在 LED3，LED2，LED1，LED0 上自动按时钟周期依次显示 5，6，7，8 的情况；再将时钟频率调为 1kHz 时，又观察 LED3，LED2，LED1，LED0 的显示情况。

若改变输入频率，使之在 500～2Hz 范围变化，观察显示效果，得出相应结论。如表 2.3.9 所示。

表 2.3.9 LED 动态显示测试表

CP (Hz)	LED 输出显示效果
500	
200	
10	
2	

六、实验中的常见故障及解决办法

现象 1：实验电路板没有供电。

解决办法：请检查电源线是否连接好，注意直流电源应接+10V。

现象 2：不理解电路板上各芯片的供电电压是 5V。

解决办法：电路板的供电电压是 10V，经过 7805 三端稳压器稳压为 5V 后，作为电路板上各个集成芯片的供电电源电压。

现象 3：数码管不能循环显示。

解决方法：应检查 74LS139 和 74LS161 的逻辑功能，或检查信号源提供的输入时钟是否正确。

现象 4：同步计数器输出波形重叠，显示不稳定。

解决办法：请在示波器上选择频率低的信号做触发源，并调节触发电平。

七、实验报告中的数据要求

1．用示波器双踪测试输入输出波形，并画出波形图时应标明参数。

2．根据实验结果分析各个电路的工作原理。

4．总结各个测试结果的结论，分析并总结实验中易发生的错误。

八、思考题

1．在数码管的四位动态显示实验时，将 *CP* 端接的 TTL 信号频率由 500Hz 逐渐减小，再由 500Hz 逐渐变大，观察数码管的显示有何变化，为什么？

2．根据图 3.6.9 所示实验结论，试分析 Q_A、Q_B、Q_C、Q_D、Q_{cc} 分别与 *CP* 的分频关系。

3．用 BCD 码 7 段译码显示器驱动数码管，译码器与数码管之间串接电阻，为什么？

4．用 74LS153 及门电路组成八选一数据选择器。

2.3.2　设计性实验

一、设计要求

试设计一个简单的十字路口交通灯控制电路。试完成绿、黄、红三种状态时的数据输入，得出相应结论，并画出三种状态时的逻辑电路图。

由数据选择器提供数据，用三只 74LS05 和外围元件（三极管、电阻等）构成已预置好的译码电路，分别驱动红黄绿指示灯发光，组成简单的十字路口交通灯控制电路。要求南北方向和东西方向两条交叉道路上的车辆交替运行。若南北方向绿灯亮，东西方向红灯亮；若东西方向绿灯亮，南北方向红灯亮；若南北方向黄灯亮，东西方向黄灯同时亮。译码输出循环显示绿灯—黄灯—红灯三个状态。十字路口交通灯控制电路示意图见图 2.3.10 所示，红、黄、绿指示灯译码电路图如图 2.3.11 所示。

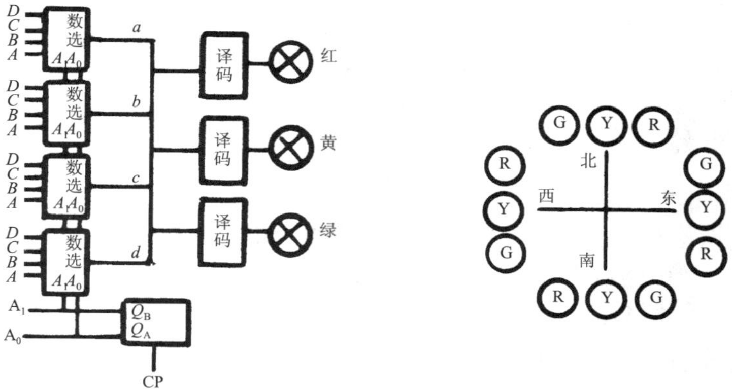

图 2.3.10　十字路口交通灯控制电路示意图

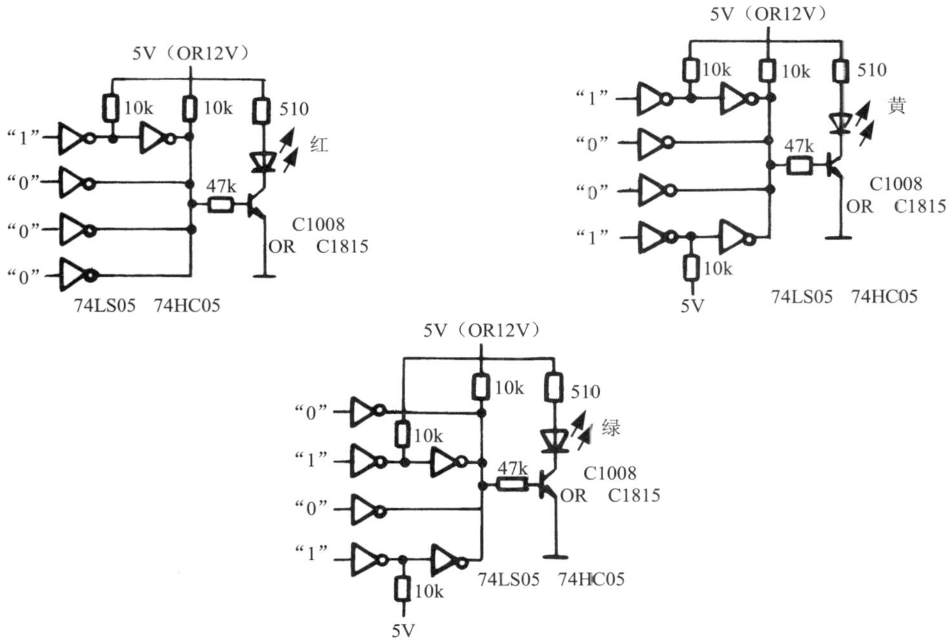

图 2.3.11 红、黄、绿指示灯译码驱动电路

二、实验内容

十字路口交通灯控制电路实验。

用逻辑开关 SW 输入数据，在底板上搭接电路，实现交通灯译码驱动电路输出指示灯自动循环显示绿灯亮—黄灯亮—红灯亮—黄灯亮四种状态。将输入数据填入表 2.3.10 中，得出相应结论。

表 2.3.10 十字路口交通灯控制电路显示测试表

数据输入	交通灯电路输出指示灯显示
	绿灯亮（东西方向）
	黄灯亮
	红灯亮（东西方向）
	黄灯亮

附：实验底板电路图和实验底板实物图，如图 2.3.12、图 2.3.13 所示。

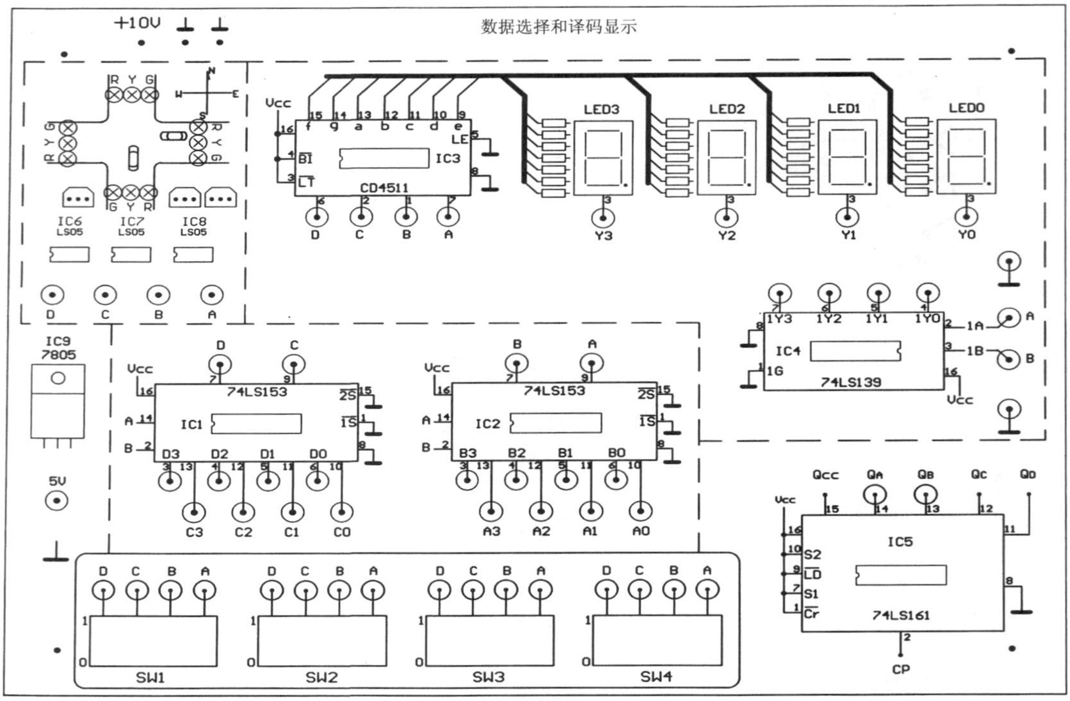

图 2.3.12　实验底板电路图

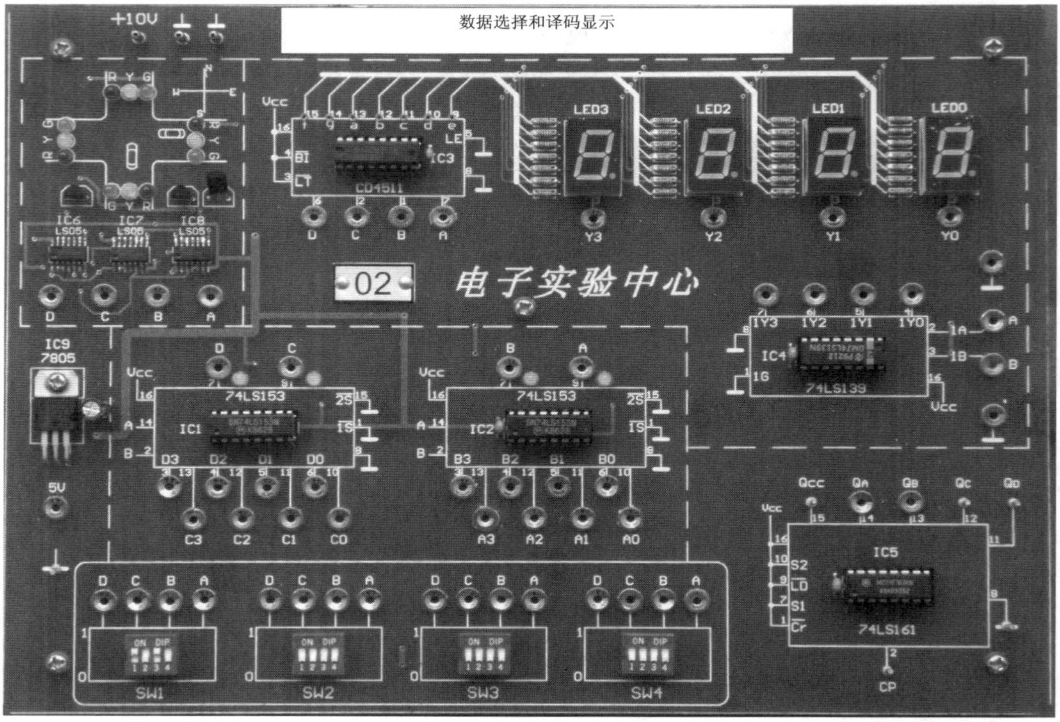

图 2.3.13　实验底板实物图

2.4 实验四 电子秒表

2.4.1 基础实验

一、实验目的

1．学习数字电路中基本 RS 触发器、单稳态触发器、时钟发生器及计数、译码显示等单元电路的综合应用。

2．掌握电子秒表的工作原理。

3．进行小型数字综合系统的初步训练。

4．掌握调试电路、排除电路故障的正确方法。

二、实验仪器与器材

1．直流稳压电源一台

2．双踪示波器一台

3．数字逻辑实验箱一台

4．低频信号源一台

5．“电子秒表”底板一块

三、预习要求

1．复习数字电路中的 RS 触发器、单稳态触发器、时钟发生器及计数器等器件的使用。

2．除了本实验中所采用的时钟源外，还可选用另外两种不同类型的时钟源，可供本实验用。

3．画出电路图，选取元器件。

4．列出电子秒表单元电路的测试表格。

5．列出调试电子秒表的步骤。

4．回答预习思考题

（1）实验中的电子秒表能实现的功能有哪些？

（2）启动和停止单元采用的是什么电路？它是如何控制秒表启动和停止计数的？

（3）单稳态触发器在电路中的作用？

（4）计数器为什么要采用 74X90 和 74X92 两种计数器芯片？

四、实验原理

1．电子秒表的功能

（1）数字式秒表实现简单的计时与显示，按下启动键清零并开始计时，按下停止键，计时停止。

（2）具有“分”（0～9）、“秒”（00～59）、“十分之一秒”（0～9）数字显示，分辨率为 0.1 秒。计时范围从 0 分 0 秒 0 到 9 分 59 秒 9。

由于显示的时间的最小单位是 0.1 秒，所以选取计时模块的时间脉冲为 10Hz。

2．电子秒表的构成

如图 2.4.1 所示为电子秒表的构成框图。利用 555 设计一个多谐振荡器，其产生的秒脉冲触发 74LS90 计数，计时部分的计数器由分频、0.1 秒位、秒个位、秒十位和分个位五个计数器组成，最后通过 CD4511 显示译码在数码管上显示输出。由启动和停止电路控制启动和停止秒表。

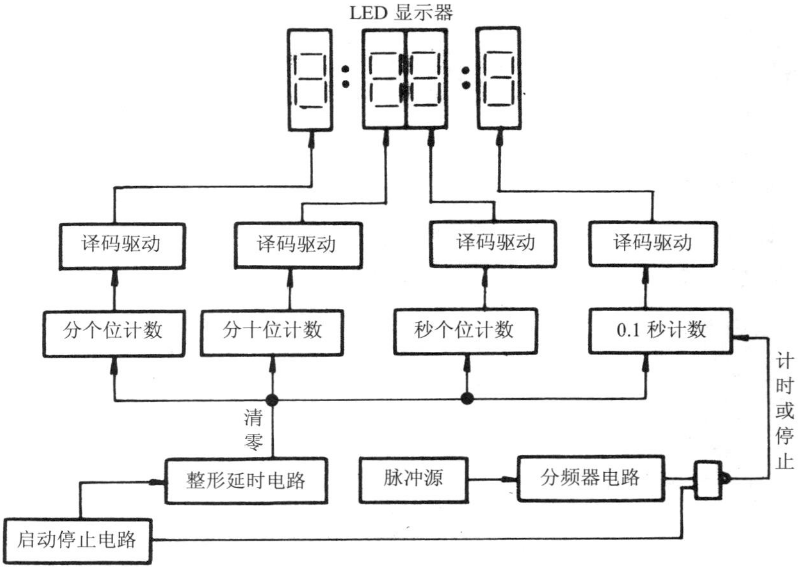

图 2.4.1　电子秒表的组成框图

（1）脉冲源。用 555 定时器构成的多谐振荡器，是一种性能较好的时钟源。输出端产生频率为 50Hz 的矩形波信号。

（2）分频器电路。分频器电路将 50Hz 的矩形波信号经五次分频后得到 10Hz 的方波信号供秒计数器进行计数。分频器实际上也就是计数器。

（3）启动和停止电路。按下启动键，秒表开始清零计时。按下停止键，计时停止。

基本 RS 触发器为启动和停止秒表提供控制信号。

（4）脉冲整形电路。将启动和停止电路输出的不规则脉冲整形为具有一定幅度和一定宽度的脉冲，为计数器提供清零信号。本设计用微分型单稳态触发器实现。

（5）时间计数器电路。时间计数电路由 0.1 秒位计数器及秒个位和秒十位计数器及分个位计数器电路构成，其中秒个位和秒十位计数器构成 60 进制计数器，0.1 秒位和分个位为 10 进制计数器。

（6）译码驱动电路。译码驱动电路将计数器输出的 8421BCD 码转换为数码管需要的逻辑状态，并且为保证数码管正常工作提供足够的工作电流。

（7）数码管。数码管通常有发光二极管（LED）数码管和液晶（LCD）数码管，本设计提供的为 LED 数码管。

3．电子秒表的工作原理

（1）脉冲源电路

多谐振荡器也称为无稳态触发器，它没有稳定状态，同时无须外加触发脉冲，就能输出一定频率的矩形脉冲（自激振荡）。用 555 实现多谐振荡，需要外接电阻 R_1、R_2 和电容 C。

其电路如图 2.4.2 所示。

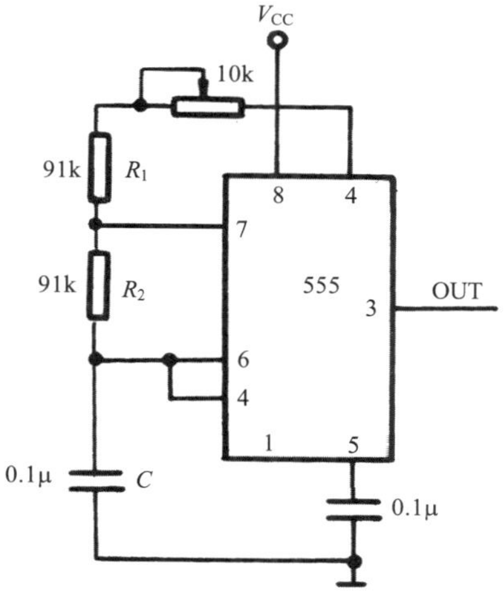

图 2.4.2　555 构成多谐振荡器电路

（2）分频器电路

通常数字钟的晶体振荡器输出频率较高，为了得到 0.1Hz 的秒信号输入，需要对振荡器的输出信号进行分频。需要设计一个五进制计数器，对频率为 50Hz 的时钟脉冲进行五分频，在输出端 Q_D 取得周期为 0.1 秒的矩形脉冲，作为时间计数单元的时钟输入。用集成异步计数器 74LS90 实现，其电路如图 2.4.3 所示。

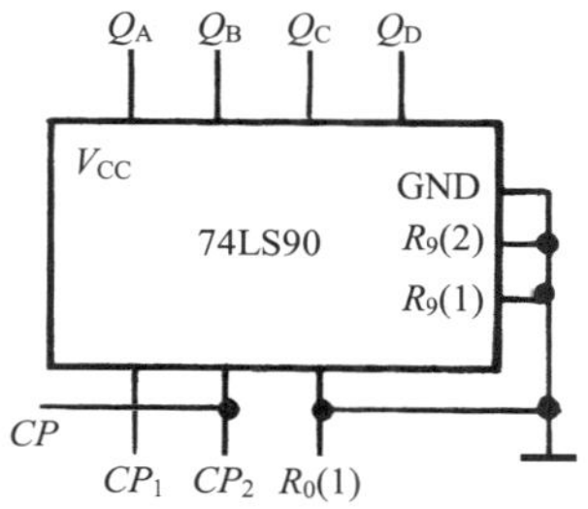

图 2.4.3　74LS90 构成五进制计数器

（3）时间计数单元

时间计数单元有时计数、分计数和秒计数等几个部分。

要实现 0.1 秒计数，需要设计一个 10 进制计数器；要实现秒计数，需要设计一个 60 进制计数器；要实现分计数，需要设计一个 10 进制计数器，这里选用 74LS90 实现。

集成异步计数器 **74LS90**（如图 **2.4.4** 所示）简介。

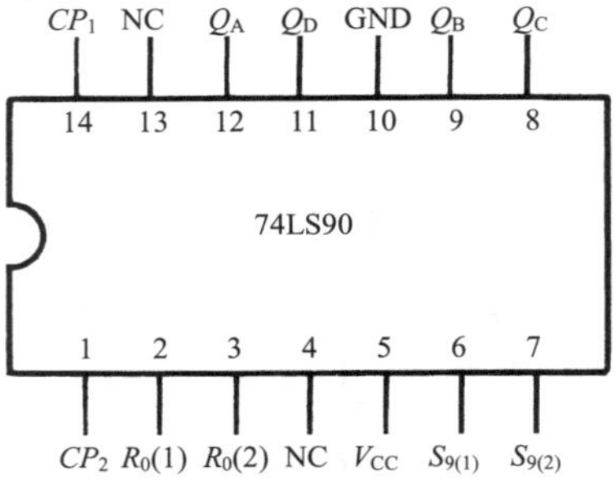

图 2.4.4　74LS90 引脚图

表 2.4.1　74LS90 功能表

输入						输出				功能
清 0		置 9		时钟		Q_D	Q_C	Q_B	Q_A	
R_0（1）	R_0（2）	S_9（1）	S_9（2）	CP_1	CP_2					
1	1	0 ×	× 0	×	×	0	0	0	0	清 0
0 ×	× 0	1	1	×	×	1	0	0	1	置 9
0 ×	× 0	0 ×	× 0	↓	1	Q_A 输出				二进制计数
				1	↓	$Q_DQ_CQ_B$ 输出				五进制计数
				↓	Q_A	$Q_DQ_CQ_BQ_A$ 输出 8421BCD 码				十进制计数
				Q_D	↓	$Q_AQ_DQ_CQ_B$ 输出 5421BCD 码				十进制计数
				1	1	不变				保持

74LS90 是异步二－五－十进制加法计数器，它既可以作二进制加法计数器，又可以作五进制和十进制加法计数器。图 2.4.4 为 74LS90 引脚排列，表 2.4.1 为功能表。

通过不同的连接方式，74LS90 可以实现四种不同的逻辑功能；而且还可借助 R_0（1）、R_0（2）对计数器清零，借助 S_9（1）、S_9（2）将计数器置 9。其具体功能详述如下：

a．计数脉冲从 CP_1 输入，Q_A 作为输出端，为二进制计数器。

b．计数脉冲从 CP_2 输入，$Q_DQ_CQ_B$ 作为输出端，为异步五进制加法计数器。

c．若将 CP_2 和 Q_A 相连，计数脉冲由 CP_1 输入，Q_D、Q_C、Q_B、Q_A 作为输出端，则构成异步 8421 码十进制加法计数器。

d．若将 CP_1 与 Q_D 相连，计数脉冲由 CP_2 输入，Q_A、Q_D、Q_C、Q_B 作为输出端，则构成异步 5421 码十进制加法计数器。

e．清零、置 9 功能。

异步清零：

当 R_0（1）、R_0（2）均为“1”；S_9（1）、S_9（2）中有“0”时，实现异步清零功能，即 $Q_DQ_CQ_BQ_A$=0000。

置 9 功能：

当 S_9(1)、S_9(2)均为"1"; R_0(1)、R_0(2)中有"0"时，实现置 9 功能，即 $Q_DQ_CQ_BQ_A$=1001。

十分之一秒计数器和分计数器是十进制，所以只需要将 74LS90 接成十进制即可。电路图如图 2.4.5 所示。

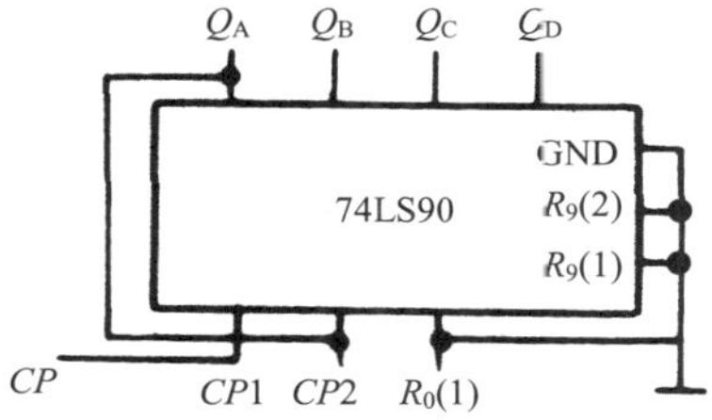

图 2.4.5 74LS90 构成十进制计数器

异步计数器的级联：

多片计数器以一定方式连接，可扩展计数范围，这就是计数器的"级联"。

异步计数器一般没有专门的进位信号输出端，通常可以用本级的高位输出信号驱动下一级计数器计数。异步计数器的级联是串接方式，即将最低位计数器的计数输入端接计数脉冲，其他各位计数器的计数输入端接相邻低位计数器的进位输出端（下跳沿计数器）。

74LS90 是二-五十进制计数器，所以设计一个六十进制秒计数器要用两个 74LS90，当计数状态一到 01011001 立即清零。但是用 90 实现六进制时须将 Q_CQ_A 分别接 R_0（1）、R_0（2），占用清零端。这样由启动停止电路输出的控制信号就无法接到 R_0（1）、R_0（2）处对秒表进行控制。所以本设计中改用 74LS92 实现六进制计数。

2/6 分频异步加法计数器 74LS92 简介。

异步计数器 74LS92 是异步二-六-十二进制加法计数器，其内部集成了一个二进制计数器以及一个六进制计数器。

二进制计数器：计数脉冲由 *CPA* 接入，Q_A 为二进制计数器的输出。

六进制计数器： 74LS92 固有的六进制计数器，计数时钟脉冲信号由 *CPB* 接入，输出端 $Q_DQ_CQ_B$ 输出的计数循环为 000、001、010、100、101、110，即六进制的 0-1-2-4-5-6 循环计数序列。

三进制计数器：将 74LS92 固有的六进制计数器输出序列进行分析，可见此六进制计数器输出的后两位 Q_CQ_B 为 00、01、10，是对输入时钟脉冲的三进制计数序列。

十二进制计数器：当 74LS92 的 Q_A 输出同 *CPB* 相连，计数脉冲从 *CPA* 输入，74LS92 就构成了十二进制计数器，此时输出如功能表 2.4.2 和表 2.4.3 所示。清零输入高电平有效。74LS92 的引脚如图 2.4.6 所示。

表 2.4.2 74LS92 复位计数功能表

复位输入		输出			
$R_0(1)$	$R_0(2)$	Q_D	Q_C	Q_B	Q_A
1	1	0	0	0	0
X	0	计数（COUNT）			
0	X	计数（COUNT）			

注：1=高电平 0=低电平 *X*=不定。

表 2.4.3　74LS92 构成 12 进制计数顺序表

计　数	输　出			
	Q_D	Q_C	Q_B	Q_A
0	0	0	0	0
1	0	0	0	1
2	0	0	1	0
3	0	0	1	1
4	0	1	0	0
5	0	1	0	1
6	1	0	0	0
7	1	0	0	1
8	1	0	1	0
9	1	0	1	1
10	1	1	0	0
11	1	1	0	1

注：输出 Q_A 与 CPB 相连接

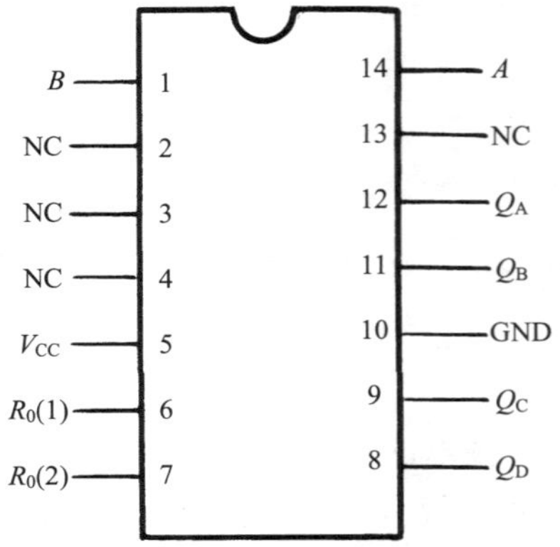

图 2.4.6　74LS92 引脚图

74LS92 固有的六进制计数器 $Q_DQ_CQ_B$ 的计数循环为 0-1-2-4-5-6 循环计数序列，计数顺序和秒表中时钟计数要求的 0-1-2-3-4-5 输出每次递增 1 的六进制计数顺序并不符合，所以构成实验所需的 60 进制计数器不能直接采用 74LS92 固有的六进制计数器。观察 74LS92 构成的 12 进制计数顺序表，可以发现低三位 $Q_CQ_BQ_A$ 的输出就是一个输出每次递增 1 的六进制的加法计数器。

所以六十进制计数器电路图如图 2.4.7 所示。将 74LS92 的 CP_2 和 Q_A 相连，先构成十二进制形式，由低三位 $Q_CQ_BQ_A$ 输出构成输出序列的六进制计数器，输出序列为 000、001、010、011、100、101、110，即六进制的 0-1-2-3-4-5 循环计数序列。用 74LS90 构成的 10 进制计数器和 74LS92 构成的六进制计数器相级联构成六十进制计数器。

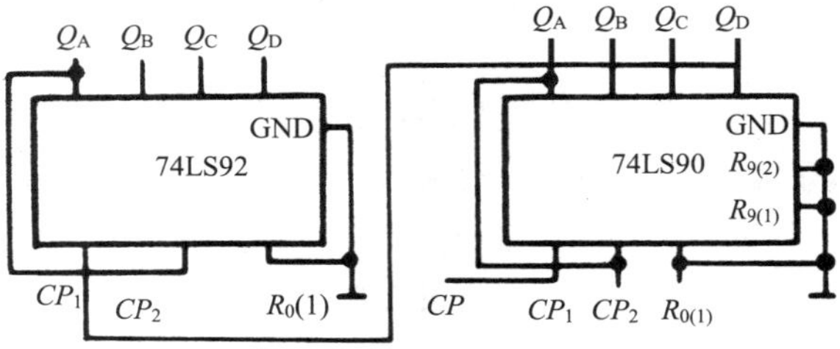

图 2.4.7　74LS92 及 74LS90 构成六十进制计数器

（4）译码驱动及显示单元

计数器实现了对时间的累计，以 8421BCD 码形式输出，为了将计数器输出的 8421BCD 码显示出来，需用显示译码电路将计数器的输出数码转换为数码显示器件所需要的输出逻辑和一定的电流，一般这种译码器通常称为 7 段译码显示驱动器。

本设计用的 CD4511 是用于驱动共阴 LED 显示器的 BCD-8421 码七段译码器。本设计中用了 4 个 CD4511，可分别显示 0.1～0.9 秒；00～59 秒；0～9 分计时。

（5）启动和停止电路单元

用集成与非门构成的基本 RS 触发器作为启动和停止秒表工作的电路。它的一路输出 $\overline{Q}$ 作为单稳态触发器的输入用以提供计数器的清零信号，另一路输出 Q 作为与非门 IC_1 的 4 脚输入控制信号用以提供计数器的计数脉冲信号。按一下启动按钮，Q=1，$\overline{Q}$=0，则计数器清零后便开始计时，如不需要计时或暂停计时，按一下停止按钮，Q=0，$\overline{Q}$=1，计时即停止。

电路图如图 2.4.8 所示。

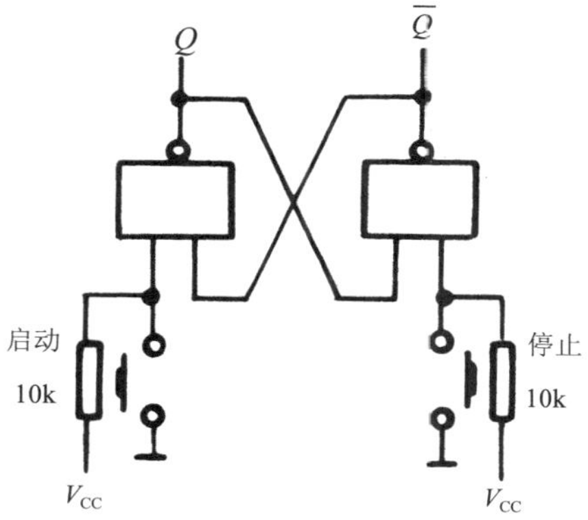

图 2.4.8　RS 触发器电路

（6）整形延时电路单元

将启动和停止电路 Q 端输出的不规则脉冲整形为具有一定幅度和一定宽度的脉冲，为计数器提供清零信号。按下以上 RS 触发器的启动键，当 Q 由 1 变为 0，送出负脉冲，启动单稳态触发器工作，在 B 点产生一暂稳态信号（正脉冲），提供给 74LS90/92 短暂清零。

本电路用微分型单稳态触发器实现。电路图和波形图如图 2.4.9 和图 2.4.10 所示。

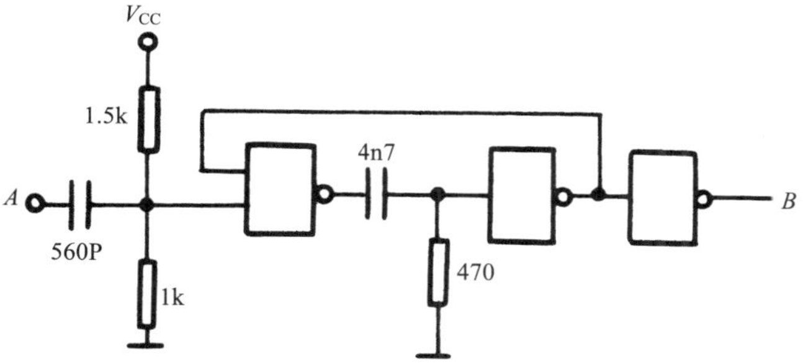

图 2.4.9　单稳态触发器电路图

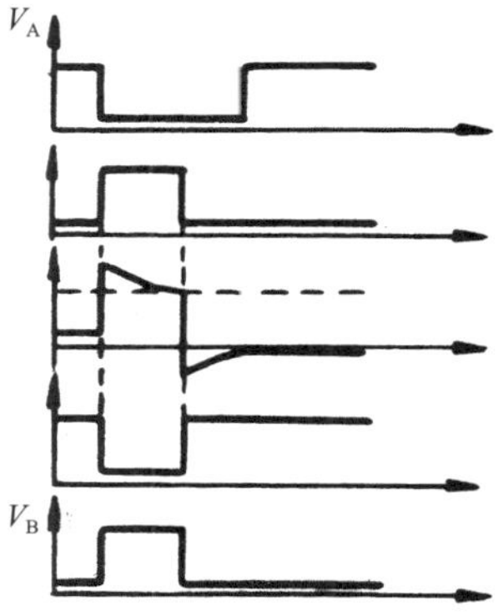

图 2.4.10　单稳态触发器波形

总电路图如图 2.4.11 所示。

按下停止按钮，则与非门 IC_{1-1} 输出 $\overline{Q}$=1，与非门 IC_{1-2} 输出 Q=0；松开停止按钮，Q、$\overline{Q}$ 状态保持不变。再按下启动按钮，则 Q 由 0 变为 1，与非门 IC_{1-3} 开启，为计数器启动做好准备。$\overline{Q}$ 由 1 变 0，送出负脉冲，启动单稳态触发器工作，通过非门加到计数器的清零端 R_0（1），为计数器提供清零信号。555 输出 50Hz 的矩形波信号送 IC_4 经五分频，在 IC_4 的

Q_D端取得周期为0.1s的矩形脉冲，作为计数器IC_5的时钟输入。IC_5、IC_6、IC_7、IC_8依次接成8421码十进制、六十进制、十进制计数器，其输出与译码显示单元的相应输入端连接，可显示0.1～0.9s、00～59s和0～9分计时。如不需要计时或暂停计时，按一下停止按钮，与非门IC_{1-3}关闭，计时立即停止，但数码管保留所计时之值。

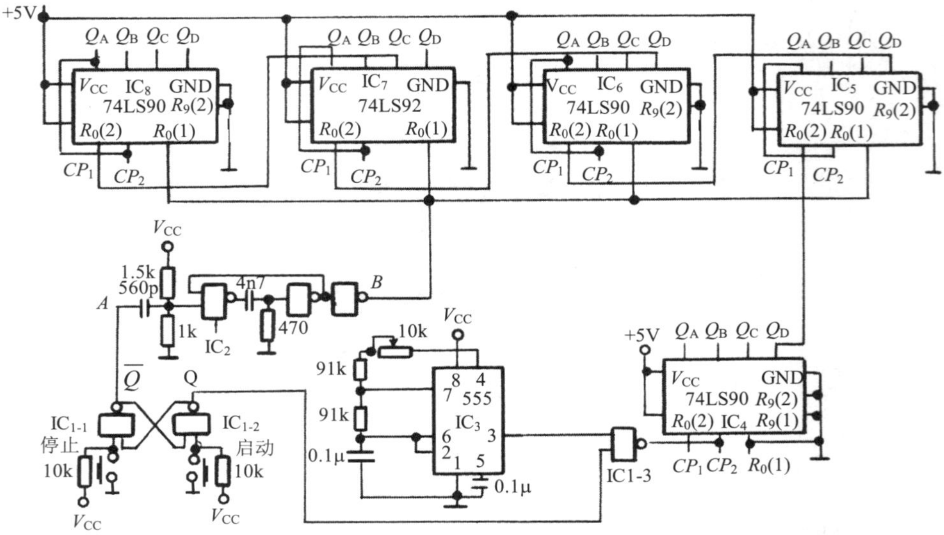

图2.4.11 电子秒表总电路图

五、实验任务及要求

实验时，应按照实验任务的次序，将各单元电路逐个进行接线和调试，即分别测试基本RS触发器、单稳态触发器、时钟发生器及计数器的逻辑功能，待各单元电路工作正常后，再将有关电路逐级连接起来进行测试……直到测试电子秒表整个电路的功能。

这样的测试方法有利于检查和排除故障，保证实验顺利进行。

实验任务：

1．计数器的测试。

（1）将IC_4接成五进制计数器。$R_O(1)$（即B点）接地，CKB接1Hz的TTL信号，输出Q_D～Q_B接实验板上译码显示输入端C、B、A，将译码显示电路LED的值记入表2.4.4中。

表2.4.4 五进制计数器实验电路测试表

时钟 CP	1	2	3	4	5	6
LED 显示值						

（2）将IC_5接成8421BCD码十进制计数器。CKA接1Hz的TTL信号，将译码显示电路LED的值记入表2.4.5中。

表2.4.5 十进制计数器实验电路测试表

时钟 CP	1	2	3	4	5	6	7	8	9	10	11
LED 显示值											

（3）设计实验电路将 IC_5、IC_6 接成二十进制计数器。画出实验电路连接图。*CKA* 接 1Hz 的 TTL 信号，将译码显示电路 LED 的值记入表 2.4.6 中。

表 2.4.6　二十进制计数器实验电路测试表

时钟 *CP*	1	2	3	4	5	6	7	…	…	15	16	17	18	19	20	21
LED 显示值																

（4）用 IC_7 构成六进制计数器，计数序列为 0，1，2，3，4，5。将 IC_7 先接成十二进制形式，*CKA* 接 1kHz TTL 信号，用示波器测试并观察其输出六进制(Q_C、Q_B、Q_A)的波形，记录 *CP* 和输出波形及其幅度和周期。

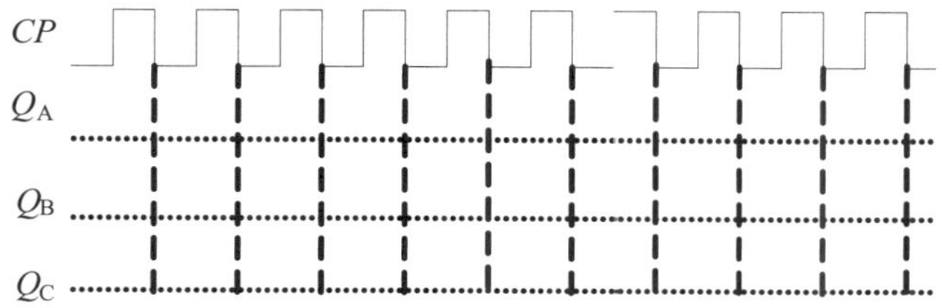

图 2.4.12　六进制计数器波形图

（5）将计数器 IC_6、IC_7 级联成六十进制计数器，*CKA* 接 1Hz 的 TTL 信号，将译码显示电路 LED 的值记入表 2.4.7 中。

表 2.4.7　六十进制计数器实验电路测试表

时钟 *CP*	1	2	…	…	31	32	…	…	41	42	…	…	51	52	…	…	59	60	61	62
LED 显示值																				

2．启动停止单元电路的测试。

分别按下 RS 触发器构成的启动停止控制单元的启动键和停止键，用示波器观测输出 Q 和 $\overline{Q}$，将 Q 和 $\overline{Q}$ 的值填入表 2.4.8 中。

表 2.4.8　启动停止控制单元电路功能测试表

输出 / 按键	Q 的值	$\overline{Q}$ 的值
启动		
停止		

3．单稳态触发器的测试。

输入端接 1kHz 连续脉冲，用示波器观察并画出 *A* 点、*B* 点的波形，记录输入输出波形的周期和输出正脉冲宽度。

4．时钟发生器的测试。

用示波器观察记录输出电压波形并测量其频率，调节 R_{W1}，观察 R_{W1} 对输出频率的影响。

5．电子秒表的整体测试。

各单元电路测试正常后，按总图把几个单元电路连接起来，进行电子秒表的总体测试。

先按一下停止按钮，此时电子秒表不工作，再按一下启动按钮，则计数器清零后便开始计时，观察数码管显示计数情况是否正常，如不需要计时或暂停计时，按一下停止按钮，计时立即停止，但数码管保留所计时之值。观察电子秒表工作是否正常。

6．电子秒表准确度的测试。

利用电子钟或手表的秒计时或用频率计对电子秒表进行校准。

六、实验中的常见故障及解决办法

现象 1：计数器有计数脉冲输入但不计数，始终显示 0。

解决办法：统一清零端即 B 点要接地，否则电路一直处于清零状态。

现象 2：按启动键后，计数器输出显示不清零即开始计数。

解决办法：可能单稳态触发器没有输出清零信号。检查相关电路连线。

现象 3：五进制计数器已开始工作，但 LED 始终显示 8 字形，不能显示 0～5。

解决方法：输入时钟频率太高，应改为 1Hz。

现象 4：六进制计数器输出显示不正确。

解决方法：计数器输出只看 Q_A，Q_B，Q_C。Q_D 不用接。

七、实验报告中的数据要求

1．用示波器双踪测试输入输出波形，并画出波形图时应标明参数。

2．根据实验结果分析各个电路的工作原理。

3．总结各个测试结果的结论，分析并总结实验中易发生的错误。

八、思考题

1．异步计数器 74LS90/92 有没有专门的进位信号输出端？两片 74LS90 级联时，高位片和低位片应如何连接？

2．实验电路中 RS 触发器的输出 Q 和 Q' 是如何控制秒表开始计数和停止计数的？

3．该电子秒表实验电路能实现暂停计数功能吗？如何实现？

2.4.2 设计性实验

一、设计要求

（1）实验任务：用异步计数器 74LS90/92 实现多种进制的异步计数器。

自行设计并画出实现以下各种进制的异步计数器的电路。输入时钟接 1Hz 的 TTL 信号，输出结果用发光二极管指示灯或译码显示电路 LED 显示，自拟表格观察记录其输出结果。

要求：只能用实验底板上的一片 74LS90/92 或两片 74LS90/92 实现电路。不能再用其他的逻辑门。

例如①二位二进制计数器

②十二进制计数器

③二十五进制计数器

④三十进制计数器

⑤五十进制计数器

⑥一百进制计数器等等

举例：用实验底板上的 IC_6 和 IC_5 构成 8421BCD 码二位二进制计数器，其中 IC_6 为高位，IC_5 为低位，要求用两位数码管显示结果，结果应为：00-01-10-11。将下图未连接的部分补充完整。

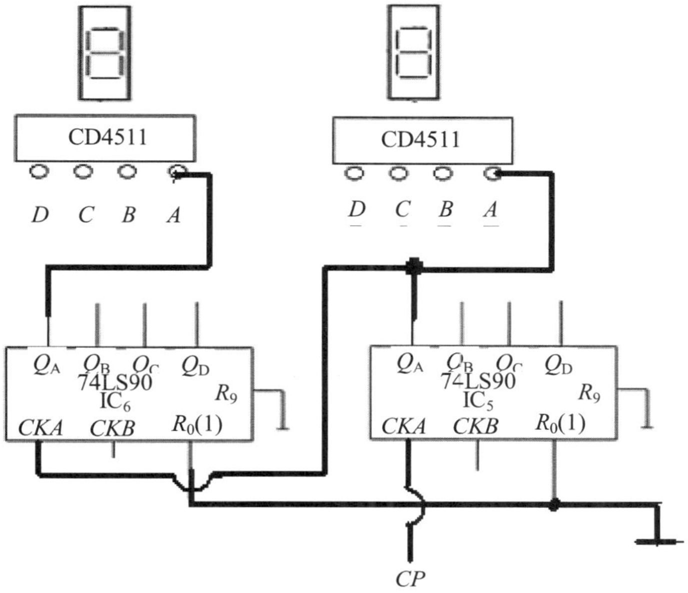

图 2.4.13　二位二进制计数器连接图

分析：连线如图 2.4.13 所示。要用两片 74LS90 在底板上实现二位二进制计数器，低位片显示 0～1，需一个二进制计数器，高位片显示 0～1，也需一个二进制计数器。计数时须将两片 90 的清零端接地。时钟 CP 从低位片 CKA 端加入，Q_A 计数到 1→0 时，驱动高位片开始计数。计数器输出要在 LED 上显示 0 或 1，只用接 CD4511 的 A 端。未用的高三位 D、C、B 应接地。但由于底板上 LED 输入悬空时即置为低电平，故 D、C、B 可不接。

（2）试用 CPLD/FPGA 实现电子秒表电路的设计。

（3）试用 Multisim 对电子秒表各功能模块进行仿真。

二、实验内容

（1）根据任务要求写出设计步骤，选定器件；

（2）根据所选器件画出电路图；

（3）写出实验步骤和测试方法，设计实验记录表格；

（4）进行安装、调试及测试，排除实验过程中的故障；

（5）分析、总结实验结果，得出实验结论。

附：实验底板电路图和实验底板实物图，如图 2.4.14、图 2.4.15 所示。

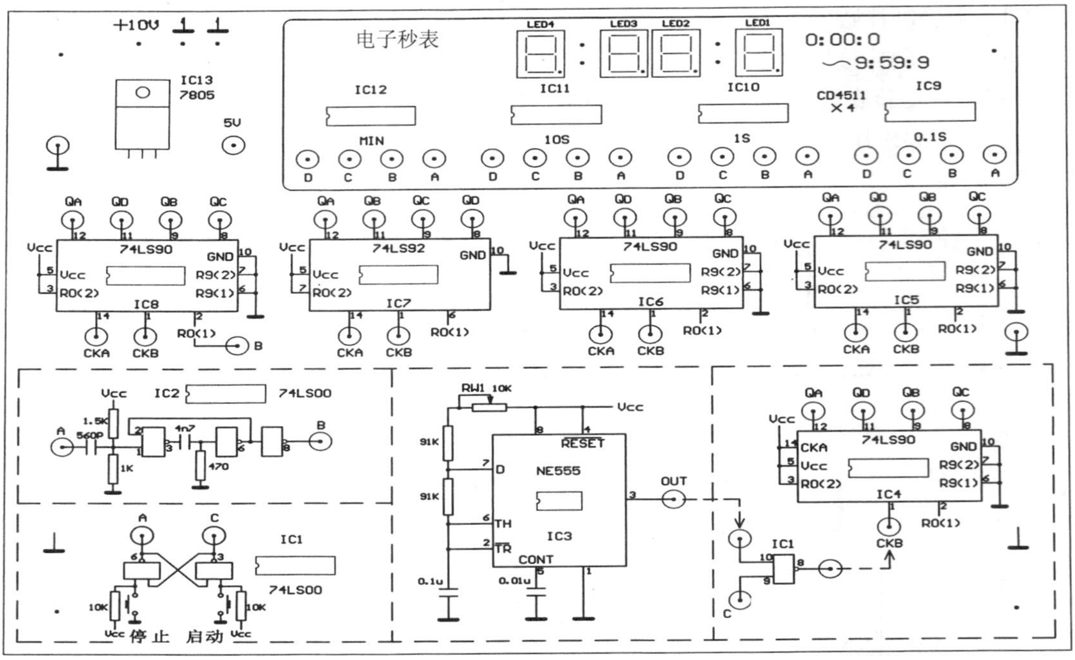

2.4.14　电子秒表实验底板电路图

注：此图中的 *CKA* 即原理图中的 CP_1，*CKB* 即原理图中的 CP_2。

图 2.4.15　电子秒表实验底

第 3 章　模拟电路综合实验

3.1　实验五　调幅与检波的研究

3.1.1　基础实验

一、实验目的

1．了解模拟乘法器 AD834 的特性。

2．学习应用 AD834 组成调幅电路和同步解调电路的原理和方法。

3．掌握普通调幅波（AM）、抑制载波双边带调幅（DSB）及其解调的性能特点和测试方法。

二、实验仪器与器材

1．双踪示波器一台

2．任意波形发生器一台

3．低频信号发生一台

4．底板一块

三、预习要求

1．熟悉模拟乘法器的基本功能。

2．掌握利用模拟乘法器实现调幅与检波的原理。

3．按实验任务要求设计测试表格。

4．回答预习思考题

（1）在本实验中，要改变调幅的模式可以通过调节哪个元器件实现？

（2）DSB 波与 m_a=100%的 AM 波在波形上有什么差别？

（3）若输出调幅波出现削顶或削底现象，应如何调节才能消除该失真？

四、实验原理

集成模拟乘法器是一种非线性函数运算电路，它是能在一定范围内完成两个互不相关的模拟信号线性相乘的集成电路。对于一个理想的相乘器，其输出电压 $V_0(t)$仅与两个输入的模拟瞬时信号 $V_x(t)$和 $V_y(t)$的乘积成正比，而不应该包含其他任何无关的分量，即

$$V_0(t)=K \cdot V_x(t) \cdot V_y(t) \qquad (3\text{-}1\text{-}1)$$

模拟乘法器的应用很广泛，除了能完成乘法、除法、乘方、开方和均方值等数学运算外，还能在通信和电视系统中完成振幅调制、混频、倍频、同步检波、鉴频、鉴相、自动增益控制等非线性功能。这些功能与采用普通的非线性器件构成的电路相比，不仅具有集成化带来的体积小、电路结构简单等优点，而且还具有一系列电性能方面的优点。

1．调幅。

调幅是用调制信号去控制高频振荡电压，使其振幅按调制信号的规律变化的过程。从频谱结构来看，它是一个对调制信号进行频谱搬移的过程。

设调制信号是一个角频率为Ω的单音频余弦信号电压[$V_\Omega(t)=V_{\Omega m}\cos\Omega t$]，用它去调制角频率为$\omega_c$的高频信号电压[$V_c(t)=V_{cm}\cos\omega_c t$]，则可以得到三种振幅调制信号电压：

普通调幅信号（AM）

$$V_s(t)=V_{sm}(1+m_a\cos\Omega t)\cos\omega_c t \tag{3-1-2}$$

抑制载波的双边带信号（DSB）

$$V_{DSB}(t)=KV_{\Omega m}V_{cm}\cos\Omega t\cdot\cos\omega_c t \tag{3-1-3}$$

单边带信号（SSB）（上边带）

$$V_{SSB}(t)=\frac{1}{2}KV_{\Omega m}V_{cm}\cos(\omega_c+\Omega)t \tag{3-1-4}$$

从上述三式中可以看出，这些调幅信号是由调制电压和高频等幅电压相乘的结果。因此，只需将调制信号电压和高频等幅电压送入乘法器的两个输入端相乘，就可以在输出端得到所需要的已调制信号电压。

（1）普通调幅（AM）

对于普通调幅，调制信号应附加直流电压，即

$$V_\Omega(t)=V_\Omega+V_{\Omega m}\cos\Omega t \tag{3-1-5}$$

高频的等幅信号电压为

$$V_c(t)=V_{cm}\cos\omega_c t \tag{3-1-6}$$

相乘后输出电压为

$$\begin{aligned}V_s(t)&=K\cdot V_\Omega(t)\cdot V_c(t)\\&=K\cdot(V_\Omega+V_{\Omega m}\cos\Omega t)\cdot V_{cm}\cos\omega_c t\\&=V_{sm}(1+m_a\cos\Omega t)\cos\omega_c t\\&=V_{sm}\cos\omega_c t+\frac{1}{2}m_aV_{sm}\cos(\omega_c+\Omega)t+\frac{1}{2}m_aV_{sm}\cos(\omega_c-\Omega)\end{aligned}$$

其中：$V_{sm}=KV_\Omega V_{cm}$为输出已调幅信号电压振幅，$m_a=\dfrac{V_{\Omega m}}{V_\Omega}$为调制系数

普通调幅波输出信号的波形和频谱如图 3.1.2 所示，由图 3.1.1 及图 3.1.2 可见，已调幅波包络的变化规律与$V_\Omega(t)$一致。

$$V_{smax}=V_{sm}(1+m_a)|_{\Omega t=0} \tag{3-1-7}$$

$$V_{smin}=V_{sm}(1-m_a)|_{\Omega t=\pi} \tag{3-1-8}$$

已调波的频谱为三根谱线，分别为

$$\omega_c(V_{sm}),\ (\omega_c+\Omega)(\frac{1}{2}m_aV_{sm})和(\omega_c-\Omega)(\frac{1}{2}m_aV_{sm})。 \tag{3-1-9}$$

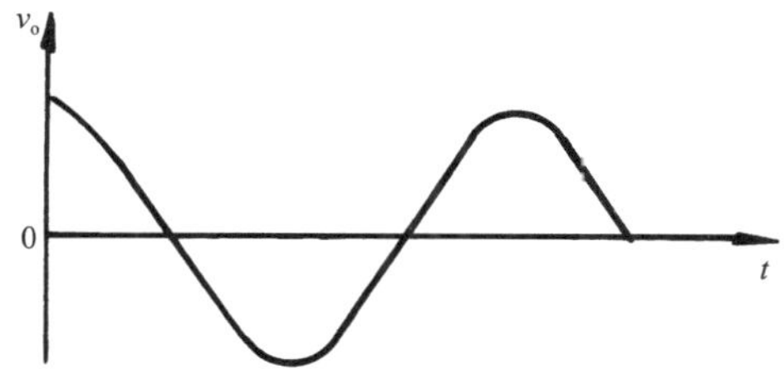

图 3.1.1　调制信号 $V_{\Omega}(t)$

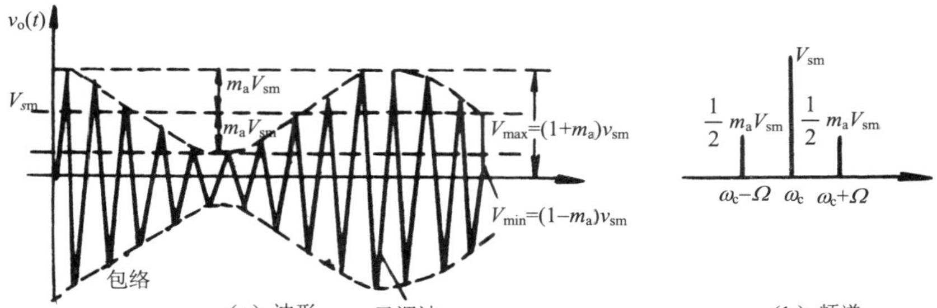

（a）波形　　　　（b）频谱

图 3.1.2　普通调幅波波形与频谱图

为实现普通调幅，在调制信号中应附加直流电压 V_{Ω}，在电路中是由 Y 通道馈通调节电路来实现，也就是可以调节电位器 W_1，使 Y_1、Y_2 端直流电位改变，当 Y_1、Y_2 端直流电位不等时，相当于在其输入端加入了一直流电压，这就是 V_{Ω}。

为使输出信号失真度小，可以滤除由乘法器非线性引起的高次谐波分量，即在输出端接入由 L、C 组成的中心频率为 ω_c，通频带 $B_{0.7}=2\Omega$的带通滤波器。

调制系数是高频已调波的一项重要参数。它可以用专用仪器测量，也可用示波器测量，如图 3.1.3 所示。

$$A=2V_{smax}=2V_{sm}(1+m_a)|_{\Omega t=0} \qquad (3\text{-}1\text{-}10)$$

$$B=2V_{smin}=2V_{sm}(1-m_a)|_{\Omega t=\pi} \qquad (3\text{-}1\text{-}11)$$

所以可以求得

$$m_a=\frac{A-B}{A+B}\times 100\% \qquad (3\text{-}1\text{-}12)$$

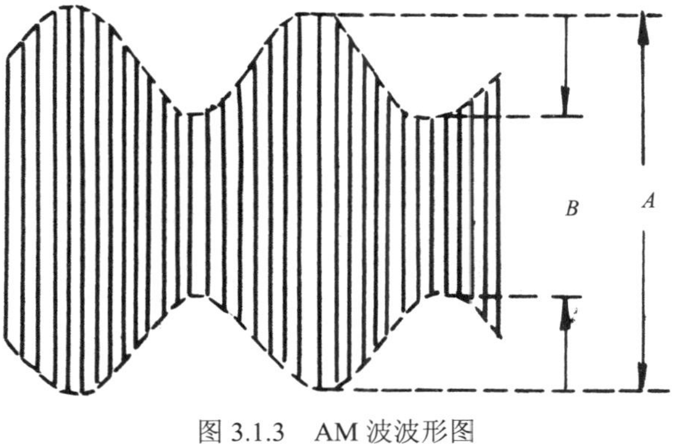

图 3.1.3　AM 波波形图

普通调幅器电路简单，但传送效率低，占用信道宽。

（2）平衡调幅——抑制载波双边带调幅（DSB）

所谓平衡调幅就是抑制载波双边带调幅，它与普通调幅的区别是输出波形中无载波分量，从而提高了传送效率。其电路与普通调幅毫无区别，仅仅是将调制电压中的直流分量V_Ω去除，调制后输出电压。

$$\begin{aligned}V_s(t)&=K\cdot V_\Omega(\mathrm{t})\cdot V_c(t)\\&=KV_{\Omega m}\cos\Omega tV_{cm}\cos\omega_c t\\&=\frac{1}{2}V_{sm}\cos(\omega_c+\Omega)\ t+\frac{1}{2}V_{sm}\cos(\omega_c-\Omega)\ t\end{aligned}\tag{3-1-13}$$

此时 $V_{sm}=KV_{\Omega m}V_{cm}$，由上式可见，在理想情况下，输出中无载波分量，也没有频率为Ω的调制电压分量，只有上下边频（$\omega_c+\Omega$）、（$\omega_c-\Omega$）分量电压存在。其输出波形和频谱如图3.1.4（b）所示。

由图 3.1.4（a）及图 3.1.4（b）可见，$V_0(t)$包络变化与普通调幅波不同，其正、负电压区的包络不能反映调制信号的变化规律，只有正、负合成包络——图 3.1.4（b）中实线，才与$V_\Omega(t)$的变化规律相同。而且$V_0(t)$从正极性过零而进入负极性时，高频载波的相位在$V_\Omega(t)=0$时突变 180°。

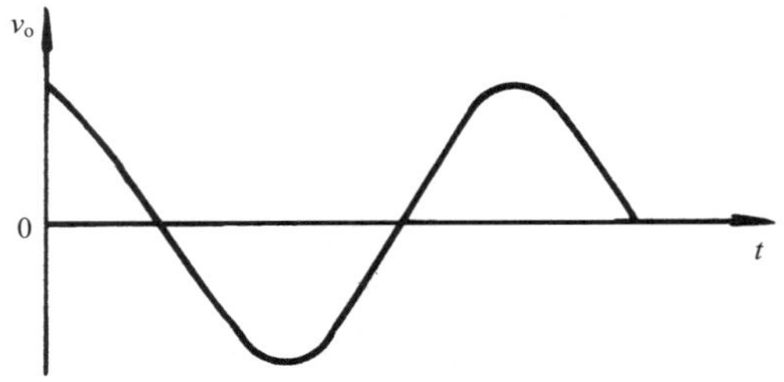

（a）调制信号 $V_\Omega(t)$

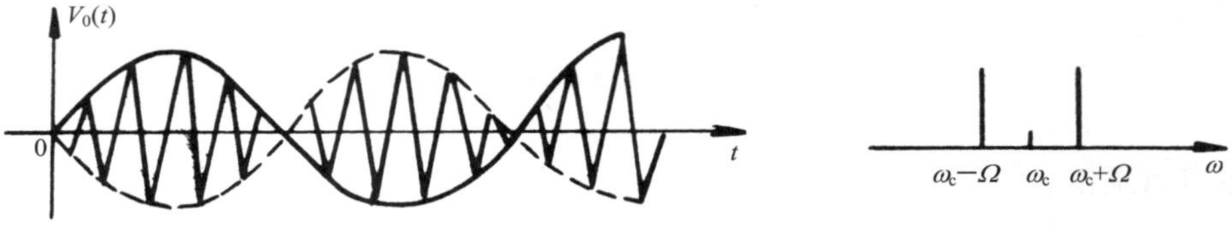

（b）抑制载波双边带调幅波及频谱图

图 3.1.4

（3）单边带调幅（SSB）

从抑制载波双边带调幅的频谱中可见，上下边带都能反映调制信号的频谱结构，即两个边带内均包含所需传送的信息，尽管下边带反映的是调制信号的倒置，但不影响信息的传输，因此可以将一个边带抑制掉。这种只传输一个边带的调制方式称为抑制载波的单边带调制。

单边带传输的优点是频带可以节省一半。在频率资源日益紧张的今天，推行 SSB 是势在必行。单边带传输的另一重要优点是节省发射功率。如果一个单边带发射机与普通调幅波发射机相比，当两者的末级管子相同且都充分利用时，单边带调制接收端的信噪比更高，或同样信噪比的条件下，单边带通信距离会增加。

单边带信号产生的方法有以下两种：

①滤波法

其电路实现的模型是从频域观点得到的。只需先产生抑制载波的双边带信号，再经过滤波器滤除一个边带，即可得到所需的单边带信号。这种方法在调制信号频率较低时，对滤波器的带外衰减特性要求很高，即要将相距较近的两个边带抑制掉一个，滤波器的滤波特性要很陡，实际实现时要经过多次乘法器运算和滤波，较为复杂。为解决这一问题可用移相法。

②移相法

移相法它的电路模型来自于时域。

单边带调制的信号可以表示为

上边带 $KV_{\Omega m}V_{cm}\cos(\omega_c+\Omega)t$

$$=KV_{\Omega m}V_{cm}\cos\Omega t\cos\omega_c t-KV_{\Omega m}V_{cm}\sin\Omega t\sin\omega_c t \quad (3\text{-}1\text{-}14)$$

下边带 $KV_{\Omega m}V_{cm}\cos(\omega_c-\Omega)t$

$$=KV_{\Omega m}V_{cm}\cos\Omega t\cos\omega_c t+KV_{\Omega m}V_{cm}\sin\Omega t\sin\omega_c t \quad (3\text{-}1\text{-}15)$$

由上式可知，单边带信号可以看成是由两个双边带信号 $V_{\Omega m}V_{cm}\cos\Omega t\cos\omega_c t$ 和 $V_{\Omega m}V_{cm}\sin\Omega t\sin\omega_c t$ 相加或相减的结果。其中前者可以看成是由载波和调制信号直接相乘得到的，后者则可以看成是将同一载波和调制信号各自相移 90°后相乘得到的。其实现框图如图 3.1.5 所示。

以上方法避免了实现高矩形系数的困难，但是，它仅适用于当调制信号为单音频信号时。若调制信号包含丰富的频率分量 $f(t)$，而且 F_{max}/F_{min} 很大，则在很宽的频率范围内实现移相 90°也很困难，为了克服这一缺点，可采用修正移相法。

用乘法器实现调幅与用普通非线性器件实现调幅相比，其优点是输出信号的频谱较干净，大大降低了对滤波器性能的要求。其次，在调制电压 $V_{\Omega m}$ 一定，实现普通调幅功能时，调制度可由外加直流电压来改变，易于实现 100%的调制，而且调制线性好。

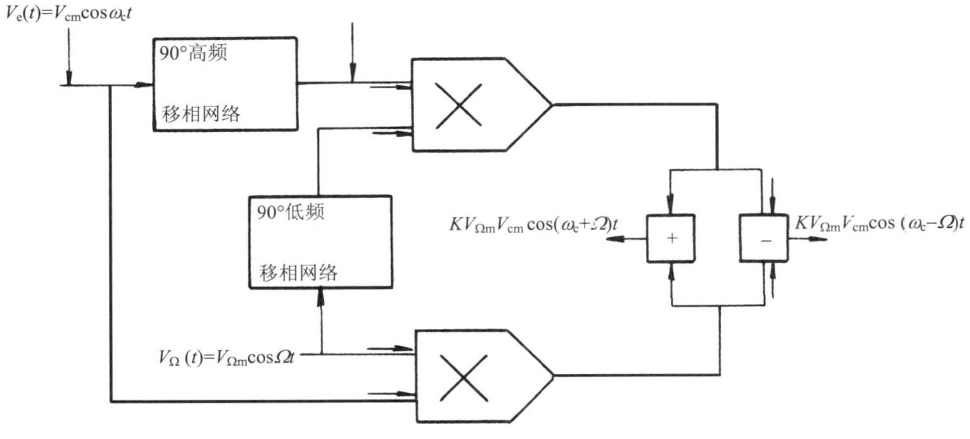

图 3.1.5 移相法单边带调制原理框图

2．同步解调（同步检波）。

同步检波是指作用在检波器上的两个高频信号（已调波和本地载波），不但频率相同，而且相位基本相同，也就是说两个高频信号是完全同步的。它不仅可以解调 AM 信号，而且可以解调 DSB 和 SSB 信号。其基本思想就是利用本地高频载波与已调波进行同步相乘。

（1）普通调幅波（AM）的解调

解调原理：设单音频信号已调幅波（AM 波）为

$$V_s(t)=V_{sm}(1+m_a\cos\Omega t)\cos\omega_c t \tag{3-1-16}$$

本地载波电压（同频同相）为

$$V'_c(t)=V'_{cm}\cos\omega_c t \tag{3-1-17}$$

相乘后，输出电压为

$$\begin{aligned}V'_o(t)&=K\,V_s(t)\,V'_c(t)\\&=K\,V_{sm}V'_{cm}(1+m_a\cos\Omega t)\cos^2\omega_c t\\&=K\,V_{sm}V'_{cm}(1+m_a\cos\Omega t)\left(\frac{1}{2}+\frac{1}{2}\cos2\omega_c t\right)\\&=\frac{1}{2}K\,V_{sm}V'_{cm}+\frac{1}{2}K\,V_{sm}V'_{cm}\,m_a\cos\Omega t+\frac{1}{2}K\,V_{sm}V'_{cm}\cos2\omega_c t\\&\quad+\frac{1}{4}K\,V_{sm}V'_{cm}\,m_a\cos(2\omega_c+\Omega)t+\frac{1}{4}K\,V_{sm}V'_{cm}\,m_a\cos(2\omega_c-\Omega)t\end{aligned} \tag{3-1-18}$$

由式可见：

（A）经低通滤波器后滤除高频分量（2 次谐波）后即得原调制信号

$$\begin{aligned}V_o(t)&=\frac{1}{2}KV_{sm}V'_{cm}\,m_a\cos\Omega t\\&=V_{om}\cos\Omega t\end{aligned} \tag{3-1-19}$$

（B）$V_{om}=\frac{1}{2}KV_{sm}V'_{cm}$ 为线性关系，这表明电路可实现线性检波，即使 V_{sm} 小到几十毫伏也不会产生包络失真，因此大大降低了对前级放大器的要求。

（C）上式中可见无载波分量存在，这就从根本上消除了对前级放大器的寄生反馈，从而保证了前级工作的稳定性和频响特性曲线的正确形状，所以该解调电路被广泛应用。

实际应用中，本地载波只能从已调制波中提取，对于 AM 波而言比较容易实现，即只要将已调幅波加以限幅后，就可得到近似正弦波，为保证同频和同相，还必须附带一移相网络，使限幅后的载波能与已调波完全同频、同相。

理论分析可知，当乘法器输入端所加入的两个高频信号同频不同相时，输出的调制信号幅度将减小；若同相而不同频，则输出波形失真而且幅度很小；若既不同频也不同相，则失去检波功能，无输出。

（2）抑制载波双边带调幅（DSB）波的解调

因为 DSB 波中不含载波分量，故不能从高频已调波中提取产生本地载波信号，为实现解调，必须采用专用的振荡器来产生一个与发射端被抑制掉的高频载波完全同频同相稳定的高频信号。在现代技术中，为保证同频同相且稳定，多采用晶体振荡器加锁相环技术（PLL）以实现载波恢复，完成不失真的正确解调。

设已调制信号为

$$V_s(t)=V_{sm}\cos\Omega t\cos\omega_c t \tag{3-1-20}$$

本地载波为 $V_c'(t)=V_{cm}'\cos\omega_c t$

经乘法器后，输出电压为

$$V_o'(t)=K V_{sm}V_{cm}' \cos\Omega t\cos^2\omega_c t$$
$$=\frac{1}{2}K V_{sm}V'_{cm}m_a\cos\Omega t+\frac{1}{4}K V_{sm}V'_{cm}m_a\cos(2\omega_c+\Omega)t+\frac{1}{4}K V_{sm}V'_{cm}m_a\cos(2\omega_c-\Omega)t \tag{3-1-21}$$

经低通滤波器后，滤除高频分量，即为与原调制信号频率相同。

$$V_o(t)=\frac{1}{2}K V_{sm}V'_{cm}\cos\Omega t$$
$$=V_{om}\cos\Omega t \tag{3-1-22}$$

由上式可见，V_{om} 正比于 V'_{cm}，所以本地载波振幅大则使输出 V_{om} 大，即检波增益大。因此，可适当加大 V'_{cm} 的值。

（3）单变带调幅（SSB）波解调

设单变带调幅信号为 $V_s(t)=V_{sm}\cos(\omega_c+\Omega)t$ （3-1-23）

本地载波信号为 $V'_c(t)=V'_{cm}\cos\omega_c t$ （3-1-24）

则相乘后的输出电压为

$$V'_o(t)=KV_{sm}V'_{cm}\cos(\omega_c+\Omega)t\cos\omega_c t$$
$$=\frac{1}{2}KV_{sm}V'_{cm}\cos\Omega t+\frac{1}{2}KV_{sm}V'_{cm}\cos\Omega t\cos2\omega_c t-\frac{1}{2}KV_{sm}V'_{cm}\sin\Omega t\sin2\omega_c t \tag{3-1-25}$$

经低通滤波器后，可得

$$V_o(t)=\frac{1}{2}KV_{sm}V'_{cm}\cos\Omega t=V_{om}\cos\Omega t \tag{3-1-26}$$

因为 V_{om} 正比于 V'_{cm}，载波振幅大则使输出 V_{om} 大，SSB 波的振幅即使很小，也能获得极好的线性检波。

用模拟乘法器实现的同步检波电路工作频率较宽，而且不需要变压器耦合的调谐回路，所以得到广泛的应用。

（4）电压传输系数 K_d

电压传输系数是用来说明检波器对高频信号的解调能力的参数，如图 3.1.6 所示。

对 AM 波
$$K_d=\frac{V_{opp}}{\frac{A-B}{2}}=\frac{D_1}{\frac{A-B}{2}} \tag{3-1-27}$$

对 DSB 波
$$K_d=\frac{V_{opp}}{V_{spp}}=\frac{D_2}{C} \tag{3-1-28}$$

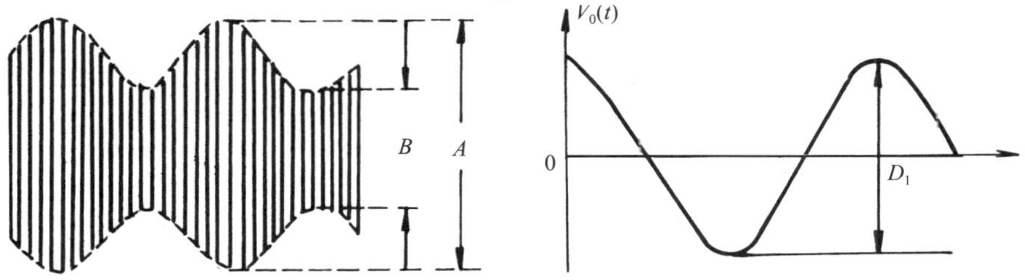

AM 波波形图　　　　AM 波检波输出

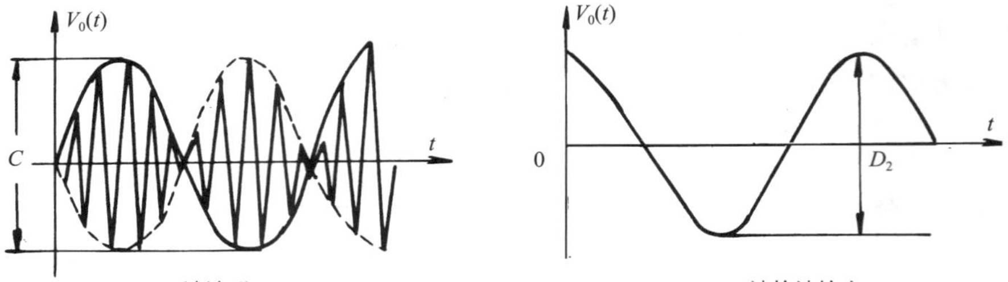

图 3.1.6 AM 波、DSB 波及对应检波输出

3．模拟乘法器 AD834 简介。

本实验中所用模拟乘法器为 AD834。

（1）主要特性。AD834 是目前速度最快的四象限模拟乘法器芯片之一。它将所有电路集成于一块芯片之中，使得 AD834 具有极高的速度。这一优点使得 AD834 可以工作于 UHF 波段，广泛地应用于混频、倍频、乘(除)法器、脉冲调制、功率控制、功率测试、视频开关等领域。AD834 获得很高的速度，并不以牺牲精确度为代价。在乘法器工作模式中，其总的满幅度误差为 0.5%。

AD834 具有极低的信号失真（输入端信号失真小于–60dB）、信号馈通（20MHz 时的典型值为–65dB）和相位误差（5MHz 时的典型值为 0.08°）；AD834 模拟乘法器芯片有 8 引脚的 DIP 塑料封装、SOIC 封装、陶瓷封装等多种封装形式，可以满足不同应用的需求。

（2）AD834 工作原理。AD834 的结构框图如图 3.1.7 所示。AD834 的输入为差分电压输入；而输出为集电极开路的差分电流输出。为了获得相对于地的单端电压输出，必须在其外部增加电流-电压变换电路。具体可以采用变压器、传输线变压器或者动态电路，如集成运算放大器等。

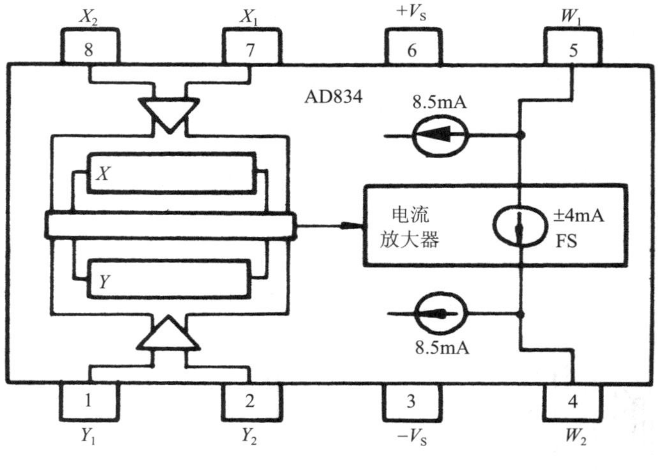

图 3.1.7 AD834 结构框图

在 X 和 Y 端口输入的电压，经过高速电压-电流变换器变换为差分电流信号。两个电流信号再分别通过 X 失真校正和 Y 失真校正，进入乘法器的核单元，实现信号的相乘。该乘积信号通过电流放大器得到放大后，以集电极开路的差分电流形式输出，即

输入端的电压为 $X = X_1 - X_2$，$Y = Y_1 - Y_2$

输入端和输出端之间的传输函数为

$$W = \frac{XY}{(1\text{V})^2} \cdot 4\text{mA} \tag{3-1-29}$$

如果输入信号单位为伏特，则该传输函数也可以简化为

$$W = XY \cdot 4\text{mA} \tag{3-1-30}$$

（3）芯片各引脚功能说明。AD834 芯片的引脚分布如图 3.1.7 所示。该芯片总共有 8 根引脚：

引脚 1、2 为信号 Y 的差分输入脚，满幅度输入为±1V；

引脚 3、6 为电源供电引脚，输入电压为±4～±9V，典型值为±5V；

引脚 4、5 为信号 W 的差分输出脚，满幅度输出为±4mA；

引脚 7、8 为信号 X 的差分输入脚，满幅度输入为±1V。

（4）应用考虑。

a．输入端连接。尽管 AD834 的输入电阻较高(20kΩ)，但输入端仍有 45μA 的偏置电流。当输入采用单端方式时，假如信号源的内阻为 50Ω，就会在输入端产生 1.125mV 的失调电压。为消除该失调电压，可在另一输入端到地之间接一个与信号源内阻等值的电阻，或加一个大小、极性可调的直流电压，以使差分输入端的静态电压相等；此外，在单端输入方式下，最好使用远离输出端的 X_2、Y_1 作为输入端，以减小输入直接耦合到输出的直通分量。

注意：当输入差分电压超过 AD834 的限幅电平(±1.3V)时，系统将会出现较大的失真。

b．输出端连接。采用差分输出，可有效地抑制输入直接耦合到输出的直通分量。差分输出端的耦合方式，可用 RC 耦合到下一级运算放大器，进而转换为单端输出，也可用初级带中心抽头的变压器将差分信号转换为单端输出。

c．电源的连接。AD834 的电源电压允许范围为±4V～±9V，一般采用±5V。要求 V_{W1} 和 V_{W2} 的静态电压略高于引脚$+V_S$上的电压，也就是$+V_S$引脚上的去耦电阻 R_S 应大于 W_1 和 W_2 上的集电极负载电阻 R_{W1}、R_{W2}。引脚$-V_S$到负电源之间应串接一个小电阻，以消除引脚电感以及去耦电容可能产生的寄生振荡；较大的电阻对抑制寄生振荡有利，但也会使 V_{W1} 和 V_{W2} 的静态工作电压降低；该电阻也可用高频电感来代替。

4．实验电路。

普通调幅的电路如图 3.1.8 所示。图 3.1.8 中载波由 X_2 端输入，调制信号由 Y_1 端输入，X_1、Y_2 端为交流地电位。外接电位器 W_1 组成 Y 通道馈通调节电路。调节 W_1 可改变 Y_1、Y_2 的直流电位实现 AM 波或 DSB 波。模拟乘法器 AD834 输出端经 LC 双端变单端送入 T_1 放大输出。

注意：无论是交流馈通还是谐波失真，Y 端的指标都要优于 X 端。所以将调制信号接在性能比较好的 Y 端，而将载波信号接在 X 端。

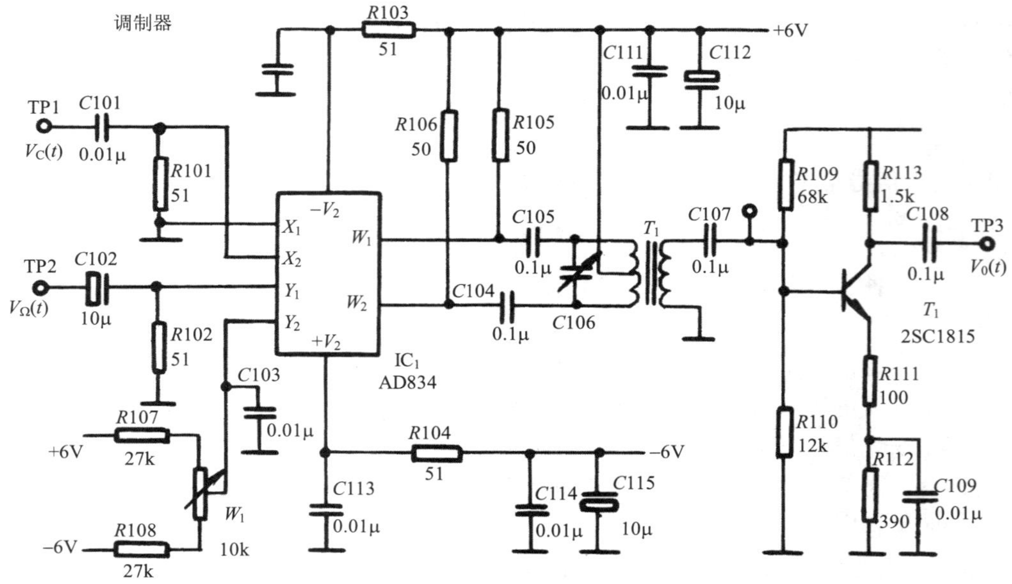

图 3.1.8　模拟乘法器调幅电路

模拟乘法器 AD834 组成的同步检波电路如图 3.1.9 所示。

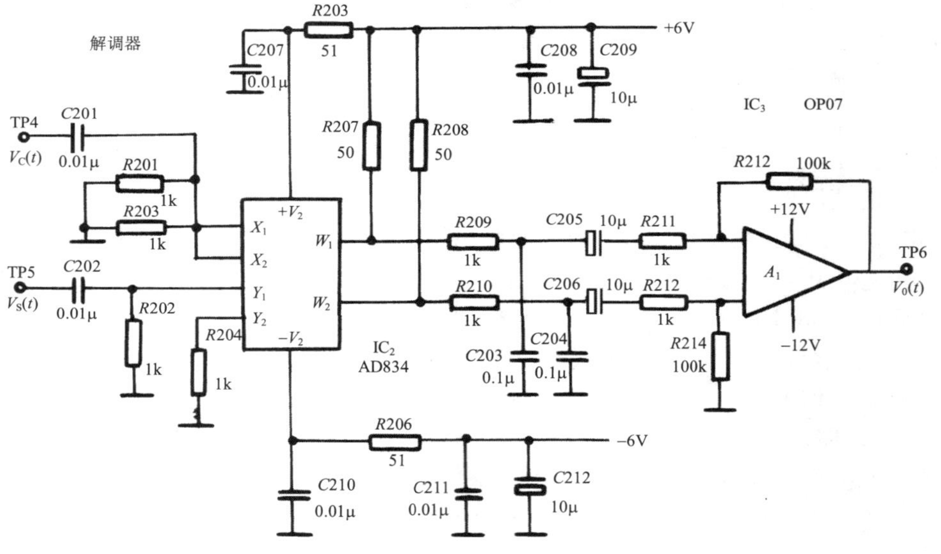

图 3.1.9　同步检波电路

它不仅可以对 AM 波进行检波，也可以对 DSB 波进行检波。由图 3.1.9 可见，已调波经隔直电容后加入 Y_1 端，与已调波同频同相的本地载波经隔直电容加入 X_2 端。输出端外接 1kΩ 电阻及 0.1μF 构成低通滤波器，以滤除信号中的高频分量。再经 A_1 组成的双端变单端电路放大输出。

五、实验任务及要求

实验任务：

1．静态测试

测试各引脚对地直流电压，根据电路工作原理判断集成块是否正常工作。如不正常，排除故障。

2．动态测试

（1）普通调幅（AM）波的调制与解调

1）调制：从 TP1 输入载波 $V_c(t)$（V_{cpp}=2V，f_C=3MHz）

从 TP2 输入调制信号 $V_\Omega(t)$（f_Ω=1kH$_Z$）

调节电位器 W_1 使输出为 AM 波或 DSB 波，调节示波器使输出波形稳定，观测两波形转换过程。

调节 W_1 和 $V_{\Omega m}$ 大小，用示波器观察输出的 AM 波，注意波形不能失真。然后保持 V_Ω 不变（即不再调节 W_1），调节低频信号源输出幅度使 AM 波 m_a=100%，记录该 AM 波波形并测出此时 TP2 输入的调制信号幅度 $V_{\Omega m}$。再调节低频信号源的输出幅度使 AM 波 m_a=50%，记录该 AM 波波形并测出此时 TP2 的调制信号幅度 $V_{\Omega m}$。根据所测数据绘制调制特性曲线（m_a～$V_{\Omega m}$ 关系曲线）。

2）解调：TP4 输入本地载波 $V_c(t)$ f_C=3MHz

TP5 输入已调波 $V_s(t)$

观测并记录 m_a=50%时的检波输出 $V_o(t)$，计算检波电压传输系数 K_d。

（2）抑制载波双边带调幅（DSB）波的调制与解调

1）调制：从 TP1 输入载波 $V_c(t)$（V_{cpp}=2V，f_C=3MHz）

从 TP2 输入调制信号 $V_\Omega(t)$（f_Ω=1kHz）

调节电位器 W_1 使输出为 DSB 波，调节低频信号源输出幅度观察 DSB 波的变化，当 DSB 波幅度最大且不失真时记录 DSB 波波形。

2）解调：TP4 输入本地载波 $V_c(t)$ f_C=3MHz

TP5 输入已调波 $V_s(t)$

观测并记录检波输出 $V_o(t)$，计算检波电压传输系数 K_d。

六、实验中的常见故障及解决办法

现象 1：无调幅波输出。

解决办法：请依次做如下检查。

（1）检查±12V 电源是否连接正确；

（2）检查 TP1、TP2 输入信号是否符合要求；

（3）检查示波器测试参数的设置是否正确。

现象 2：无检波输出。

解决办法：请依次做如下检查。

（1）检查±12V 电源是否连接正确；

（2）检查 TP4、TP5 输入信号是否符合要求；

（3）检查示波器测试参数的设置是否正确。

七、实验报告中的数据要求

1．绘出调制特性曲线，计算检波电压传输系数，并得出相应的结论。

2．根据测试的 AM 波和 DSB 波比较其异同。

3．讨论电位器 W_1 的作用。

八、思考题

1．若用双踪示波器观测调制信号和已调波，应用其中的哪一个信号做触发源？如果波形不稳定还应该如何调节？

2．在同步检波器中，若所加本地载波信号和已调幅波载波同频不同相或同相不同频，对检波器输出有何影响？

3.1.2 设计性实验

一、设计要求

利用二极管及其他辅助器件实现 AM 信号的产生和解调。

要求：合理选择器件，避免产生惰性失真和底部切削失真。

二、实验内容

（1）根据任务要求写出设计步骤，选定器件；

（2）根据所选器件画出电路图；

（3）写出实验步骤和测试方法，设计实验记录表格；

（4）进行安装、调试及测试，排除实验过程中的故障；

（5）分析、总结实验结果。

三、参考方案

1．二极管 AM 调制原理图如图 3.1.10 所示。

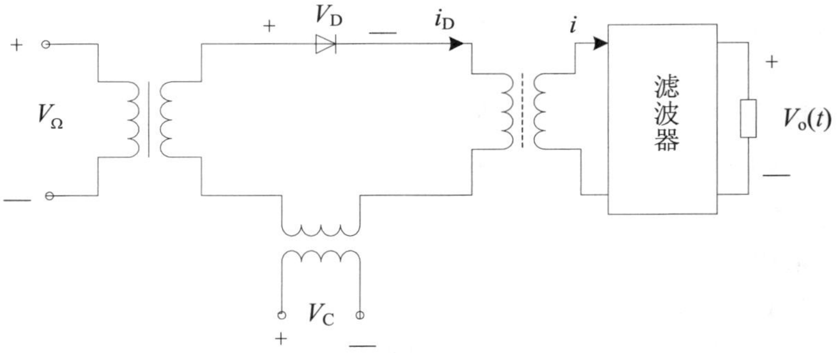

图 3.1.10 单二极管调制电路

2．二极管 AM 解调原理图如图 3.1.11 所示。

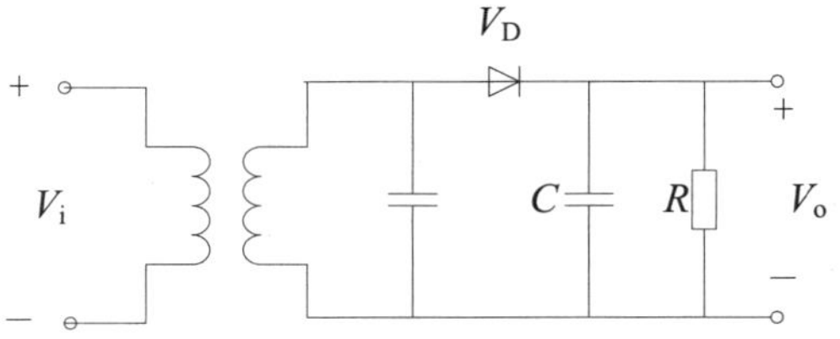

图 3.1.11 二极管 AM 解调原理图

附：实验底板实物，如图 3.1.12 所示。

图 3.1.12　调幅与检波实验板

3.2 实验六 混频与倍频的研究

3.2.1 基础实验

一、实验目的

1．学习用集成模拟乘法器 AD834 实现混频和倍频的原理。

2．了解乘积混频器和倍频器的电路特点和性能特点。

二、实验仪器与器材

1．双踪示波器一台

2．任意波形发生器一台

3．低频信号发生一台

4．底板一块

三、预习要求

1．熟悉模拟乘法器的基本功能。

2．掌握利用模拟乘法器实现混频与倍频的原理。

3．按实验任务要求设计测试表格。

4．回答预习思考题

（1）混频时，若电路的连接方式为 G 接 D，当本振和 TP8 的差频为 1MHz 时，此时输出波形为什么情况？

（2）倍频时，若输出波形失真应如何调节？

四、实验原理

1．混频

混频，又称变频，是一种频谱的线性搬移过程。完成这一功能的电路称为混频器，它是通信技术和测量技术中的重要功能电路。

在无线电技术中，常常需要将信号由一个频率变换成另一个频率，从而满足无线电设备的需要，并有利于提高设备的性能。例如，在超外差广播接收机中，通过混频器把接收到的高频信号变换成 465kHz 的固定中频。在较低的固定频率下进行放大，带宽可以做窄，增益也可做得比较高，从而有利于提高接收机的整体灵敏度。此外，对于较低的固定频率，选择回路可以采用双回路和集中选择滤波器，使得选择曲线接近理想矩形，有利于提高接收机的邻道选择性。而且，通过混频使接收机的高放级、中放级的工作频率各不相同，电路不容易产生自激，放大器的工作稳定性得以提高。

混频器的用途十分广泛，除应用于各类超外差接收机外，还广泛应用于频率合成器、多路微波通信及各种测量仪器中。

混频是利用频率为 f_L 的本机振荡信号将高频信号（频率为 f_S 的正弦波或载频为 f_S 的已调波）变换为中频信号（频率为 f_I 的正弦波或载频为 f_I 的已调波）的一种频谱搬移的过程。完成它只需将频率为 f_L 和 f_S 的两个高频信号直接相乘，从而得到两个高频信号电压的和频分量和差频分量，然后，在乘法器的输出端配接一个谐振在所需中频的带通滤波器，即可实现混频目的。其关系如下：

$$f_I=f_L+f_S \tag{3-2-1}$$

或

$$\begin{cases} f_I=f_L-f_S，当 f_L>f_S 时 \\ f_I=f_S-f_L，当 f_L<f_S 时 \end{cases} \tag{3-2-2}$$

图 3.2.1 为混频的电路原理图和频谱图，图 3.2.1 中 $f_L>f_S$。由图 3.2.1 可见，f_L+f_S 或 f_L-f_S 中都携带有原有的信息，只是输出中频频率不同。取和频的混频称为上混频，取差频的混频称为下混频。在一般的广播和通信中，多采用下混频，上混频多用于频率合成中。

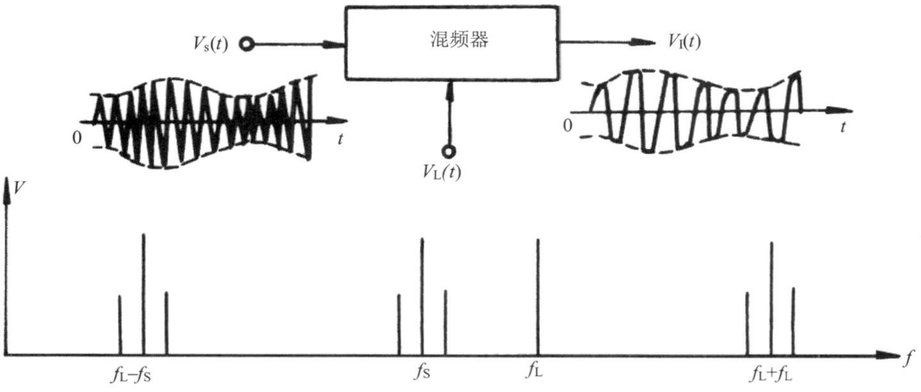

图 3.2.1　混频功能示意图及频谱图

混频器是频率变换电路，在频域中起加法器和减法器的作用。调幅与解调也频率变换电路，在频域中也起加法器和减法器的作用。同属频谱的线性搬移。由于频谱搬移位置的不同，其功能也就完全不同。这三种电路都是六端网络，两个输入、一个输出，可以用同样形式的电路完成不同的频谱搬移功能。从实现电路看，输入、输出信号不同，因而对输入、输出回路的要求也不一样。调幅电路的输入信号是载波 $V_c(t)$、调制信号 $V_\Omega(t)$，输出为振幅受调制的已调信号，其中，输入信号为一个高频信号、一个低频信号，输出为高频信号；解调电路的输入信号是已调信号 $V_s(t)$、本地载波 $V'_c(t)$，输出为解调恢复的调制信号，其中，输入信号为两个高频信号，输出为低频信号。混频电路的输入信号是已调信号 $V_s(t)$、本地振荡信号 $V_L(t)$，输出是中频信号，其输入输出信号频率均较高。从频谱搬移上看，调制是将低频调制信号的频谱线性的搬移到载频的两侧；解调是将已调信号中所含低频信息的频谱从载频线性搬移到低频；混频是将位于载频的已调信号频谱线性的搬移到中频处。这三种电路的频谱搬移过程如图 3.2.2 所示。

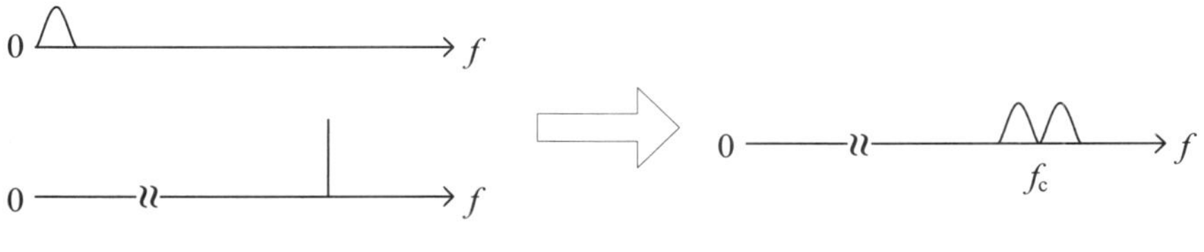

（a）调制

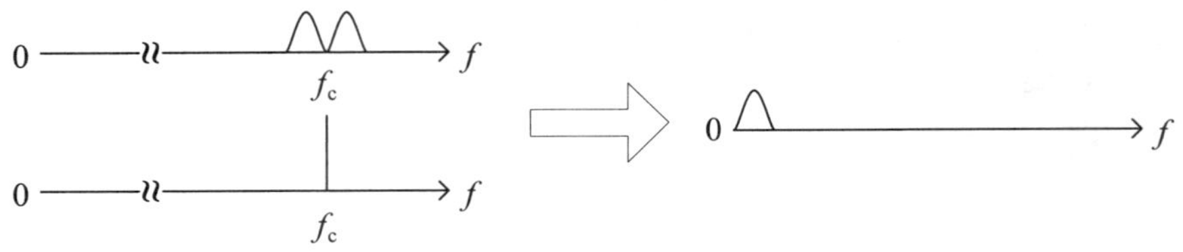

（b）解调

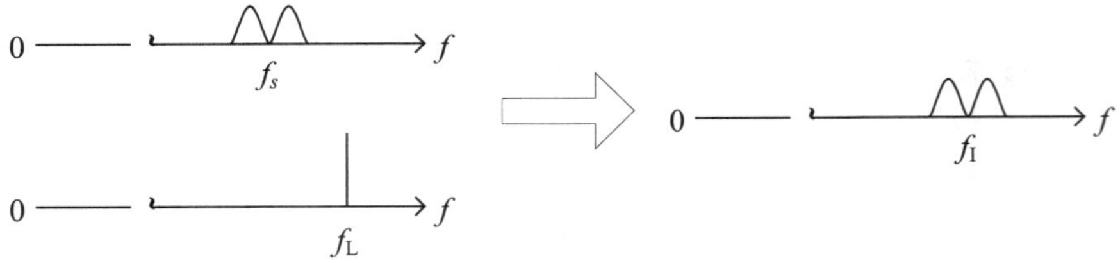

（c）混频

图 3.2.2　三种电路的频谱搬移过程

混频器的主要性能指标有：

（1）变频增益

变频电压增益定义为变频器中频输出电压振幅 V_I 与高频输入信号电压振幅 V_s 之比，即

$$A_{Vc}=\frac{V_{Im}}{V_{sm}} \tag{3-2-3}$$

同样可定义变频功率增益为输出中频信号功率 P_I 与输入高频信号功率 P_s 之比，即

$$K_{pc}=\frac{P_I}{P_S} \tag{3-2-4}$$

通常用分贝数表示变频增益，有

$$A_{Vc}(dB)=20\lg\frac{V_{Im}}{V_{sm}}(dB) \qquad K_{pc}(dB)=10\lg\frac{P_I}{P_S}(dB) \tag{3-2-5}$$

（2）噪声系数 F_n

$$F_n=\frac{P_c/P_{ni}}{P_I/P_{n0}}=\frac{输入端高频信号/噪声功率比}{输出端中频信号/噪声功率比} \tag{3-2-6}$$

因为混频器常作为超外差接收系统的前级，对接收机整机的噪声系数影响大。所以希望混频级的 F_n 越小越好。

（3）失真和干扰

变频器的失真有频率失真和非线性失真。除此之外，还会产生各种非线性干扰，如组合频率、交叉调制和互相调制等干扰。所以，对混频器不仅要求频率特性好，而且还要求变频器工作在非线性不太严重的区域，使之既能完成频率变换，又能抑制各种干扰。

（4）变频压缩

在混频器中，输出与输入信号幅度应呈线性关系。由于非线性期间的限制，当输入信号增加到一定程度时，中频输出信号的幅度与输入信号幅度不再呈线性关系，如图 3.2.3 所示。图中，虚线为理想混频时的关系曲线，实线为实际曲线。这一现象称为变频压缩。通常用实际输出电平低于理想电平一定值（1dB）的输入电平的大小来表示它的压缩性能的好坏。此电平称为混频器的 1dB 压缩电平。此电平越高，混频器的性能越好。

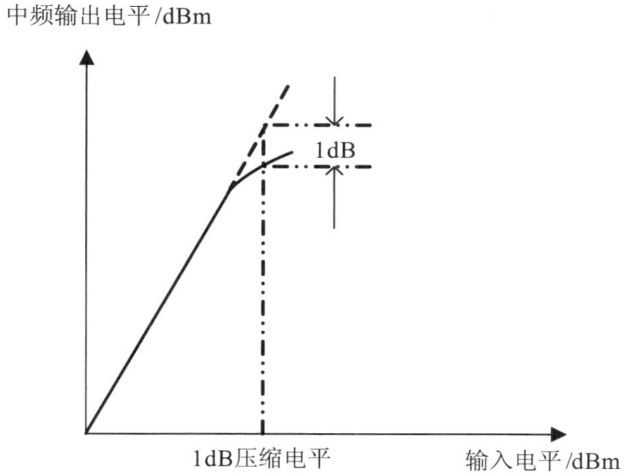

图 3.2.3 混频输入与输出电平关系图

（5）选择性

在混频器中，由于各种原因总会混入很多与中频频率接近的干扰信号，为了抑制不需要的干扰，要求中频输出回路具有良好的选择性，矩形系数趋近于 1。

从实质上讲，混频和调幅是类似的，其区别是混频的输入信号一个为本振电压 $V_L(t)$，另一个为高频信号 $V_S(t)$；输出滤波器的中心频率为 $f_L \pm f_S$。因此，用前面介绍的调幅电路，改换输入信号和输出滤波器的中心频率，即可完成混频功能。设 $V_L(t)=V_{Lm}\cos\omega_L t$，$V_S(t)=V_{sm}\cos\omega_S t$，相乘后，其输出电压 $V_o(t)$为

$$V_o(t)=KV_{Lm}V_{sm}\cos\omega_L t\cos\omega_S t$$
$$=\frac{1}{2}KV_{Lm}V_{sm}\cos(\omega_L+\omega_S)t+\frac{1}{2}KV_{Lm}V_{sm}\cos(\omega_L-\omega_S)t \quad (3\text{-}2\text{-}7)$$

由上式可知，$V_o(t)$中不含原输入信号 $V_L(t)$和 $V_S(t)$的频率分量，只有差频与和频分量。当然上式仅是理想相乘情况，实际上相乘器的载漏抑制度和信漏抑制度都不可能是无限值。

由模拟乘法器完成混频功能较之用普通非线性器件构成混频电路有诸多优点：①输出频谱较纯净，组合频率分量较少，可以大大减少混频过程中所产生的寄生通道干扰。②对于混频输入的两个信号幅度要求较低，即当 $V_{Lm} \approx V_{sm}$ 或 $V_{Lm} < V_{sm}$ 时，也不会产生非线性包络失真，只不过混频增益会随 V_{Lm} 的减小而降低。③在理想乘法器中，当 V_{Lm} 一定时，$V_o(t)$与 $V_S(t)$呈线性关系，因此大大减小了互调失真和交叉调制失真。所以，用乘法器构成的混频器得到广泛的应用。

2．倍频

倍频是在保持原信号调制情况不变的前提下，将载波频率成倍增加的频率变换电路。倍频电路也是一种线性频率变换电路。

倍频电路在通信系统及其他电子系统中均有广泛的应用，例：

◆ 对振荡器输出进行倍频．得到更高的所需振荡频率。这样，一则可以降低主振的振荡频率，有利于提高频率稳定度；二则可以大大提高晶振的实际输出频率，因为晶体受条件的限制不可能做到很高频率。

◆ 在调频发射系统中使用倍频电路和混频电路可以扩展调频信号的最大线性频偏。

◆ 采用几个不同的倍频电路对振荡器输出进行倍频，可以得到几个不同频率的输出信号。

◆ 在频率合成器中，倍频电路是不可缺少的组成部分。

实现倍频的原理有以下几种：

◆ 利用晶体管等非线性器件产生输入信号频率的各次谐波分量，然后用调谐于 n 次谐波的带通滤波器取出 n 倍频信号。

◆ 将输入信号同时输入模拟乘法器的两个输入端进行自身线性相乘。

◆ 利用锁相倍频方式进行倍频，

本实验中采用模拟乘法器实现倍频功能。将乘法器的两个输入端连接在一起，即令 $V_x=V_y$，即可实现平方运算，即

$$V_o(t)=KV^2_x(t) \tag{3-2-8}$$

设为某一频率为 f_S 的信号 $V_S(t)$，即 $V_S(t)= V_{sm}\cos w_S t$，则输出电压为

$$V_o(t)=K(V_{sm}\cos\omega_S t)^2=\frac{1}{2}KV^2_{sm}(1+\cos 2\omega_S t) \tag{3-2-9}$$

可见，乘法器的平方运算具有二倍频功能，输出的直流分量可由高通滤波器滤除。

实际应用中，由于倍频带来较大的相移，而且随着倍频次数的增加，直流分量增大很多，引起乘法器输入失调，导致乘法器输出输入特性变坏，输出中包含有输入的基波分量，其结果可能使倍频器输出受到基频调制，造成倍频输出波形的振幅参差不齐，如图 3.2.4 所示。通过差分输入端的平衡调节可以使该波形得到改善。

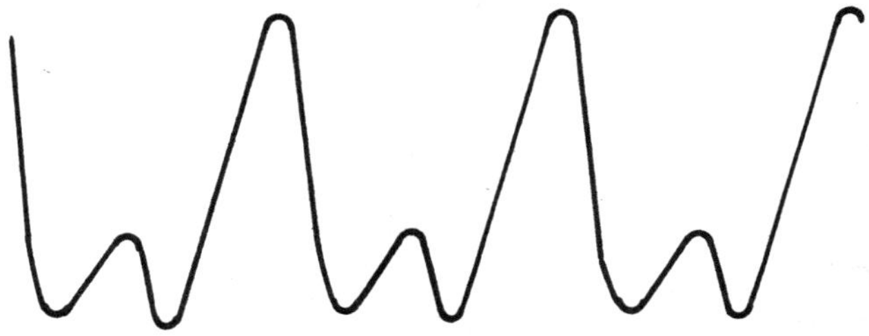

图 3.2.4 倍频输出含基波分量时波形

基于以上原因用相乘器实现倍频时，很少用到三倍频以上的高次倍频。

3．实验电路

（1）本振。图 3.2.5 为本振电路。首先利用晶振及其外围电路形成振荡，经 T_4 放大，再通过 T_5 构成的跟随器输出，为混频电路提供本地振荡信号，其输出为 TP10。

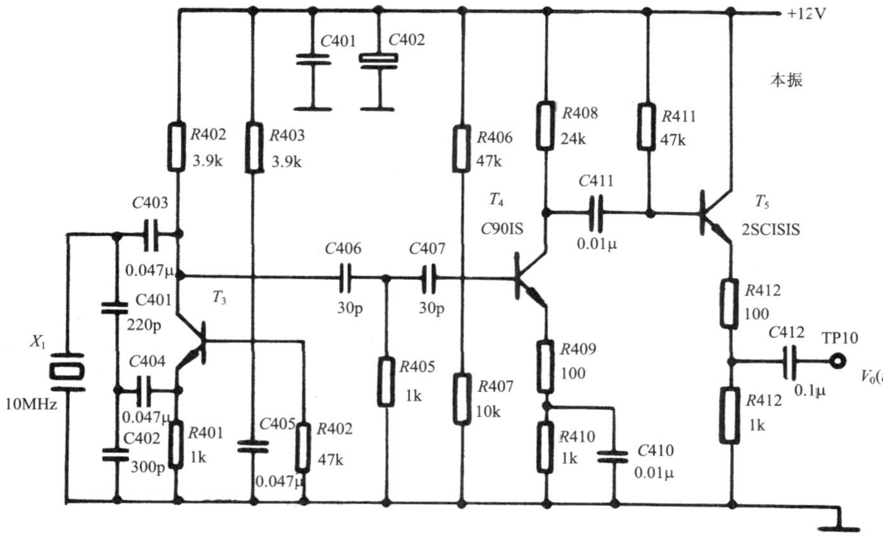

图 3.2.5 本振电路

（2）混频及倍频。图 3.2.6 所示电路即可完成混频又可完成倍频。完成混频功能时，将 *A* 端与 *B* 端相连，本振信号 $V_L(t)$经 X_2 对 X_1 单端输入，输入信号 $V_S(t)$经 Y_2 对 Y_1 单端输入，在 AD834 的输出端接有两个陶瓷滤波器，其中心频率分别为 6.5MHz 和 465kHz。根据所需输出的不同频率，可将 *F* 端或 *G* 端接 *D* 端放大输出。

完成倍频功能时，将 *A* 端与 *C* 端连，输入信号同时送入 AD834 的 *X*，*Y* 通道，电位器 W_2 为 *Y* 通道馈通调节，调节 W_2 可以改善频率直通的现象，抑制掉输出信号中的输入信号频率成分。将 *E* 端接 *D* 端，调节 W_2 可以看到对不同频率输入信号的倍频输出。当输入信号频率为 3.25MHz 或 232.5kHz 时，也可以分别将 *F* 端或 *G* 端接 *D* 端对应观测其倍频输出。

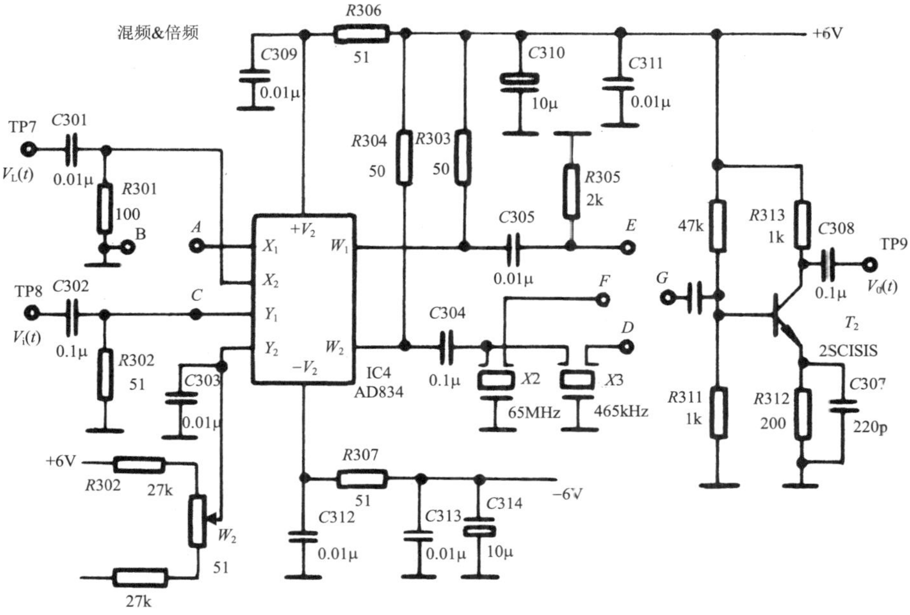

图 3.2.6 混频及倍频电路

五、实验任务及要求

实验任务：

1．测试本振信号

用示波器观测 TP10 处的本振信号波形并测试其频率。

2．混频功能的测试

将 TP10 输出的本振信号加之 TP7，连接 *A*，*B* 端。

本振信号与等幅正弦信号的混频：

（1）将信号源产生 f_S=9.535MHz，V_{PP}=2V 的正弦信号加至 TP8，将 *G* 端接 *D* 端（或将信号源产生 f_S=3.5MHz、V_{PP}=2V 的正弦信号加至 TP8，将 *F* 端接 *D* 端）用示波器观测 TP9 混频输出并测试其频率。

（2）测试上述情况下的混频增益 $A_{VC}=\dfrac{V_{Im}}{V_{Sm}}$，并讨论混频增益与 $V_S(t)$，$V_L(t)$振幅的关系。

其中：V_{Im} 为混频输出的中频信号电压振幅，V_{sm} 为混频输入的信号的电压振幅（注意此处分母不是本振信号电压）。

（3）变换 TP9 所加信号的频率，测出电路输出信号的频率并得出相应结论。

本振信号与已调幅信号的混频：

用信号源提供 AM 波（其载波频率为 9.535MHz 或 3.5MHz，载波幅度为 V_{PP}=2V，调制频率为 1kHz，m_a=100%），将其送入 TP8，TP7 仍加本振信号，用示波器分别观察输入端（TP8）、输出端（TP9）的已调幅波波形并测试其周期，再用示波器分别观察输入端（TP8）、输出端（TP9）的已调幅波的载波的波形并测试其周期，由此得出相应的结论。

3．倍频功能的测试

首先断开 TP10 与 TP7 之间的连接线，再连接 *A*、*C* 端。

在 TP8 加入 f_S=465kHz，V_{PP}=2V 的正弦信号。连接 *E*、*D* 端，用示波器在 TP9 观察输出。调节电位器 W_2 观察其对输出波形的影响，当馈通调节至最小时测出输出信号的频率。

改变输入信号频率，观测电路输出有何变化，对应纪录 5 组数据并得出相应结论。

在 TP8 加入 f_S=3.25MHz，V_{PP}=2V 的正弦信号，连接 *F*、*D* 端（或在 TP8 加入 f_S=232.5kHz，V_{PP}=2V 的正弦信号，连接 *G*、*D* 端），用示波器在 TP9 观察输出，改变输入信号的频率，观测输出波形有何变化？并得出相应结论。观测并记录检波输出 $V_o(t)$，计算检波电压传输系数 K_d。

六、实验中的常见故障及解决办法

现象 1：无混频输出。

解决方法：

（1）检查±12V 电源是否连接正确；

（2）检查 TP7、TP8 输入信号是否符合要求；

（3）检查输出所用滤波器是否满足要求；

（4）检查示波器测试参数的设置是否正确。

现象 2：无倍频输出。

解决办法：请依次作如下检查。

（1）检查±12V 电源是否连接正确；
（2）检查输出所用滤波器是否满足要求；
现象 3：倍频工作时，输入与输出信号频率相同。
解决办法：请依次作如下检查。
（1）检查±12V 电源是否连接正确；
（2）调节电位器 W_2，抑制基波频率。

七、实验报告中的数据要求

1．分别比较混频器和倍频器的输入与输出信号有何变化。
2．讨论倍频器和混频器电路的异同。
3．分析电位器 W_2 的作用。

八、思考题

混频电路能否实现调幅？为什么？

3.2.2 设计性实验

一、设计要求

利用二极管及其他辅助器件实现 AM 信号的产生和解调。
要求：合理选择器件，有效地滤除几波分量。

二、实验内容

（1）根据任务要求写出设计步骤，选定器件；
（2）根据所选器件画出电路图；
（3）写出实验步骤和测试方法，设计实验记录表格；
（4）进行安装、调试及测试，排除实验过程中的故障；
（5）分析、总结实验结果。

三、参考方案

1．二极管平衡混频器原理图如图 3.2.7 所示。

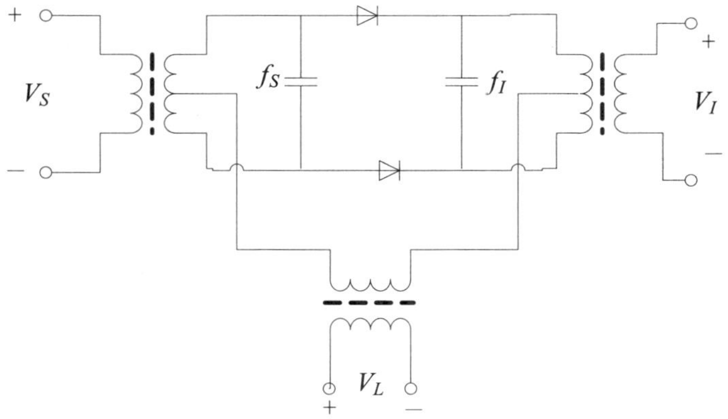

图 3.2.7 二极管平衡混频器

2．二极管环形混频器原理图如图 3.2.8 所示。

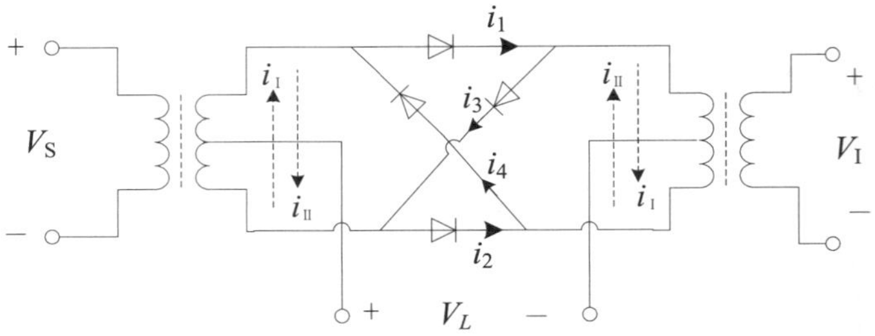

图 3.2.8　二极管环形混频器

附：实验底板实物，如图 3.2.9 所示。

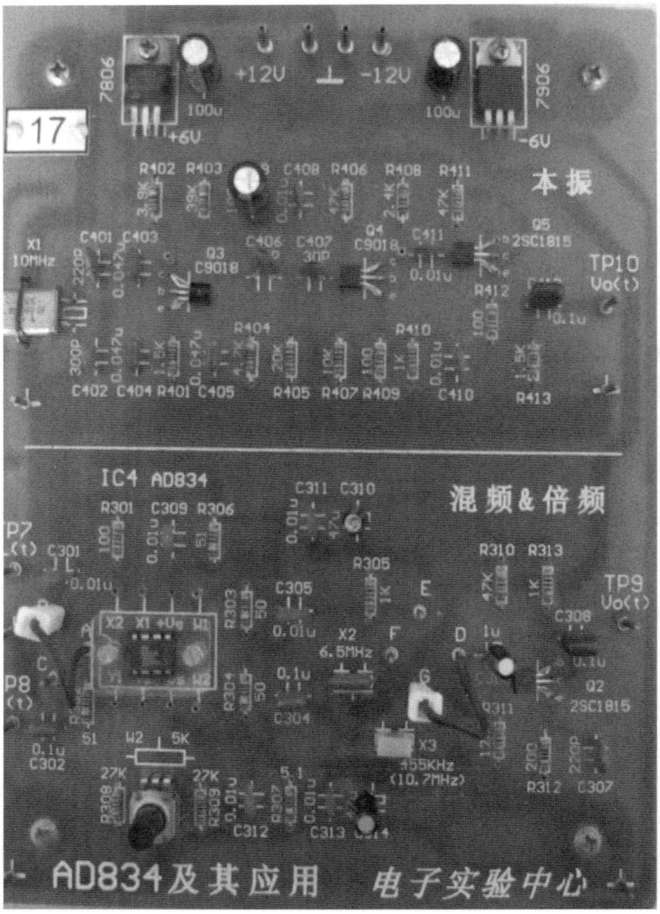

图 3.2.9　混频及倍频实验板

3.3 实验七 直流稳压电源、DC/DC 开关电源

3.3.1 基础实验

一、实验目的

1．掌握半波整流、全波整流的基本电路及基本原理。
2．掌握直流稳压电源的基本原理。
3．了解 DC/DC 开关电源的基本原理。

二、实验仪器与器材

1．双踪示波器一台
2．低频晶体管毫伏表一台
3．万用表一个
4．实验底板一块
5．连接导线若干

三、预习要求

1．对整流、滤波电路的基本原理进行了解。
2．预习直流稳压的基本知识。
3．了解 DC/DC 开关电源的基本知识。
4．按实验任务要求，设计相应的实验步骤及实验表格。
5．回答预习思考题
（1）电路中变压器次级绕组共有几组？
（2）对于不同的整流电路该怎样使用绕组？
（3）了解 NE555 的起振原理吗？

四、实验原理

电子设备和自动控制装置中都需要电压稳定的直流电源供电，虽然在有些情况下可用化学电池作为直流电源，但大多数情况是利用电网提供的交流电源经过转换而得到直流电源的。

常用电子仪器或设备（如示波器、信号源等）所需要的直流电源，均属于单相小功率直流电源（功率在 1000W 以下）。它的任务是将 220V、50Hz 的交流电压转换为幅值稳定的直流电压（例如几伏或几十伏），同时能提供一定的直流电流（比如几百毫安或几安）。单相小功率直流稳压电源一般由电源变压器、整流、滤波和稳压电路四部分组成，如图 3.3.1 所示。

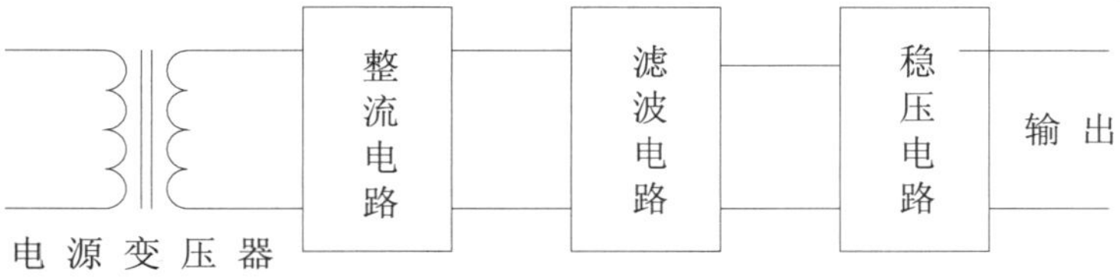

图 3.3.1 直流稳压电源框图

常用的直流电源中根据其工作原理的不同，可分为直流稳压电源和开关电源。直流稳压电源具有输出精度高、纹波小等优点；而开关电源具有体积小、效率高等优点。

（一）直流稳压电源

直流稳压电源由输入电压变换电路（包括电源变压器、整流和滤波电路）和稳压输出电路组成。

电源变压器：将交流电源电压变换为整流电路所需要的交流电压。

整流电路：利用二极管单向导电性将交流电压变换为单向脉动的直流电压。

滤波电路：通过电容或电感等储能元件滤去单向脉动直流电压中的交流成分，从而得到比较平滑的直流电压。

稳压输出电路：经过整流、滤波后得到的直流电压易受电网波动及负载变化的影响（一般有±10%左右的波动），必须加稳压电路，可利用负反馈等措施维持输出直流电压的稳定。

1．整流电路

整流电路的任务是将交流电变换成直流电。完成这一任务主要是靠二极管的单向导电作用，因此二极管是构成整流电路的关键元件（常称之为整流管）。

（1）半波整流电路

利用二极管的单向导通作用就可以把交流电变成单方向流通的直流电。图 3.3.2 所示是一个基本整流电路，在电压为正半周时，电流流经 D 和 R_L，而在电压反相的负半周时，D 不导通，所以在 R_L 两端所得到的电压是单方向的，负载上只有半个周期有输出电压。从而实现了整流。由于是只在一半的时间内导通，所以称为半波整流。此时输出波形脉动大，直流成分（即平均值）比较低，交流电有一半时间没有利用上，转换率低，波形如图 3.3.3 所示。

整流输出电压平均值 U_0：它是整流输出电压 U_0 在一个周期内的平均值。在半波整流情况下，U_0=0.45U_2。

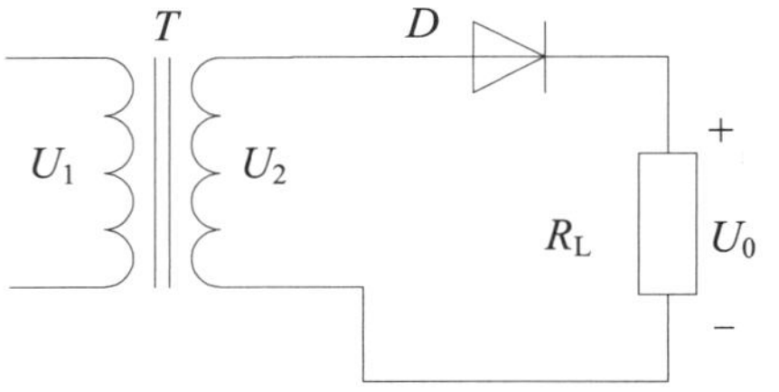

图 3.3.2　半波整流电路

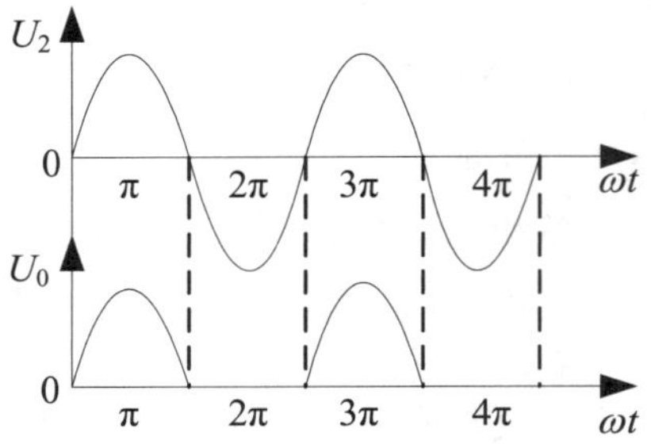

图 3.3.3　半波整流波形

（2）全波整流电路

如图 3.3.4 所示，全波整流电路只需两只整流二极管，但电源变压器次级却需要有带中心抽头的两组相同电压的绕组。利用带中心抽头的变压器，使它们在交流电的正半周和负半周分别向 R_L 供给同一方向的电流，从而构成全波整流电路。

设交流电在正半周时，变压器输出电压极性为上正下负，上半绕组电源经 D_1、R_L、中心抽头形成回路，而下半绕组不通，此时 D_1 导通 D_2 不导通，电流 I_{D1} 经 R_L 成回路；在负半周时，电压极性与前相反，可知 D_2 导通而 D_1 不导通，I_{D2} 以相同方向经 R_L 成回路，由此在负载上得到的是正负两个半周都有整流输出的波形，故称为全波整流。这时经整流的直流电压（平均值）为半波整流的两倍，即 $U_0=2\times0.45U_2=0.9U_2$，而且脉动情况也有一定的改善。

这种整流电路的缺点是每组线圈只有一半的时间通过电流，所以变压器的利用率不高。波形如图 3.3.5 所示。

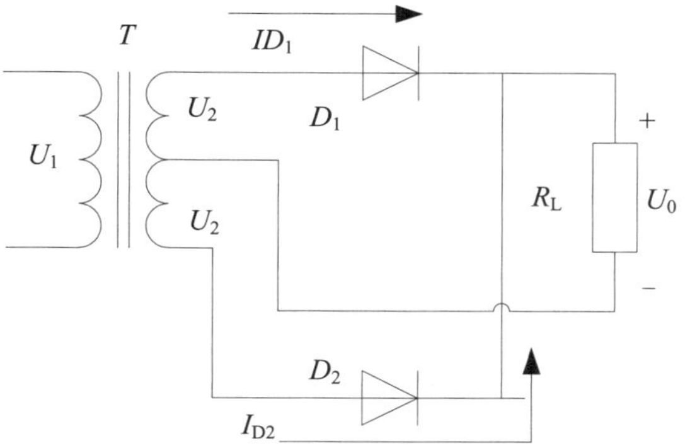

图 3.3.4　全波整流电路

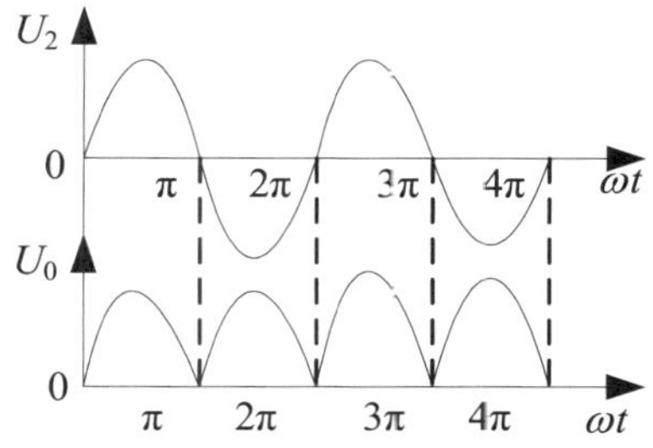

图 3.3.5　全波整流波形

（3）桥式整流电路

桥式整流电路，也可认为是全波整流电路的一种，变压器次级绕组接四只相同的整流二极管，接成电桥形式，故称为桥式整流电路，利用二极管的导引作用，使在负半周时也能把次级输出引向负载。具体接法如图 3.3.6 所示，从图 3.3.6 中可以看到，在正半周时由 D_1、D_2 导引电流自上而下通过 R_L，负半周时由 D_3、D_4 导引电流也是自上而下通过 R_L，从而实现了全波整流。

在这种结构中，若输出同样的直流电压，变压器次级绕组与全波整流相比则只需一半绕组即可，但若要输出同样大小的电流，则绕组的线径要相应加粗。至于波形与脉动，和前面讲的全波整流电路完全相同。

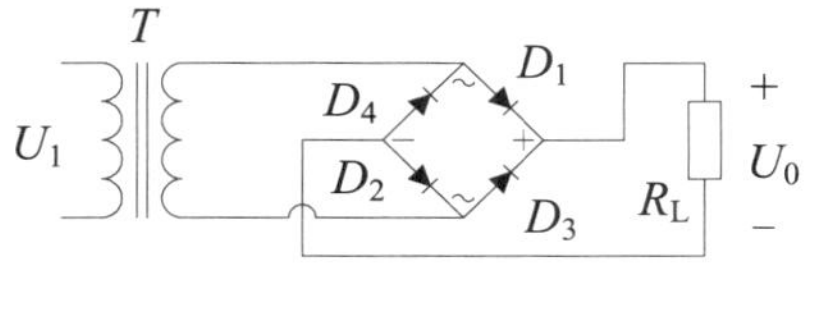

图 3.3.6　桥式整流电路

（4）滤波电路

由于整流电路的输出电压都含有较大的脉动成分，为了尽量减少脉动成分，还要尽量保留直流成分，使输出电压接近理想的直流，这种措施就是滤波。滤波电路是直流电源的重要组成部分，它一般是由电容、电感等储能元件组成的，用来滤除单向脉动电压中的谐波分量，从而得到比较平滑的直流电压，如在负载电阻两端并联电容器 C，或与负载串联电感器 L，以及由电容、电感组合而成的各种复式滤波电路。

在本实验电路中采用的是电容滤波，即在负载电阻 R_L 上并联一个滤波电容 C，电路如图 3.3.7 所示，滤波后的波形如图 3.3.8 和图 3.3.9 所示。

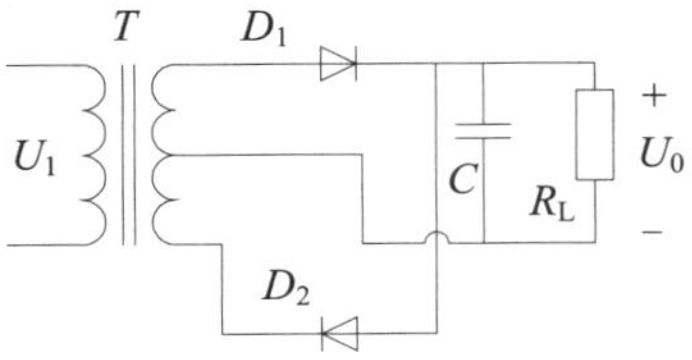

图 3.3.7 滤波电路

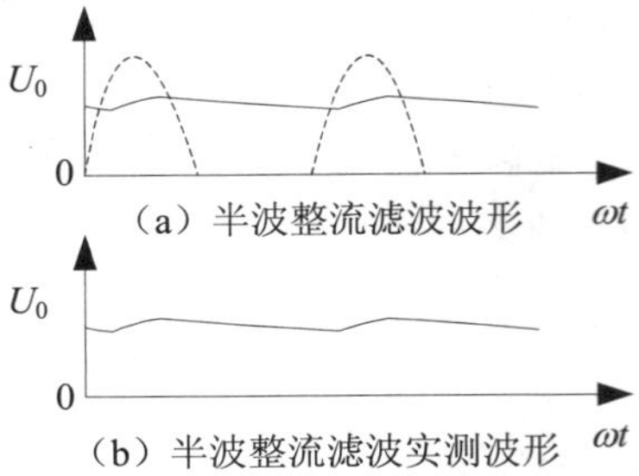

图 3..3.8 半波整流滤波波形

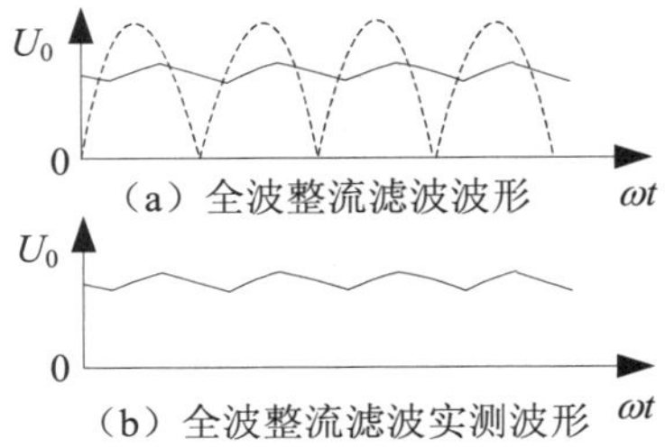

图 3.3.9 全波整流滤波波形

（5）串联型直流稳压电路

图 3.3.10 是串联反馈式稳压电源的电原理图，它主要由调整、比较放大、取样和基准电压四部分组成，另外加限流保护电路和恒流源电路。由于调整管与负载相对于输入而言呈串联的关系，故称为串联型稳压电路。

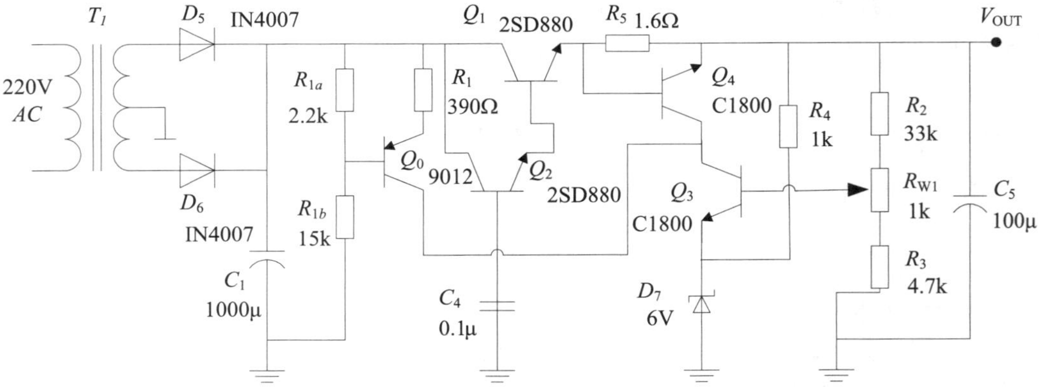

图 3.3.10 串联型直流稳压电路电原理图

调整部分由 Q_1、Q_2 组成，由于单个晶体管的放大倍数有限，为了提高稳压精度以及实现大电流输出，将 Q_1 和 Q_2 如图连接，在这种情况下，$I_{e2}=I_{b2}(1+\beta_2)$，$I_{e1}=I_{e2}(1+\beta_1)=I_{b2}(1+\beta_2)(1+\beta_1)$，由于$\beta>>1$，故 $I_0=I_{e1}\approx I_{b2}\times\beta_1\times\beta_2$，若两只管子$\beta$均为 100，则总$\beta$=10 000，这样，当输入电流 I_{b2} 变化 10μA 时，输出电流即可变化 100mA，控制灵敏度大大提高，有利于提高稳定精度以及实现大电流输出。其中 Q_1 称为调整管，Q_2 称为推动管，或总称为复合调整管。复合调整管始终工作在放大区，当基极电流发生变化时，调整管的内阻将发生变化，因此管压降亦发生变化，由于调整管和负载相对于供电电源是呈串联的关系，故若管压降增大，则输出电压降低，反之则升高。由于在实际电路中控制电路是以负反馈方式来控制调整管的基极电流，当输出电压瞬时升高时调整管基极电流将减小，从而导致内阻增加，管压降增加，则输出电压自动下降，反之则自动升高，从而实现稳压之目的。

取样部分由采样支路分压电阻 R_2、R_3、R_{W1} 组成，它对输出电压进行采样，取出输出电压变化量的一部分作为取样电压，并反馈给比较放大器 Q_3。

基准部分的作用是提供一个稳定度较高的基准电压 U_{REF}，它由稳压管 D_7 与限流电阻 R_4 串联构成的简单稳压电路获得，由此作为采样放大管 Q_3 的发射极基准电压。

放大部分是一个直流电压比较放大器，其输入信号为取样电压与基准电压之差，其输出作为复合调整管的控制信号。比较放大器的增益越高，为了完成调整所需要的比较信号越小，这样，输出电压的微小变化能马上被检测出来，并使调整管进行相应的调整，电路的稳压性能就越好。

为了提高稳压精度，希望经由 R_1 流到 Q_2、Q_3 节点处的电流越稳定越好，假设此电流是不变的恒定电流，则 Q_3 集电极电流增加多少，Q_2 的基极电流就减小多少，反之亦然，显然这种情况下的稳压精度更理想。本电路中恒流源电路由 Q_0、R_1、R_{1a}、R_{1b} 构成，为 Q_2、Q_3 提供电流，以保证一定的稳压精度。理想的恒流源中 R_{1a} 应由稳压管担任，本电路中仍用电阻，故恒流效果一般。

2．稳压原理

在图 3.3.10 中，假设由于整流滤波电路的输出电压瞬时升高或 I_L 瞬时减小（即负载电阻增大）而导致输出电压 U_o 瞬时上升，通过采样则三极管 Q_3 的基极电位瞬时上升，由于 U_{D8} 恒定，因此 Q_3 的 U_{be} 增加，Q_3 的集电极电流就会增大，从而导致复合调整管 Q_2 的基极电流下降，调整管 Q_1 的内阻增大，管压降 U_{CE} 增加，结果使 U_o 下降，起初瞬时上升的趋势得到抑制，输出电压 U_o 保持基本不变。

同理，当输入电压（即整流滤波电路的输出电压）瞬时减小或 I_L 瞬时增大（即负载电阻减小）时，亦将使输出电压基本保持不变。

由此可以看出，串联式直流稳压电路稳压的过程，实质上是通过电压负反馈使输出电压保持基本稳定的过程。改变采样支路电阻的分压比，即可改变输出电压。

当负载电流超过额定输出电流时，在 R_5 上的压降将使 Q_4 导通，迫使复合调整管的偏置电压减小，内阻增加，管压降增加，则射随电路的输出电流被限制，输出电压也降低，从而起到过流保护作用，这种结构属于限流型保护电路。本电路中 R_5 实际取值为 1.2Ω，额定限制电流约为 400mA。

输入的 220V 交流电压经过变压器降压后，经整流二极管整流后输出为脉动直流电压，具有较大的电压纹波，经过电容 C_1、C_2、C_3 平滑滤波后输出电压较为平稳，再输入稳压电路，就可在输出端得到一个稳定的、电压纹波很小的直流电压。

（二）DC/DC 开关电源

开关电源就是采用功率半导体器件作为开关元件，通过周期性通断开关元件的占空比来调整输出电压。

DC/DC 开关电源工作原理：如图 3.3.11 所示为 DC/DC 开关电源的基本原理图。其中 Q 为开关管，L 为储能电感，D 为整流管，C 为滤波电容，R_L 为负载。当激励脉冲为高电平时，

开关管 Q 饱和导通，整流管 D 截止，输入电压加在电感 L 上，电感 L 以磁能形式存储能量，当 Q 截止期间，整流管 D 导通，电感 L 储存的能量经 D 释放，在电容 C 两端产生直流电压，从而为负载 R_L 提供供电电源。在给定条件下，输出端电压的高低由 Q 的饱和导通时间长短决定，即由基极所加激励电压的脉冲宽度决定。

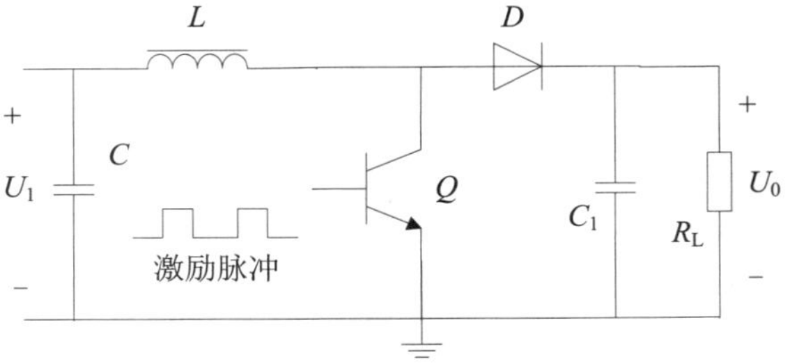

图 3.3.11　DC/DC 开关电源基本原理图

（1）由 555 时基电路组成的开关电源

555 时基电路是一种将模拟功能与逻辑功能巧妙结合在同一硅片上的组合集成电路。它设计新颖，构思奇巧，用途广泛。

NE555 芯片的引脚分布如图 3.3.12 所示。

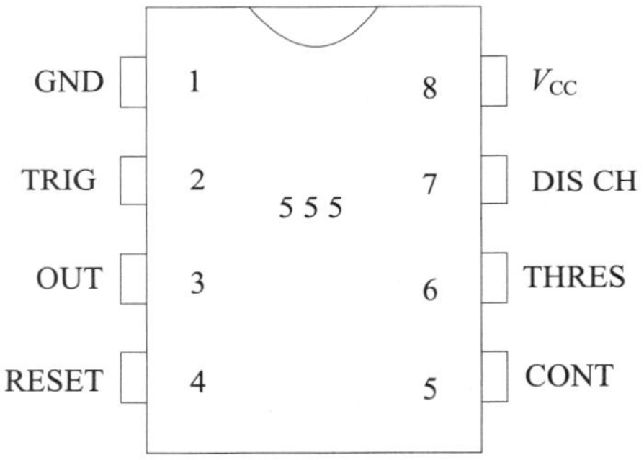

图 3.3.12　引脚分布图

默认条件下，阀门端和触发端的电平分别为电源电压的 2/3 和 1/3，但可以由电压控制端（CONT）来改变这两个电平值。当触发端（TRIG）的电压下降至比触发电平低时，触发器翻转输出“1”，同时输出端（OUT）输出高电平；当触发端（TRIG）的电平高于触发电平，而且阀门端（THRES）的电平也高于阀门电平时，触发器翻转输出“0”，同时输出端（OUT）输出低电平。复位端（RESET）与其他输入端相比具有最高优先权，当复位端为低电平时，触发器将被复位，而且输出端为低电平。将复位端置低可以用来初始化一个新的定时循环。只要输出端为低电平，泄放端（DISCH）将提供一个对地的低阻抗通路。

555 时基芯片的功能表（默认条件下）如表 3.3.1 所示。

表 3.3.1　555 时基的功能表（默认条件下）

复位端	触发端	阀门端	输出	泄放端
Low	×	×	Low	On
High	<1/3 V_{DD}	×	High	Off
High	>1/3 V_{DD}	>2/3 V_{DD}	Low	On
High	>1/3 V_{DD}	<2/3 V_{DD}	维持原态	

（2）555 开关电源工作原理

下面是以 555 时基芯片为控制核心的 DC/DC 开关电源电路，如图 3.3.13 所示。

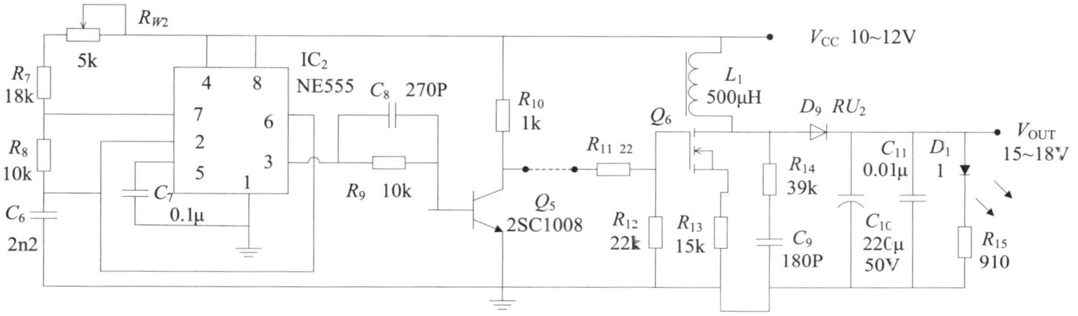

图 3.3.13　555 时基 DC/DC 开关电源电原理图

电路中，NE555、RW_2、R_7、R_8、C_6 组成多谐振荡电路，由 NE555 的引脚 3 输出振荡波形；R_9、C_8 组成加速电路，Q_5 为推动管；Q_6 组成电流开关电路，L_1 是储能元件，R_{14}、C_9 是阻尼元件；D_9、C_{10}、C_{11} 组成输出整流滤波电路；D_{11}、R_{15} 为输出电压指示电路。

上电时，V_{CC} 通过 RW_2、R_7、R_8 给 C_6 充电，NE555 输出高电平，当 C_6 的电压>2/3V_{CC} 时，NE555 输出翻转，开始输出低电平，引脚 7 对地短路，此时 C_6 通过 R_8 对地放电，当 C_6 上的电压<1/3V_{CC} 时，NE555 输出翻转，再次输出高电平，引脚 7 对地呈现断路，V_{CC} 再次向 C_6 充电，如此周而复始，在 NE555 的输出端输出周期矩形波。

当 NE555 输出低电平时，Q_5 截止，Q_6 导通，电源 V_{CC} 经 L_1、Q_6 形成回路，电能转换为磁能；当 NE555 输出高电平时，Q_5 导通，Q_6 截止，由于电感里面电流不能突变，此时 L_1 上储存的磁能转换为电能，在 L_1 两端产生一自感应电压，此自感电压与电源电压串联起来一起经 D_9 向 C_{10} 充电，同时向负载提供电流。此电路输出的电压大于电源电压，为一升压式开关电源。

通过调节 RW_2，可以改变 NE555 的振荡周期，同时也改变了输出波形的占空比，从而改变 L_1 的储能大小，最终可以改变输出电压值。

实际的开关电源通常由含正反馈电路的开关振荡部分和含有负反馈电路的控制电路部分组成，正反馈部分形成开关振荡，负反馈部分形成稳压，从而形成实用的开关稳压电源。本实验电路仅作为开关电源的基本工作原理的介绍，未包括其他实际电路。

五、实验任务及要求

实验任务：

1．将整流、滤波后的电路连接至稳压电路（条件：滤波电容取 1000μF），将采样支路下分压电阻 R_3 接入电路，调整输出电压为 12V，利用万用表和毫伏表分别测量空载和带载时的直流输出电压和输出电压纹波，记录在表 3.3.2 并作相应计算。

表 3.3.2　测 试 表

整流电路	空　载		带　载（R_L=51Ω）		
	输出电压	输出电压纹波	输出电压	输出电压纹波	内阻
半波（接 2、3 脚）					
全波					
桥式（接 1、2 脚）					

2．改换不同的滤波电容，不同的负载电阻，重复 3 的操作。

3．测量正常工作状态下的直流稳压电源各主要工作点电压，并记录于表 3.3.3（条件：全波整流输出 12V，51Ω负载）。

表 3.3.3　测 试 表

测试点	交流输入	整流输出	VR_1	IR_1	VQ_{3e}	VQ_{3b}	VQ_{2b}	VQ_{2e}	V_0	I_0	VR_5	输出电压范围
（V，mA）												

4．在直流稳压电源工作正常的情况下，将电源输出（输出=12V）送到开关电源的供电端，测试 555 时基三脚输出的控制脉冲波形，以及 Q_5 集电极的波形及有关参数。

5．将 Q_5 集电极与电阻 R_5 相连，观测开关电源输出端负载为 180Ω和 90Ω时开关管的工作波形以及输出的电压。

6．调节 RW_2，观察 555 时基三脚输出的控制脉冲波形，测试输出电压变化情况。将实验结果记录并作图。

六、实验中注意事项及常见故障

1．实验中不要在通电的情况下进行电路的连接。

2．电源变压器的次级绕组切记不能短路，否则将造成实验装置的严重损坏。

3．在实验过程中应尽快完成各项的测试操作，不要对实验装置长时间的通电，否则会造成某些器材的过热损坏。

4．做开关电源实验时不宜空载，至少接入一个 180Ω负载。

5．实验操作完成后应立即断掉电源。

七、实验报告要求

1．记录实验观测数据，画出波形。

2．比较直流稳压电源各个观测点电压波形的不同，分析其原因。

3．通过观测 555 时基 DC/DC 开关电源各点电压波形，分析其工作原理。

4．比较直流稳压电源与开关电源的输入电压、输出电压的关系，试分析两种电源的各自特点。

八、思考题

1．半波和全波整流有什么不同？（效率问题）

2．根据现有实验条件，在直流稳压电源中若要想得到输出电压为 20V 左右的电源，电路应怎样连接？

3．555 时基开关稳压电源中，电感 L 的作用？

4．如何进行过压或过流保护？

3.3.2　设计性实验

一、设计要求

利用双绕组变压器和集成稳压器件（78**，79**），设计一个带正、负电压输出的直流稳压电源，要求直流电压输出±5V，电流 100mA 怎样得到？画出电原理图。

二、实验内容

（1）根据任务要求写出设计步骤，选定器件；

（2）根据所选器件画出电路图；

（3）写出实验步骤和测试方法，设计实验记录表格；

（4）进行安装、调试及测试，排除实验过程中的故障；

（5）分析、总结实验结果。

三、参考方案

注意三端稳压器芯片引脚等的正确使用，参考图 3.3.14。

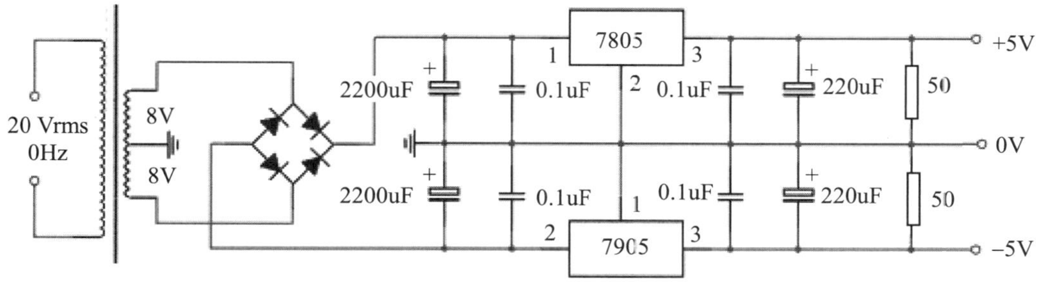

图 3.3.14　用三端稳压芯片实现正负 5V

附：实验电路板结构如图 3.3.15 所示。直流稳压电源 DC/DC 电源实验底板实物图，如图 3.3.16 所示。

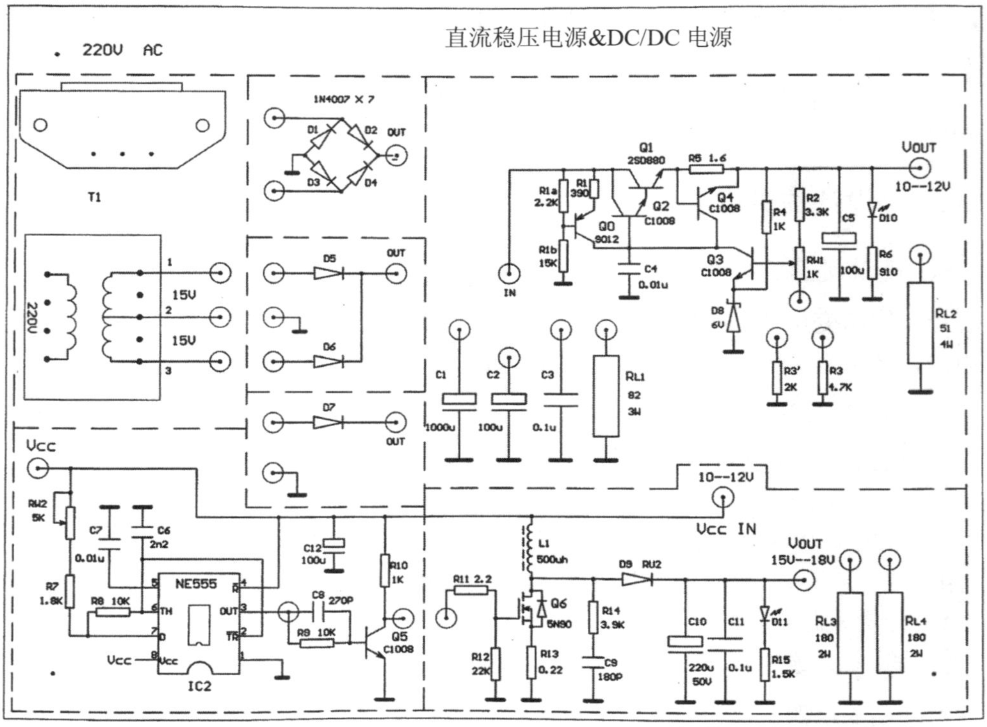

图 3.3.15　实验电路板结构图

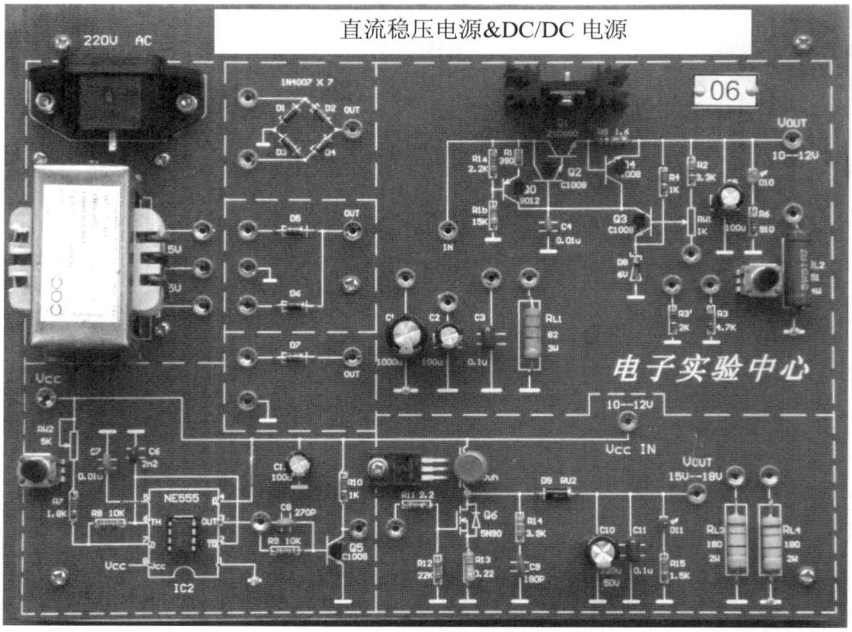

图 3.3.16　直流稳压电源 DC/DC 电源实验底板实物图

3.4 实验八 音频功率放大器

3.4.1 基础实验

一、实验目的

1．了解集成功率放大器的组成及特点。

2．了解音响系统的基本组成和工作原理。

3．掌握功率放大器主要性能指标的测试方法。

二、实验仪器与器材

1．晶体管毫伏表一台

2．函数信号发生器一台

3．直流稳压电源一台

4．双踪示波器一台

5．数字万用表一台

6．实验电路板一块

三、预习要求

1．本实验电路板的集成功放电路采用双电源供电，供电范围为±6~±18V，实验时推荐采用±12V。

2．做本实验时学生可自带立体声耳机备用。

3．预习思考题

（1）最大不失真新出功率 P_{omax} 与峰值功率的区别是什么？

（2）人耳的频响范围是多少？

（3）你认为对前置放大器而言，什么参数最重要？

（4）实验电路中，高低音调节是独立的吗？

四、实验原理

音频功率放大器是音响系统中不可缺少的重要部分，其主要任务是将前级已经放大的音频信号进行功率放大，以得到足够大的输出功率，推动外接负载，如扬声器、音箱等。功率放大器的主要要求是获得不失真或较小失真的输出功率，讨论的主要指标是输出功率、电源提供的功率。由于要求输出功率大，因此电源消耗的功率也大，就存在效益指标的问题。由于功率放大器工作于大信号，使晶体管工作于非线性区，因此非线性失真、晶体管功耗、散热、直流电源功率的转换效率等都是功放中的特殊问题。

集成功率放大器和分立元件功率放大器相比，具有体积小、重量轻、调试简单、效率高、失真小、使用方便等优点。同时，集成电路技术可以将更多数量的晶体管做在同一块硅片上，因而可以集成更多的功能单元，如过压、欠压保护，过流、过热保护，输入过载保护，短路保护和扬声器保护等电路，而成本却日益降低，在通用领域基本取代分立元件功放。常用的有厚膜集成功率放大电路和半导体集成功率放大电路两类。

1．TDA2030A 集成功率放大器

（1）TDA2030A 集成功放特性。TDA2030A 集成功率放大器是半导体功率放大集成电路，是音响专用功率放大电路，内部由普通输入放大级、激励放大级、推动级和功率输出级组成。采用具有绝缘散热片的 5 脚 TO-220 封装。特点是输出功率大、谐波失真小，内部设有过热保护功能，外围电路简单，可在微型 AV 影院音响系统或汽车音响中使用。可以作 OTL 单电源使用，也可以作 OCL 双电源使用，还可以作 BTL 功放使用。封装图如图 3.4.1 所示，各引脚功能如表 3.4.1 所示。

表 3.4.1　TDA2030A 各引脚功能

引　脚	符　号	功　能	引　脚	符　号	功　能
1	IN+	同相输入端	4	OUT	功率输出端
2	IN-	反相输入端	5	V_{CC}	正电源供电端
3	V_{EE}	负电源供电端			

（2）TDA2030A 集成功放实验电路。TDA2030A 集成功放的实验电路如图 3.4.2 所示，由 TDA2030A，R_{25}、R_{26}、R_{27}、C_{24} 等组成，C_{24} 用于稳定 TDA2030A 的第④脚直流零电位的漂移，但是对音质有一定的影响，C_{25}，R_{28} 组成扬声器阻抗补偿网络，作用是防止放大器产生低频自激。

音频信号由 R_{23}、C_{23} 送入功率放大器 TDA2030A①脚的同相输入端，经功率放大后从④脚输出，驱动扬声器发声。同时从输出端取一路，经 R_{25}（或 R_{26}）与 R_{27} 分压后，反馈到②脚的反向输入端。放大电路的增益由 R_{25} 或 R_{26} 与 R_{27} 的比值决定。

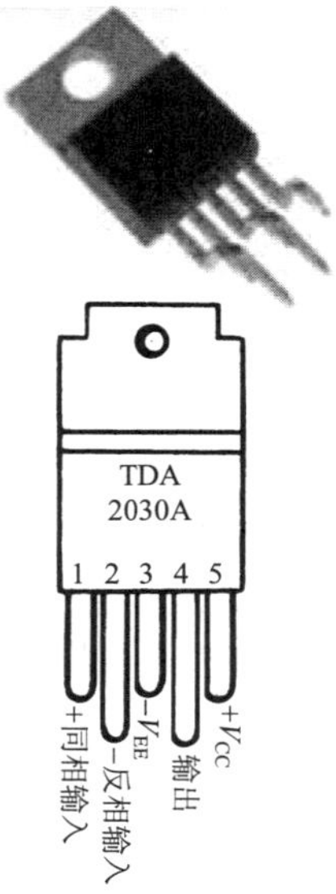

图 3.4.1　TDA2030A 封装

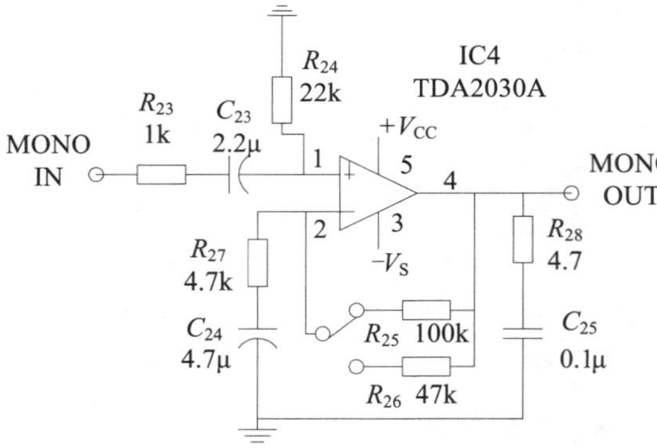

图 3.4.2　TDA2030A 实验电路图

（3）TDA2030A 集成功放放大器主要技术指标

- 电源电压　　±6～±22V
- 静态电流　　<50mA

- 输入电阻　　5MΩ（1kHz）
- 电压增益　　26dB（闭环）
- 输出功率　　18W（8Ω，±16V）
- 谐波失真　　0.05% (f=15kHz，R_L=8ω)

2．典型音响系统组成

（1）音量调节电路。音量控制电路的主要作用是控制音箱发出声音的大小、强弱。主要的一种形式是采用由电位器组成的信号衰减电路，运用电阻分压原理，通过调节电位器中间滑臂的位置来调节信号的衰减量，改变功放电路的输出功率，从而实现音量控制的目的。由于人耳的听觉响度与信号电平成对数关系，因此常使音量控制器与信号电平成指数关系，以合成线性关系。

在实验板中主要由电位器 VR_1 和 R_3 构成。

（2）前置放大电路。一般情况下，来自音源的信号幅度很小，很难使功率放大器获得满功率输出。因此，在功率放大器之前需要增加放大器，将小信号逐步放大到功率放大器所需要的信号幅度，这样的放大器就称为前置放大器。

因为前置放大器主要是对小信号乃至微弱信号进行放大，因此要求其失真系数、噪声等性能要优良。美国 NSC 推出的 LM833 是一款特别着重考虑在音频系统方面应用的双运算放大器。由于采用了新的电路和处理技术，在不增加外围元件或降低稳定性的条件下，LM833 实现了低噪声、高速和宽带等优良的性能，采用内补偿技术，用于各种前置放大器及 Hi-Fi 系统中，性能好。

实验板中，R_{13}、C_{11}、R_{14}、C_{10} 构成负反馈网络，放大器的增益近似由 R_{13}、R_{14} 决定，C_{11} 可以抑制音频以上的噪声信号，C_{10} 为隔直流电容。

（3）音调调节电路。音调调节就是人为地调节音频信号中高、低频成分的比重，使重放的声场满足使用者的听觉习惯、渲染某种气氛或补偿放音环境、功放和音箱等硬件的音响不足。通常有高、低音两个音调调节旋钮。实验板中采用有源（负反馈式）音调控制器，运放部分可由高性能、低噪声运算放大器 LM833 或 4558 构成，工作原理如下：

- 低音调节部分：VR_2 为低音调节旋钮，当滑臂调至最左端时（顺时针最大），由于 C_5 对低音频可视为开路，故低音频信号进入运算放大器反相输入端的通路为：R_4→R_5→运放反相端，此时直通量最大。而 VR_2 全部串接在负反馈电路中，负反馈量最小，因而低音提升量最大。当滑臂调至最右端时，低音直通量最小，负反馈量最大，低音提升量最小。
- 高音调节部分：VR_3 为高音调节旋钮，当滑臂调至最左端时（顺时针最大），由于 C_5 对高音频可视为短路，高音频信号主要由 R_7 至运放反相端，高音直通量最大，而负反馈量最小，所以高音的提升量最大。反之，高音提升量最小。

（4）双声道功率放大器 TDA7264。TDA7264 是双声道功率放大集成块，具有静音功能和短路保护、过热、过载保护功能，外围元件少，采用 8 脚直立式封装形式。各引脚功能如表 3.4.2 所示。

电路板中，4 脚得到高电位时，启动静音功能，反之则正常播放。

表 3.4.2　TDA7264 各引脚功能

引　脚	符　号	功　能	引　脚	符　号	功　能
1	OUT1	1 声道输出	5	V_{EE}	负电源供电端
2	V_{CC}	正电源供电端	6	IN2	2 声道输入
3	OUT2	2 声道输出	7	GND	地
4	MUTE	待机/静音控制	8	IN1	1 声道输入

五、实验任务及要求

集成功放实验板如图 3.4.3 所示。取下实验电路板上可能有的所有连线，检查连接电源的±12V 连接线是否接线正确（红线+12V，蓝线–12V，黑线为地），电源输出是否选择合理（本实验推荐使用±12V），检查无误后关断电源，将电源连接线与实验电路板对接。

将“J2”和“MONO IN”相连，“MONO OUT”和“LSP”相连，在“LSP”与地之间的接线座上接入 8.2Ω/2W 电阻作为负载，音量电位器 $2VR_1$ 顺时针旋至最大。

实验任务：

1．测试最大不失真输出功率 P_{omax}

反馈电阻选择为 47kΩ和 100 kΩ两种情况下，测试最大不失真输出功率 P_{omax}。采用间接测量的方法，在电路的输出端固定负载 R_L=8.2Ω/2W，输入端加单音频正弦信号（f=1000Hz），用示波器观测负载 R_L 上的波形，调节输入信号的幅度，使输出信号为最大且不出现削顶失真（即只考虑限幅失真）。测得输出幅度 U_{omax}（若测得是峰峰值，则换算为有效值），即可求得

$$P_{omax} = \frac{U_{omax}^2}{R_L}$$

测试数据填入表 3.4.3 中。

表 3.4.3　最大不失真输出功率

反馈电阻（Ω）	U_{inpp}（V）	U_{opp}（V）	U_{omax}（V）	增益 A	P_{omax}（W）
47k					
100k					

2．测试功率放大器的频响曲线（见表 3.4.4）

利用信号发生器从 LIN（MONO）输入通道的 V_{in} 端输入正弦波信号，频率 f=1000Hz，峰峰值 U_{ipp} =300mV（将音量电位器 $2VR_1$ 顺时针旋到头），将 TDA2030A 反馈电阻选择为 100k，改变输入信号频率，用示波器监测输出电压波形，在保证输出波形不失真、输入信号幅值不变的情况下，改变输入信号频率，测量输出电压，根据所测输出电压值得出结论。

表 3.4.4　幅频特性测试

输入频率	20Hz	100Hz	500Hz	1kHz	5kHz	10kHz	15kHz	20kHz
V_{out}								
放大倍数								
增益（dB）								

3．连入前置放大后的频响测试（如表 3.4.5 所示）

表 3.4.5　连入前置放大后的幅频特性测试

输入频率	20Hz	100Hz	500Hz	1kHz	5kHz	10kHz	15kHz	20kHz
V_{out}								
放大倍数								
增益（dB）								

将“J2”和“J5”相连，“J6”和“MONO IN”相连，输入信号幅度为 U_{ipp} =100mV，其余同上。

4．连入高低音调节后的频响测试（如表 3.4.6 所示）

表 3.4.6　低音提升幅频特性测试

输入频率	20Hz	100Hz	500Hz	1kHz	5kHz	10kHz	15kHz	20kHz
V_{out}								
放大倍数								
增益（dB）								

将“J2”和“J3”相连，“J4”和“MONO IN”相连，输入信号幅度为 U_{ipp} =100mV，其余同上。

（1）低音提升，高音抑制。将低音电位器“BASS”顺时针旋到最大，高音电位器“TREBLE”反时针旋到最小，将测量结果记入下表并作图（若要作图精确，可适当多选几个频率点）。

（2）高音提升，低音抑制。将低音电位器反时针旋到头，高音电位器顺时针旋到头，重复上述过程（如表 3.4.7 所示）。

表 3.4.7　高音提升幅频特性测试

输入频率	20Hz	100Hz	500Hz	1kHz	5kHz	10kHz	15kHz	20kHz
V_{out}								
放大倍数								
增益（dB）								

5．加音乐信号试听（视实验室条件选作）

利用音频连接电缆把实验台中间的音频信号源送入实验电路板的“R IN”或“L IN”输入端，将前置放大输出端“J6”与 TDA7264 的两个输入端相连，中间电路部分的组合可自行选择，将自带耳机插入立体声插座“STEREO JACK”，即可欣赏模拟立体声音乐效果。

分别调节音量、低音、高音电位器，感觉效果，同时通过示波器观测声波的变化规律和特点。

注意：须先将电路连接好再通电源，否则可能损坏耳机！

六、实验中的常见故障及解决办法

1. 由于功放输出采用直接输出，若要外接喇叭，请务必先检查电路工作是否正常，输出中点是否在 0V 附近，否则可能损坏喇叭。

2. 由于高低音调节电路输入阻抗较高，50Hz 交流感应明显，做实验时若将±12V 电源的地线与稳压电源的机壳地线相连，可有效去除交流干扰。

七、实验报告要求

1. 完成各表格数据测试，要求注明测量仪器和测试条件，说出集成功放电路特点。

2. 依据实验内容所测的 f-U_0 数据，用单对数坐标纸画出功放的幅频特性曲线。

八、思考题

1. 要满足上述测试指标，前置放大器和高低音调节电路能否采用μA741 或 OP07？（提示：查看运放的技术指标）

2. 前置放大器和 TDA2030A 功放部分若采用单电源供电，其工作点应如何选取，如何实现？

3. 试画出一个实用的双声道功放电路图。

电路组合：输入通道+高低音调节 + 前置放大 + TDA7264，电源采用双电源。（提示：4558 或 LM833 均为双运放）

3.4.2 设计性实验

一、设计要求

采用分离元件设计一音频功放，要求采用驻极体话筒输入音频信号（约 10mV），采用 8Ω 扬声器作为负载阻抗，额定输出功率大于 2W，上、下限频率：$f_L \leqslant 20$Hz，$f_H \geqslant 20$kHz。

二、实验内容

（1）根据任务要求写出设计步骤，选定器件；

（2）根据所选器件画出电路图；

（3）写出实验步骤和测试方法，设计实验记录表格；

（4）进行安装、调试及测试，排除实验过程中的故障；

（5）分析、总结实验结果。

三、参考方案

电路中应包含：供电电源、电压放大、功率放大以及输入输出电路。

供电电源为电压放大器和功率放大器提供所需的直流偏置电压。可以根据功放输出功率的要求合理选择电源结构。

电压放大电路将话筒的输出信号进行放大，为功率放大器达到最终的输出功率提供足够大的激励信号。

功率放大电路为输出负载提供足够的输出功率。一般根据输出信号的非线性失真尽可能小，效率尽可能高的原则选择电路形式。

附：集成功放的应用实验底板电路图和实验底板实物图分别如图 3.4.3 和 3.4.4 所示。

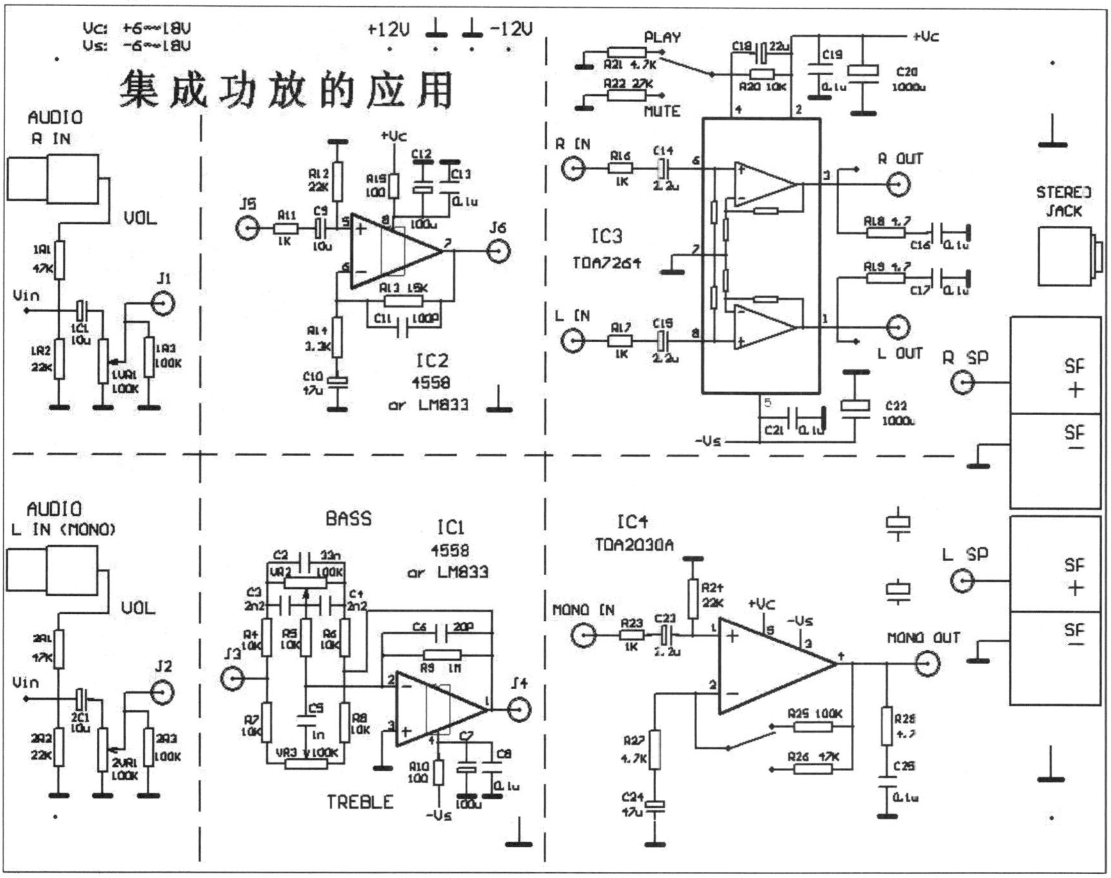

图 3.4.3　集成功放实验电路板

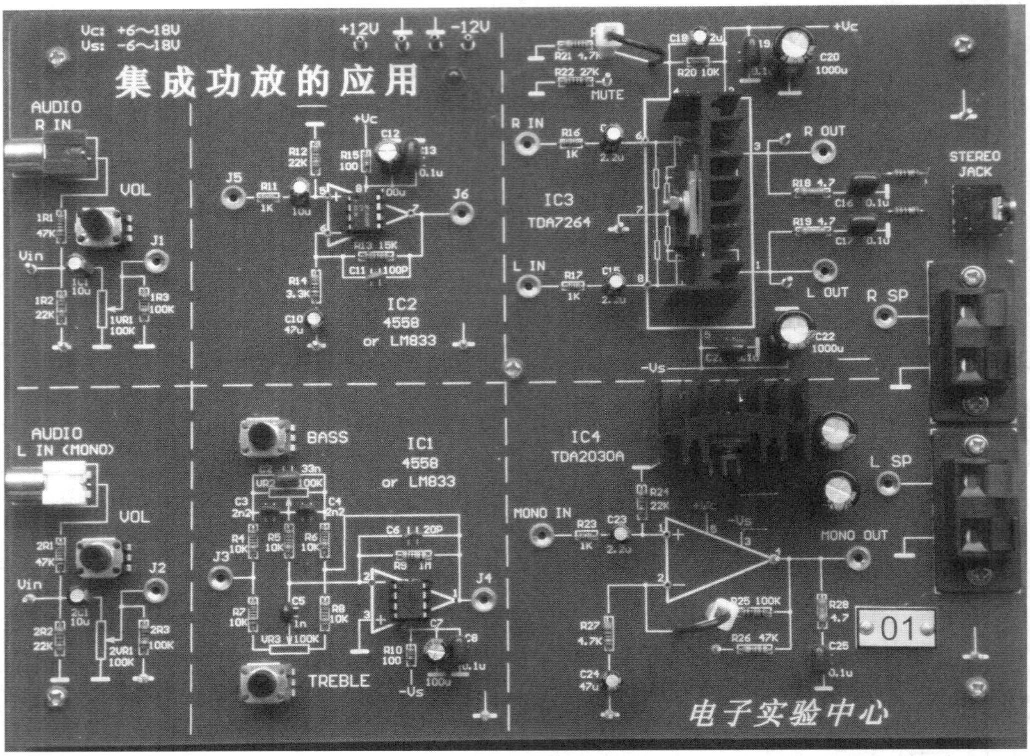

图 3.4.4　集成功效的应用实验底板实物图

第 4 章　开放实验室实验

4.1　实验九　简易函数发生器设计

一、实验目的

1．掌握运算放大器的应用。

2．掌握运算放大器电路参数设置。

3．学习电路搭建及电路测试的方法。

二、设计任务与要求

利用运算放大器设计具有三角波、方波和正弦波输出的简单信号源，可实现下列要求。

基本部分：

1．输出三角波，频率在 20Hz～20kHz 之间可调，输出幅度峰峰值约为 ±7V 。

2．输出与三角波同步的方波，频率在 20Hz～20kHz 可调，方波幅度约为 ±7V 。

发挥部分：

1．输出与三角波同步的信号波形完整不失真正弦波，频率在 20Hz～20kHz 可调。

三、设计要求

1．设计并制作出硬件电路

2．对电路进行实测，写出实验报告。

四、设计方案

分析以上设计任务可知，该设计可以有多种实现方案，下面给出四种方案供参考。

1．参考方案一

先产生正弦波，而后比较器产生方波，再通过积分器或其他电路产生三角波，最后通过幅值控制和功率放大电路输出信号。此电路的正弦波发生器的设计要求频率连续可调，方波输出要有限幅环节，积分电路的时间参数选择很重要，保证电路不出现积分饱和失真。

2．参考方案二

先产生方波，而后通过积分器或其他电路产生三角波，再用有源滤波器产生正弦波，最后通过幅值控制和功率放大电路输出信号。此电路的方波发生器的设计要求频率连续可调，输出要有限幅环节，积分电路的时间参数选择保证电路不出现积分饱和失真。

3．参考方案三

先产生方波，而后通过积分器或其他电路产生三角波，再用折先法将三角波转换为正弦波，最后通过幅值控制和功率放大电路输出信号。此电路的方波发生器的设计要求频率连续可调，输出要有限幅环节，积分电路的时间参数选择保证电路不出现积分饱和失真。

4．参考方案四

先产生三角波，而后通过比较器产生方波，同时用折线法将三角波转换为正弦波输出。

此电路的三角波发生器的设计要求频率连续可调，积分电路的时间参数选择保证电路不出现积分饱和失真。

五、设计举例

下面以方案四为例介绍电路实现的原理。

1．三角波与方波产生电路

可产生三角波与方波的函数发生器的工作原理与 V/F 转换器相同。图 4.1.1 是振荡电路的框图，基本上是运算放大器构成的积分器与比较器组成的电路。

图 4.1.1 电路中，控制电压 V_C 的极性切换电路产生 $\pm V_C$ 电压，V_C 的极性由比较器的输出状态进行控制。

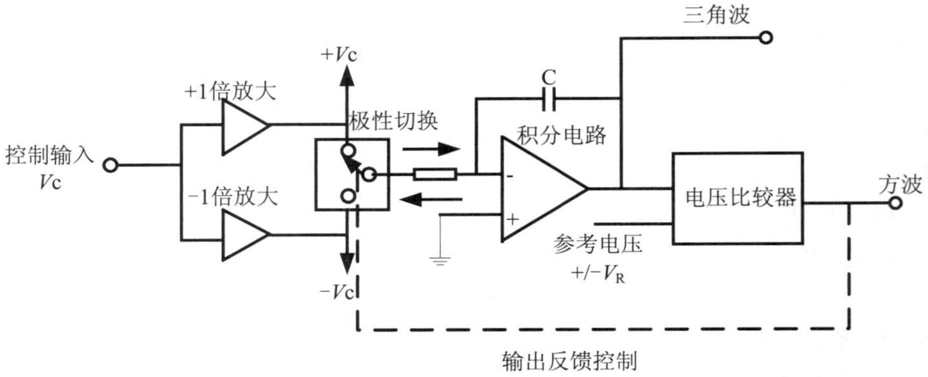

图 4.1.1 方波三角波函数发生器的工作原理图

积分电路与比较器是电路的主体，积分电路在极性切换电路作用下对积分器的输入电流方向进行切换，使积分器产生三角波，其频率与输入的控制电压大小成比例。比较器具有两个基准电压 $\pm V_R$，三角波通过比较器后产生方波输出。其工作过程如下：

首先，积分电路中运算放大器的输入电流 i 对电容 C 进行充电，这时积分器输出电压的斜率由式（4-1）决定。

$$e_o = -i / C(\text{V/s}) \tag{4-1}$$

也就是说，输入电流 i 越大，则每单位时间的电压变化越大。这就是输出波形的斜率即三角波的频率应与 $\pm V_C$ 大小成比例。

然而，若电路一直按上述情况积分，输出电压很快就会达到饱和并接近电源电压。使电路在饱和之前，积分电压达到某基准电压 $\pm V_R$ 时极性切换电路反转，积分输入电流方向也反转，进行这种工作的就是比较器。

在 $+V_R \sim -V_R$ 之间重复这种动作，由此持续进行三角波振荡。

比较器输出是与三角波同步的方波，但输出电压的振幅是由比较器输出的限幅电路特性决定的。

振荡频率由控制电压控制的积分常数（由输入电压 V_C 产生的电流 i 决定）决定，转换成频率时要加上积分动作反转电压 $\pm V_R$。

图 4.1.2 是函数发生器的总电路图，图中，运算放大器 A_1 为极性切换电路，A_2 为反转积分电路，A_3 为电压比较器电路。.

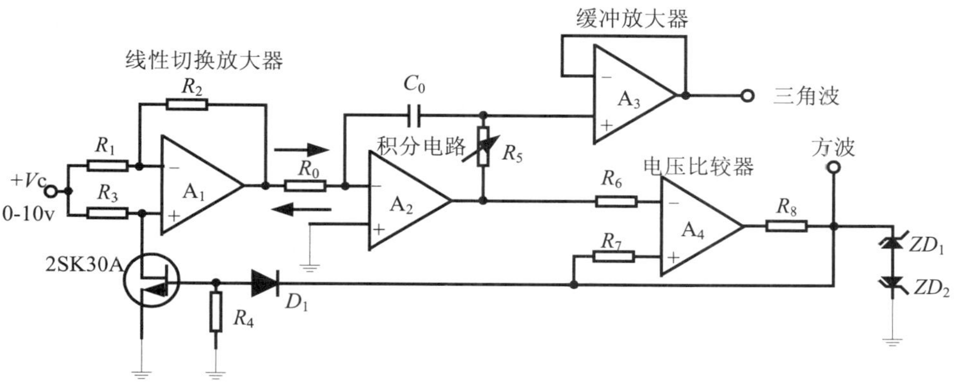

图 4.1.2　方波三角波函数发生器的总电路图

2SK30A 是 N 沟道的 JFET，该场效应管输入噪声低，输入阻抗高，抗干扰能力强。其外观与引脚如图 4.1.3 所示。

1 脚　MT1
2 脚　GATE
3 脚　MT2

图 4.1.3　2SK30A 外观与引脚如图

FET 构成的开关，FET 导通时，此时运算放大器工作于反向放大器，R_1=R_2，则增益为−1。FET 截止时，R_1 到 R_2 无电流流通，此时运算放大器工作于缓冲放大器，，则增益为+1。对于 FET，这里使用 N 沟道 FET，当偏置电压为其本身的夹断电压 V_P 以上时，FET 为截止状态（漏-源极间电阻值非常高），而零偏置时 FET 为导通状态，漏-源极间电阻值为数百欧，FET 相当于开关作用。

D_1 为二极管，可选 1N4148。当 D_1 右边为负时，二极管 D_1 通，D_1 左边更负，Tr_1 截止。当 D_1 右边为正时，二极管 D_1 不通，D_1 左边为 0，Tr_1 导通。

控制电压 V_C 为 0～+10V 的电压，可由可调电阻与固定电阻对直流电源分压得到，但需注意分压电阻的取值应适宜，否则会对运放电路的输入阻抗产生影响。

决定极性切换电路的电阻 R_1 和 R_2 阻值，即 R_1=R_2 即可，其阻值根据反转时输入电阻的阻值来决定。运算放大器构成的低输出电阻的电路对该电路进行控制时，R_1 和 R_2 阻值可设定为数千欧以上，这里可选用 10k 电阻。电阻 R_3 与 FET 开关的通/断之比有关，FET 截止电阻与导通电阻 Ron 相比应足够大（Ron 约为 300Ω时 FET 截止电阻为数十千欧以上），R_3 阻值过大时，若运算放大器 A 的输入电容与杂散电容设定的常数接近开关频率，则电路会出问题。（可选 R_3=10k）

使用运算放大器的积分电路高频特性不好，因此，对于标准的电路要接入一个与积分电容串联的电阻，从而改善振荡频率对于控制电压的线性关系，而 R_5 的阻值由实验确定。

为了改善与控制电压的线性，在积分电路中接入电阻 R_5，由此增大了阻抗，可用缓冲放大器进行补偿，为此目的而增加运算放大器 A_3。但对于数千赫以下的 V_{CO} 电路，由于电阻

R_5为零，因此，可不接A_3。R_5增大了A_2的输出阻抗，后面可加缓冲放大器进行补偿.但对于数千赫兹的V_{CO}电路，R_5为0，可不接缓冲放大器.

电阻R_0与电容C_0的值由V_{CO}的最高频率$f$max决定，先决定容易得到的电容的值，再反过来计算R_0的阻值即可。

参考电路中的运放可为TL082，是通用的J-FET双运算放大器，其特点有：较低的输入偏置电压和偏移电流，输入级具有较高的输入电阻，内建频率补偿电路，具有较高的压摆率，最大工作电压为±18 V，其引脚如图4.1.4所示。也可以采用单运放OP07，也是通用运算放大器，但输出相同幅度时的频率范围可能会有所不同。

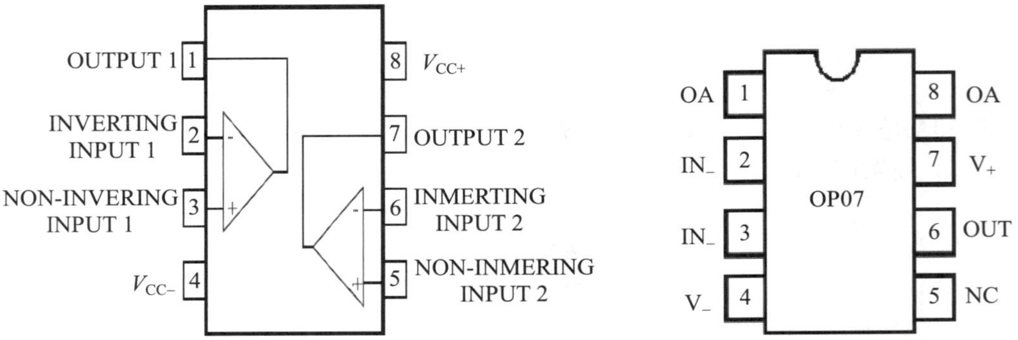

图 4.1.4　TLO82 引脚图以及 OP07 引脚图

2. 折线法实现正弦波

若用运放产生与三角波同步的正弦波，可采用折线法实现，其基本原理如下：

运算放大器电路的输出与输入是按一次函数（比例）的变化关系进行的。如需其他函数的变换关系，则可按图4.1.5所示的折线去近似。具有这种特性的电路称为折线电路。

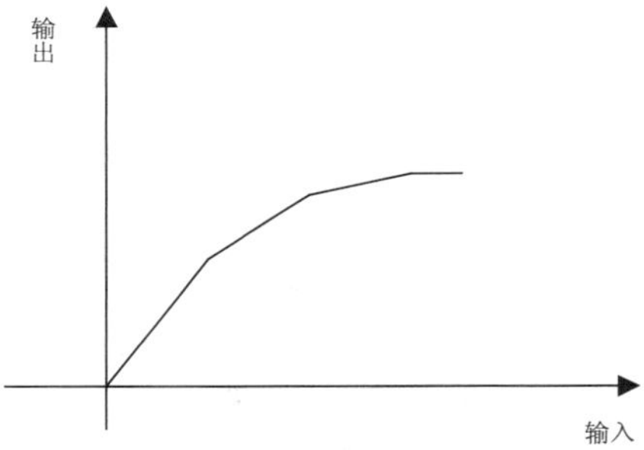

图 4.1.5　折线电路的特性

使用二极管和运算放大器即可非常简单地实现折线电路。这种电路可分为振幅压缩、振幅伸长等电路。

（1）压缩电路

图4.1.6是最简单的1级压缩电路的原理图。在$0<V_{IN}<V_1$的区间内，二极管处于截止状态，这是运放为反相线性放大器，其特性如图4.1.7中的OA段所示。输出电压超过V_1时，二极管D处于导通状态，反馈电阻由R_3和R_2并联而成，其特性如AB段所示，增益下降。当VIN为负时，二极管依然截止，电路依旧是反相线性放大器。如果将这个电路重复连接三、四或更高次，可以得到精细的压缩特性。

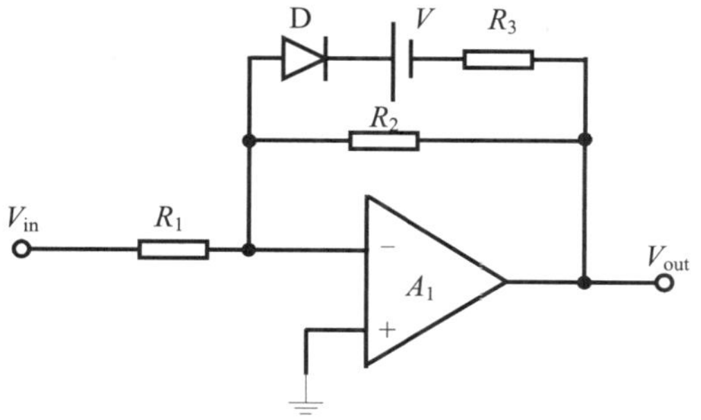

图 4.1.6　1 级压缩电路的原理图

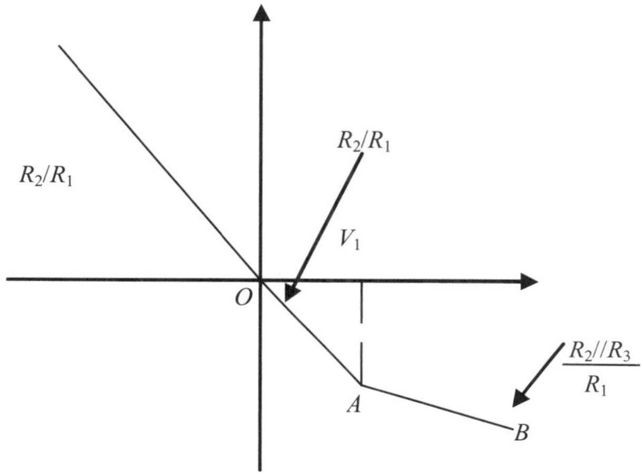

图 4.1.7　1 级压缩电路的特性

（2）伸长电路

图 4.1.8 是一个 1 级伸长电路的原理图。输入电压比电池电压 V 小时，二极管 D 处于截止状态，由 R_1、R_2 组成反相放大器。输入 V_{IN} 达到 V 以上时，二极管处于导通状态，反馈电阻由 R_1 和 R_2 并联而成，增益上升。电池部分可用齐纳二极管替代。

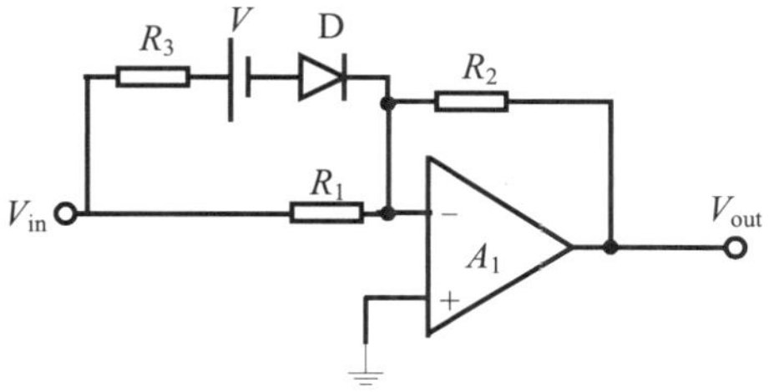

图 4.1.8　1 级伸长电路的原理图

利用折线电路，设计合适的反馈电阻与电压 V 可以实现三角波与正弦波的转换。

3．电路的安装与调试

可以采用多孔板进行电路的搭建。如图 4.1.9 所示分别为多孔板的背面与正面。

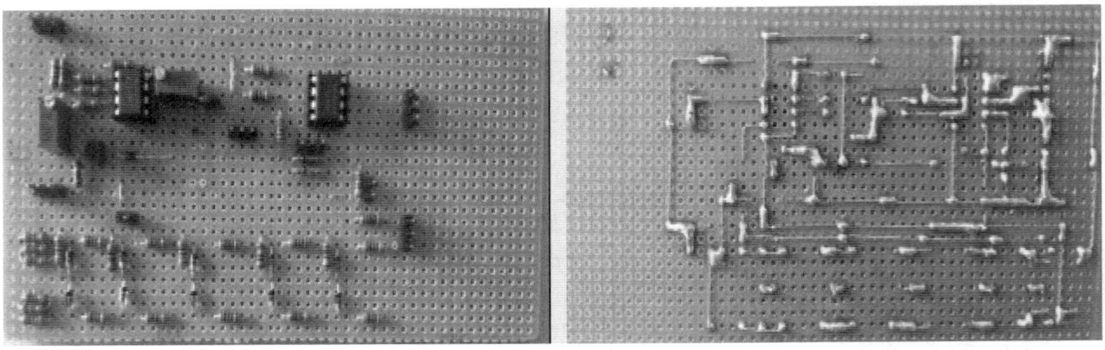

图 4.1.9　电路的制作

采用示波器对电路的输出波形进行测试，如图 4.1.10 所示为输出的方波与三角波波形。

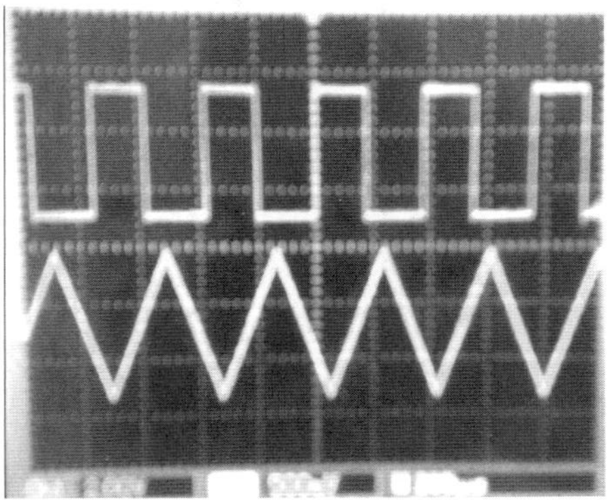

图 4.1.10　电路的测试

4.2 实验十 声光控延时灯设计

一、实验目的

1．学习光敏电阻和话筒等的使用方法。

2．学习用门电路构成单稳态触发器的方法。

3．学习声光控延时灯的设计与调试方法。

二、设计任务

1．设计声控延时灯，拍手后灯亮，延时 15s 后自动熄灭。

2．同时满足光照强时，灯保持不亮，光照弱时才受声音控制点亮。

三、设计要求

1．设计声光控延时灯电路。

2．搭接电路并调试。

3．焊接硬件电路，实现功能指标要求并进行原理说明。

4．完成实验报告。

四、设计方案

本设计要求由声控和光控传感器来感应四周环境的变化，从而做出相关的动作，控制照明灯的开关。白天当光线照射到光敏电阻上时，其通过感应使电路封锁声音通道，使声音脉冲不能通过，则灯泡不受声音控制，即声控传感器暂时失去作用，灯泡不亮。夜间或光线较暗时，光敏电阻因无光照呈低阻，经感应使声音通道开通，当人走动或有人谈话时，通过声控传感器的感应，使得灯泡自动点亮，经过内部设定时间后，灯泡自动熄灭。

分析以上设计任务可知，该设计的延时和定时部分可以有多种实现方案，下面给出三种延时及定时方案供参考。

1．参考方案一

采用数字逻辑中的门电路实现对光线和声音的条件判断，并用对电容定时充放电实现定时。

2．参考方案二

电路要实现的逻辑功能比较简单，可以用其他的方法代替门电路的使用，可使用两个三极管实现对光线和声音的条件判断设计。经过放大后的电流作用于电容使其充电，并通过相应的三极管导通，使灯泡亮起来，再利用电容 C 的放电充电使其实现延时功能。

3．参考方案三

利用比较器实现对光与声的判定，决定灯亮的条件，并利用集成芯片 555 构成单稳态触发器实现延时功能。

五、设计举例

下面采用方案一进行举例。即采用数字逻辑中的门电路实现灯对光线和声音的条件判断，并采用对电容定时充放电实现定时。

1．原理图举例及原理分析

原理图如图 4.2.1 所示。

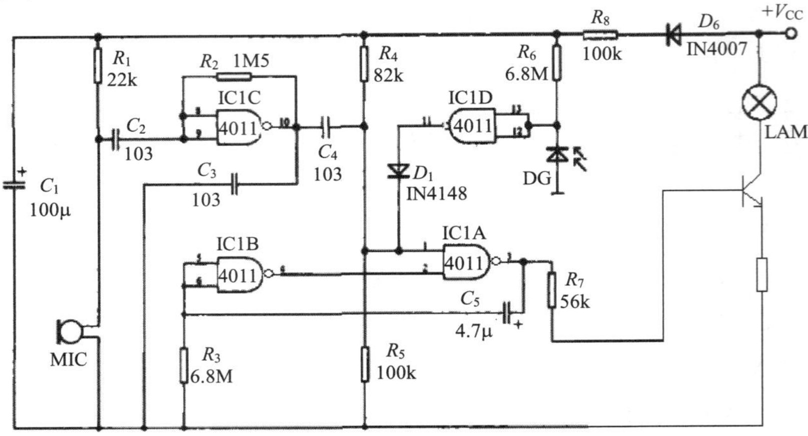

图 4.2.1　声光控灯的原理图

（1）电路工作原理

白天：光敏管 DG 在光线照射下，反向电阻变小，IC1D 反相器 11 脚输出高电平经 D_1 使 IC1A 的 1 脚为高电平，IC1A 与非门 3 脚输出低电平，灯泡 LAMP 保持不亮。

夜间：光敏管 DG 反向电阻变大，IC1D 反相器 11 脚输出低电平，这时 D_1 起到了隔离的作用。

当话筒 MIC 接收到脚步等声音时，经 C_2 到 IC1C 放大，输出的脉冲信号经 C_4 使 IC1A 的 1 脚得到低电平，IC1A 与非门 3 脚输出高电平，三极管导通，灯泡 LAMP 点亮；同时 C_5 开始充电，使 IC1B 反相器 4 脚输出低电平，IC1A 与非门 3 脚保持输出高电平，单向可控硅 SCR 保持导通，灯泡 LAMP 保持点亮。

当 C_5 充电完毕，IC1B 反相器输出变为高电平，IC1A 与非门 3 脚输出低电平，单向可控硅 SCR 截止，灯泡 LAMP 熄灭。

当话筒 MIC 再次接收到脚步等声音时，灯泡点亮延时熄灭（20s 左右），依此循环。

C_5 充电时间（即灯泡延时时间）由 C_5、R_3 的数值决定。

R_5 增大可使声音灵敏度降低。

（2）元器件使用的注意事项

1）麦克风的选择及检测

驻极体话筒选用的是一般的小话筒，它的测量方法是：用模拟万用表的 r*100 挡将红表笔接外壳端、黑表笔接另一端，这时用口对着驻极体吹气，若表针有摆动说明该驻极体完好，摆动越大灵敏度越高。

2）光敏电阻的使用

光敏电阻是受光照控制的可变电阻，其阻值与照射到其表面的光强成反比：光线越强其阻值越小，光线越弱其阻值越大。有的光敏电阻在黑暗中阻值可以达到几兆欧，在强光下阻值仅为数百欧或数千欧。在上述参考电路中使用时要注意正确设计与分压电阻 R_6 的分压电压范围，以保证门电路输入端的高低电压范围。

3）三极管

在上述参考电路中三极管作为开关使用，注意导通是的电流应小于其额定的集电极最大电流。

4）发光二极管

在上述参考电路中，延时灯用发光二极管代替。发光二极管长脚为正极，短脚为负极。发光二极管需要一定的驱动电流才能发光，所以设计时上拉电阻的阻值应合适。

2．电路实现举例

图 4.2.2 为用多孔板实现的硬件电路图。

图 4.2.2　声光控灯的电路制作

将电路连接好，接上电源。首先看实验是否达到预定效果。若没有，则用示波器逐个检测信号，再检查是否存在虚焊的问题。直到达到预期效果。调试过程中如果发现电路不太灵敏，可以调节声音检测放大电路，增加它的灵敏度。

4.3 实验十一 用555定时器组成函数发生器

一、实验目的

1. 熟悉555定时器的基本功能。
2. 掌握用555构成多种波形的方法。
3. 学习用万能板搭建电路及电路测试的方法。

二、设计任务

1. 用555定时器、晶体管及阻容元件构成函数发生器， 可同时产生三角波、方波、正弦波、锯齿波和扫频方波。
2. 各种波形频率分挡连续可调，范围为500Hz～10kHz。
3. 方波幅度为5～15V。
4. 斜波的非线性在1%以下，正弦波失真率小于3%。

三、设计要求

1. 用555集成定时器设计函数发生器电路。
2. 搭接电路并调试。
3. 焊接硬件电路，实现功能指标要求并进行原理说明。
4. 完成实验报告。

四、设计方案

实现方案简述如下：

本实验限定用555定时器及附加电路构成函数发生器。

555 定时器是模拟-数字混合式集成电路。可产生精确的时间延迟和振荡，在波形的产生与变换、测量与控制、家用电器、电子玩具等许多领域中都得到了应用。

555定时器输入TH端（6脚）有效时，输出“1”，输入TR端（2脚）有效时，输出“0”两个输入端均无效时，输出保持。有效地控制555定时器2、6脚交替有效，可以很方便地输出方波。

本实验要求实现的电路是“函数发生器”，555定时器2、6脚的输入不应来自外部，可以考虑利用555定时器放电三极管通断与输出高低电平对应关系对电容充放电，从而控制2、6脚的输入，即构成多谐振荡器；也可以考虑将定时器输出的方波经过转化为三角波后反馈至输入端。

利用555定时器产生方波后，可以利用相关电路将方波转化为三角波，再将三角波转化为正弦波，具体转换的方法，电路较多，请同学自行查找资料选择相关电路。以下给出一种参考方案。

五、设计举例

1. 方案框图

系统方案框图如图4.3.1所示。

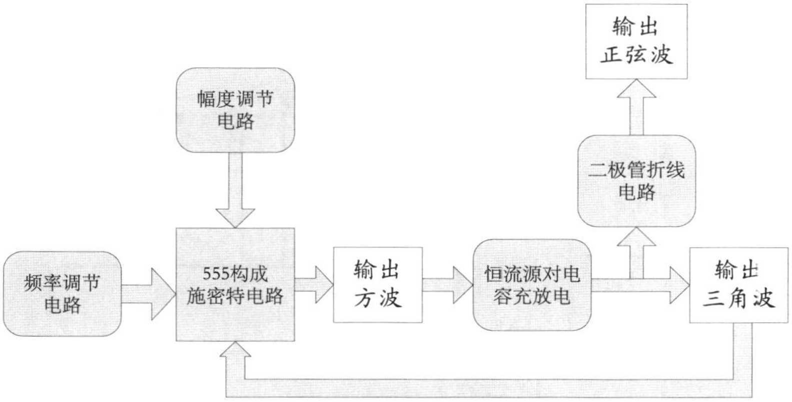

图 4.3.1　系统框图

2．核心电路简介

555 主要由电阻分压器、电压比较器、基本 RS 触发器、放电管、缓冲器构成。其结构框图如图 4.3.2 所示。

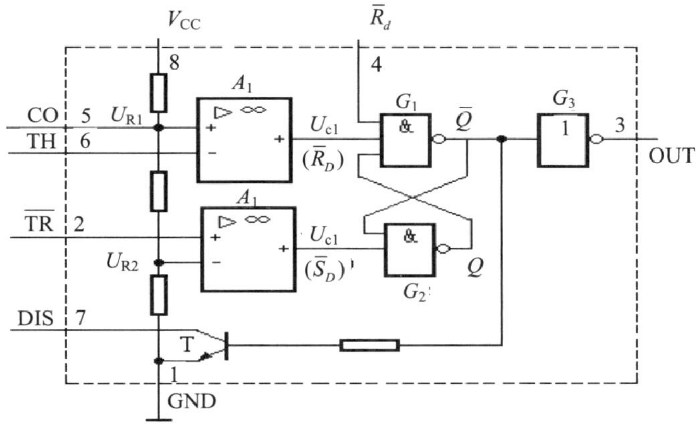

图 4.3.2　555 定时器结构框图

555 功能表（CO 未用时）如表 4.3.1 所示。

表 4.3.1　555 功能表

TH	$\overline{TR}$	$\overline{R_d}$	OUT	DIS
×	×	0	0	导通
$>\frac{2}{3}V_{CC}$	$>\frac{1}{3}V_{CC}$	1	0	导通
$<\frac{2}{3}V_{CC}$	$>\frac{1}{3}V_{CC}$	1	保持	保持
$<\frac{2}{3}V_{CC}$	$<\frac{1}{3}V_{CC}$	1	1	截止

555 内部比较器有两个不同的基准电压 U_{R1} 和 U_{R2}，对应该触发端 TH 和低触发端 $\overline{TR}$ 。施密特触发器在输入上升过程和下降过程有不同的转换电平 U_{T+}和 U_{T-}。将 555 的输入 2、6

脚接在一起，输入信号可构成施密特触发器。电路及工作波形如图 4.3.3 所示。

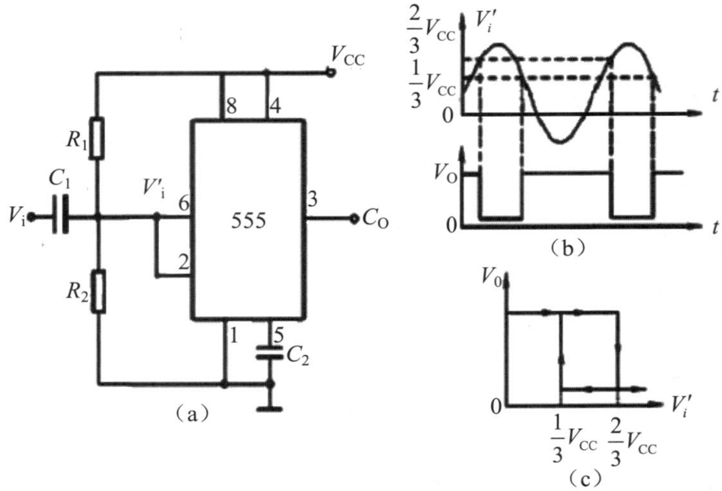

图 4.3.3　555 构成的施密特触发器电路

回差电压为
$$\Delta V = \frac{2}{3}V_{CC} - \frac{1}{3}V_{CC} = \frac{1}{3}V_{CC}$$

如果在 CO 端加上控制电压，则可以改变电路的 V_{T+}和 V_{T-}。

3．实验参考电路及说明

此处提供一个参考电路如图 4.3.4 所示。

该电路由一片 CH7555 定时器和一些定时器及阻容元件组成，可同时产生三角波、方波、正弦波、锯齿波和扫频方波。锯齿波可以使正或负的。各种波形的频率从 0.1Hz～100kHz 分挡连续可调，方波幅度为 5～15V，可直接驱动 TTL（5V 电源时），斜波的非线性在 1%以下，正弦波失真率小于 3%。

定时器 CH7555 的正负触发输入端（2 脚和 6 脚）连在一起构成施密特触发器。输出端（3 脚）通过恒流源使接在输入端的电容充放电，从而产生方波输出。电容的数值通过开关 K_1 选择，以改变振荡频率。恒流源包括场效应对管、电位器及两个 330Ω 电阻。如果开关 K_2 处于中间位置（悬空），电容充电时，电流就从右向左，右管 T_4 呈现低阻，左管是恒流源；电容放电时，电流就从左向右，左管 T_3 呈现低阻，右管是恒流源；因为电路结构的对称性，恒流源两个方向的电流相等，所以在开关 K_2 的公共端得到对称的三角波，并经 T_5、T_1 隔离输出。

当开关 K_2 处于左边时，左侧恒流源被短路；当开关 K_2 处于右边时，右侧恒流源被短路。这样，电容的充放电不对称，分别产生上升逆程和下降逆程锯齿波，同时定时器输出占空比不是 50%的方波。

电路中二极管 D_1 和 D_2 级电位器 W_2 为正弦波转换电路，晶体管 T_2 为电压跟随器，起缓冲作用。定时器 5 脚加以可变直流电压，可以调节输出信号频率而不影响方波的对称性。若控制电压为锯齿波，则可得到扫频方波。

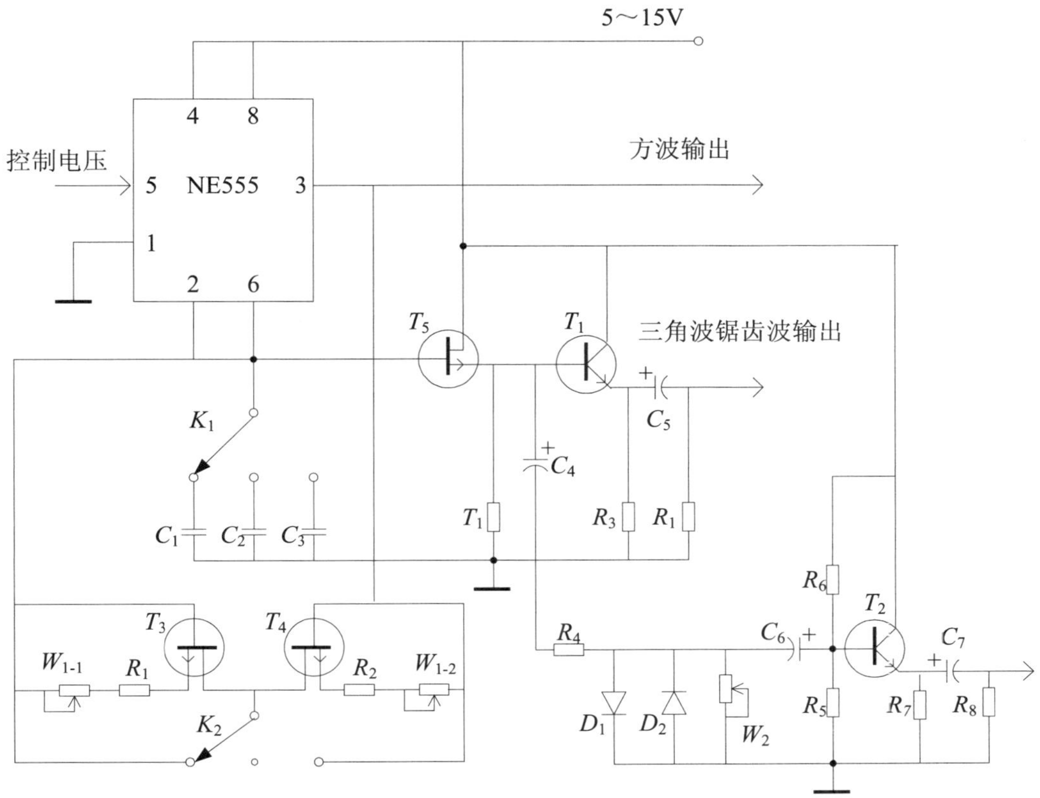

图 4.3.4　参考电路

4．实验器材（设备、元器件）

（1）双踪示波器一台

（2）直流稳压电源一台

（3）万能电路板一块

（4）烙铁一只

（5）555 一只

（6）晶体管、二极管、电阻、电容及导线若干

5．实验步骤

（1）根据实验指标及要求设计实验电路。

（2）通过仿真后利用万能电路板进行实验板组装。

万能电路板如图 4.3.5 所示。

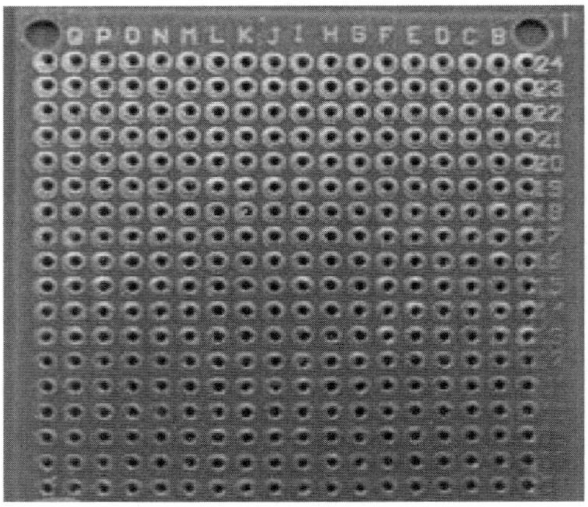

图 4.3.5　万能电路板

连线要精简，尽可能短，尽量少拐弯，力求线条简单明了。在电路板上注明电源及各个测试点位置。

（3）对组装电路板的各项参数进行测试。

六、实验任务及要求

实测实验电路函数输出的各项参数并与实验指标比较。

以提供的参考电路为例，测试方案如下。

（1）K_2 开关处于中间挡，改变 K_1 开关位置，分别测试并绘出方波、三角波、正弦波波形并将相关参数记录到表 4.3.2 中。

表 4.3.2　输出幅度测试

波　形	幅　度
方波	
三角波	
正弦波	

1）改变电源电压测试各波形输出幅度的范围。

2）在 15V 电源下,通过 5 脚加入直流电压，测试各波形输出频率范围记录到表 4.3.3 中。

表 4.3.3　输出频率范围测试

K_1 开关位置（电容值）	输出信号频率（kHz）
0.1 μ	
0.022 μ	
0.01 μ	

（2）K_2 开关分别接左挡和右挡，测试并绘出锯齿波波形计算其斜率，同时测量方波占空比记录到表 4.3.4 中。

表 4.3.4 方波占空比测试

K_2 开关位置	锯齿波斜率	方波占空比
左		
右		

（3）在 12V 电源下，K_2 开关处于中间挡，K_1 开关接 0.01u 电容，5 脚外加锯齿波信号，测试并绘出扫频信号输出。 改变锯齿波信号的频率和幅度，观察输出扫频信号的变化。

七、思考题

如果要提高正弦波输出的精度，可以对电路进行怎样的改进？

4.4 实验十二 汽车尾灯控制电路设计

一、实验目的

1. 熟悉 555 定时器的基本功能。
2. 学习用 555、译码器、触发器及辅助门电路构成小型数字系统的方法。
3. 学习用万能板搭建电路及电路测试的方法。

二、设计任务

设计一个汽车尾灯控制电路，用六个发光二极管模拟汽车尾灯（左右各三个），用开关选择控制汽车正常运行、右转弯、左转弯和刹车时尾灯的情况。

1. 汽车正常运行时尾灯全部熄灭；
2. 汽车左转弯时左边的三个发光二极管按左循环顺序点亮；
3. 汽车右转弯时右边的三个发光二极管按右循环顺序点亮；
4. 汽车刹车时所有的指示灯随 *CP* 脉冲同时闪烁。

三、设计要求

1. 设计汽车尾灯控制电路。
2. 搭接电路并调试。
3. 焊接硬件电路，实现功能指标要求并进行原理说明。
4. 完成实验报告。

四、设计方案与举例

（一）系统分析

设计要求中，汽车尾灯的工作状态对应于汽车工作的四种模式。这四种模式可以用两个开关来进行设置。本设计中用开关 K_1 和 K_2 来设置汽车的工作模式，开关状态和尾灯显示状态的对应关系表如表 4.4.1 所示。

表 4.4.1 汽车尾灯显示状态变化表

运行模式	开关 K_1	开关 K_0	左边尾灯 $D_1\,D_2\,D_3$	右边尾灯 $D_4\,D_5\,D_6$
正常运行	0	0	灯灭	灯灭
左转弯	0	1	灯灭	$D_4\,D_5\,D_6$ 点亮
右转弯	1	0	$D_1\,D_2\,D_3$ 点亮	灯灭
刹车	1	1	所有尾灯同时以一定频率闪烁	

在汽车左右转弯行驶时时，要求左右各三个尾灯依次顺序循环点亮，可以设计一个三进制计数器，用其输出控制译码电路经驱动电路将尾灯以次点亮。

（二）具体方案举例

1. 根据上述分析得到方案框图如图 4.4.1 所示

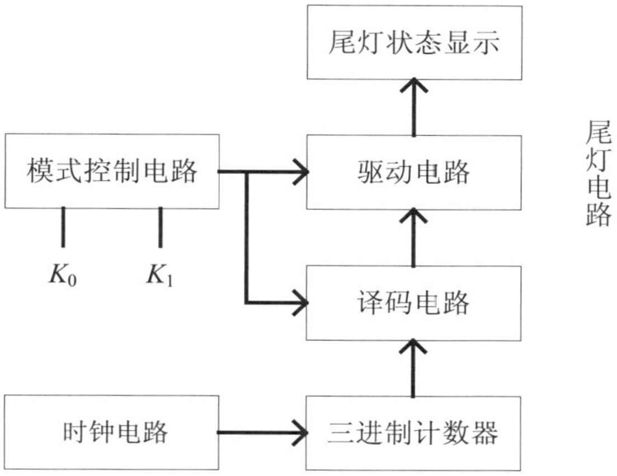

图 4.4.1 汽车尾灯控制方案框图

2．三进制计数器设计

三进制计数器可由双 D 触发器 74LS74 和辅助门电路构成。其状态和尾灯显示对应关系如表 4.4.2 所示。Q_1Q_0 的计数序列依次为 00-01-10 循环输出。

表 4.4.2 三进制计数器状态表和尾灯对应关系表

运行模式	开关 K_1 K_0	计数器状态 Q_1 Q_0	左边尾灯 D_1 D_2 D_3	右边尾灯 $D_4D_5D_6$
正常运行	0 0	× ×	0 0 0	0 0 0
左转弯	0 1	0 0	1 0 0	0 0 0
		0 1	0 1 0	0 0 0
		1 0	0 0 1	0 0 0
右转弯	1 0	0 0	0 0 0	1 0 0
		0 1	0 0 0	0 1 0
		1 0	0 0 0	0 0 1
刹车	1 1	× ×	所有尾灯同时以一定频率闪烁	

由表 4.4.2 可得触发器激励方程

$$D0 = \overline{Q_1} \cdot \overline{Q_0} = \overline{Q_1 + Q_0}\ ;$$

$$D1 = \overline{Q_1} \cdot Q_0 = \overline{Q_1 + \overline{Q_0}}\ 。$$

三进制计数器电路如图 4.4.2 所示。

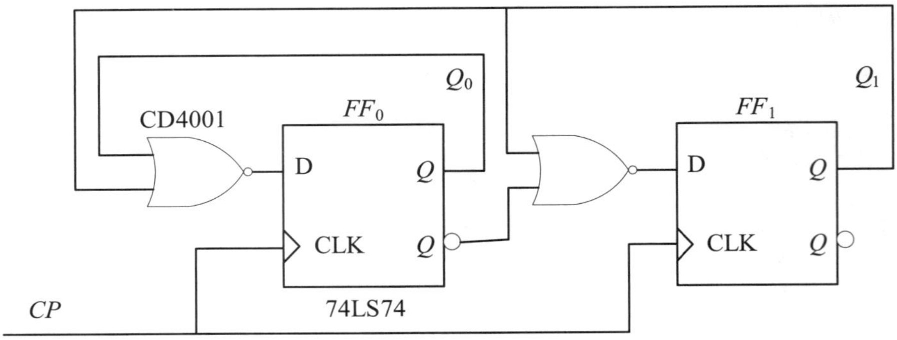

图 4.4.2　三进制计数器

3．译码驱动使能设计

由表 4.4.2 可知，当汽车左转弯或右转弯行驶时，可以利用计数器状态控制译码器 74LS138 输出经驱动电路点亮尾灯。正常行驶时和刹车时，尾灯显示和计数器状态无关。由此可知汽车运行状态将直接作用于显示驱动，此处设计由开关产生一个译码使能 G 和显示驱动使能 EN。当汽车车左转弯或右转弯行驶时，EN 有效，译码器 74LS138 使能 G 有效，尾灯状态取决于译码器输出。当汽车工作在正常行驶模式时，EN 有效，译码器 74LS138 使能 G 无效，尾灯不显示；当汽车工作在刹车模式时，译码器 74LS138 使能 G 无效，尾灯状态取决于显示驱动使能信号 EN。工作模式与译码驱动使能信号间的关系如表 4.4.3 所示。

表 4.4.3　工作模式与译码驱动使能信号对应关系

运行模式	开关 K_1	开关 K_0	使能信号 G	使能信号 EN
正常运行	0	0	0	1
左转弯	0	1	1	1
右转弯	1	0	1	1
刹车	1	1	0	CP

由表 4.4.3 可得

$$G = K_1 \oplus K_0$$

$$EN = \overline{K_1} + \overline{K_0} + CP = \overline{K_1 \cdot K_0 \cdot \overline{CP}}$$

电路如图 4.4.3 所示。

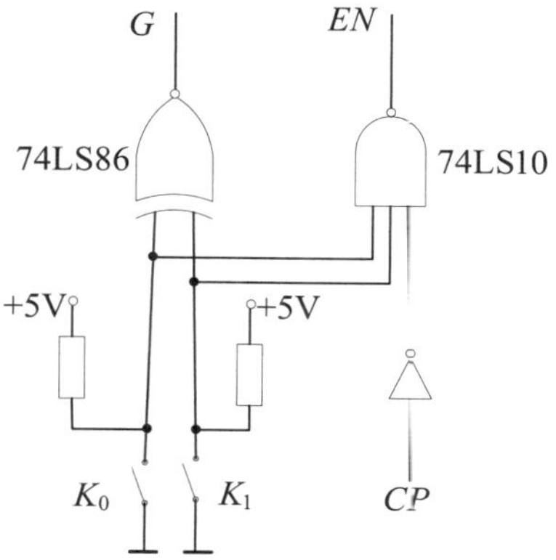

图 4.4.3 译码驱动使能信号产生

4．尾灯电路设计

由以上分析可知，尾灯电路由 74LS138 和与非门及指示灯构成，电路如图 4.4.4。译码使能信号 G 控制 74LS138 使能端 G_1，K_1、Q_1、Q_0 作译码器译码输入，EN 可以对译码输出信号放行或封锁。当汽车左转时，K_1=0，$\overline{Y_0}$ 、$\overline{Y_1}$ 、$\overline{Y_2}$ 依次有效，左边三个尾灯循环点亮；当汽车右转时，K_1=1，右 $\overline{Y_4}$ 、$\overline{Y_5}$ 、$\overline{Y_6}$ 依次有效，右边三个尾灯依次循环点亮；正常行驶时，EN 有效，与非门打开，但 G 无效，74LS138 不能译码，输出全部无效，尾灯不亮；刹车时，G 无效，74LS138 不能译码，输出全为高，尾灯状态取决于 EN。

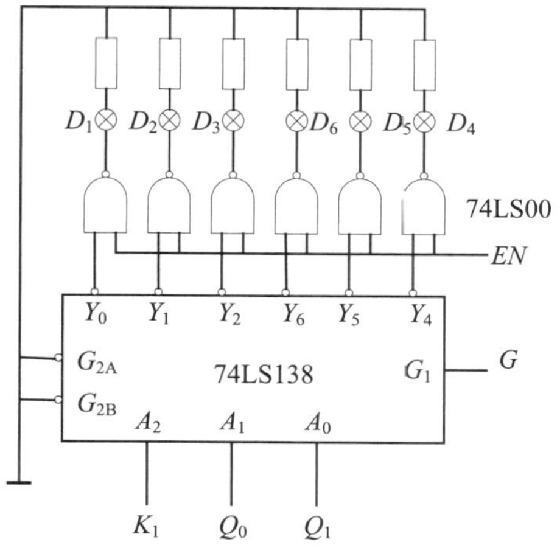

图 4.4.4 尾灯译码显示电路

5．时钟电路设计

计数器时钟急刹车时显示的控制信号 555 定时器构成的多谐振荡器产生。电路如图 4.4.5 所示。

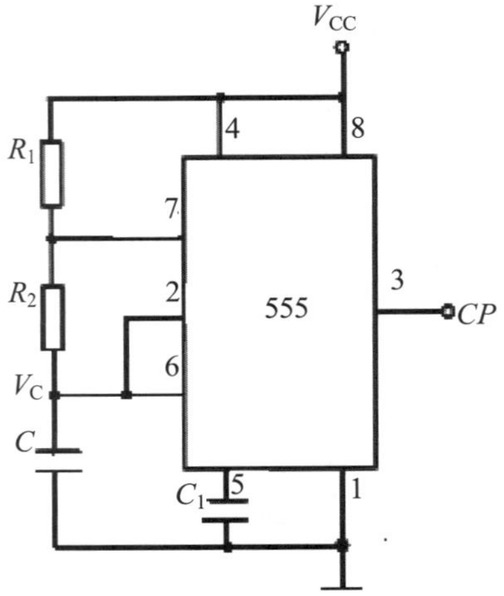

图 4.4.5　时钟电路

$$T_{CP}=0.7(R_1+2R_2)C$$

此处考虑人眼分辨率，取 T_{CP} 约为 0.5s，合理选择电阻电容，不难满足要求。

五、实验器材（设备、元器件）

（1）双踪示波器一台
（2）直流稳压电源一台
（3）万能电路板一块
（4）烙铁一只
（5）NE555、74LS74、74LS138、74LS00、74LS86、74LS10、CD4001
（6）开关、发光二极管、电阻、电容及导线若干

六、实验步骤

1. 根据实验指标及要求设计实验电路。
2. 通过仿真后利用万能电路板进行实验板组装。

连线要精简，尽可能短，尽量少拐弯，力求线条简单明了。在电路板上注明电源及各个测试点位置。

3. 对组装电路板的单元模块进行测试。
4. 系统整体调试。

七、具体实验任务

利用开关模拟控制汽车行驶模式，观察其尾灯显示与设计要求是否相符。

八、思考题

如果该尾灯显示电路，还需加入应急模式、夜间行驶示宽显示、倒车工作模式，可以对电路进行怎样的改进？

4.5 实验十三 人体反应速度测试器的设计

一、实验目的

1．掌握计数器电路的设计方法。

2．掌握数字电路的综合设计方法。

3．学习用万能板搭建电路及电路测试的方法。

二、设计任务

设计一个测试人体反应速度的电路。通过测量人在电路亮灯后按下相应按键的速度，判断被测试者的机体反应和动作的灵敏度。

电路设置一组 LED 指示灯（8 只）作为观测目标，用按键控制人体反应逗度测试器电路的启动和停止。

1．按下启动按键，经过开机延迟后测试信号指示灯全亮。

2．按下停止按键，测试信号指示灯依次熄灭。从信号指示灯未熄灭的个数可以推算人的反应时间。

三、设计要求

1．制订方案。

2．电路设计。

3．电路优化及仿真

4．制作电路并调试。

5．测试电路功能，记录测试数据。

6．撰写实验设计报告。

四、设计方案

1．方案一：采用 FPGA 技术进行组合与时序逻辑电路设计来完成项目。

该系统以 FPGA 或 CPLD 为核心，以 Quartus Ⅱ为软件开发平台，实现人体反应速度测试系统。通过被测试者对系统的随机序列的响应来判断分析，将结果送至 LCD 显示出来。FPGA 芯片作为中央控制器控制整个系统，可将整个系统划分为分频模块、随机数产生模块、速度控制模块、得分模块、显示模块等等。在 FPGA 模块之外，还需设计外部按键和发光二极管等模块，利用 FPGA 模块的扩展接口与其相连。该方案既包含软件设计，又包含硬件设计，可以灵活实现多种功能，测量精度高，稳定可靠，可以综合全面地训练电子线路系统设计能力。该方案综合性较强，实验涉及的知识较广。

2．方案二：采用分立元件、集成芯片等全硬件电路来完成项目。

要实现人体反应速度测试器电路的基本功能，电路由时钟脉冲、开机延时、减法计数、测试信号灯、启动显示、停止控制等部分组成。系统原理方框图如图 4.5.1 所示。

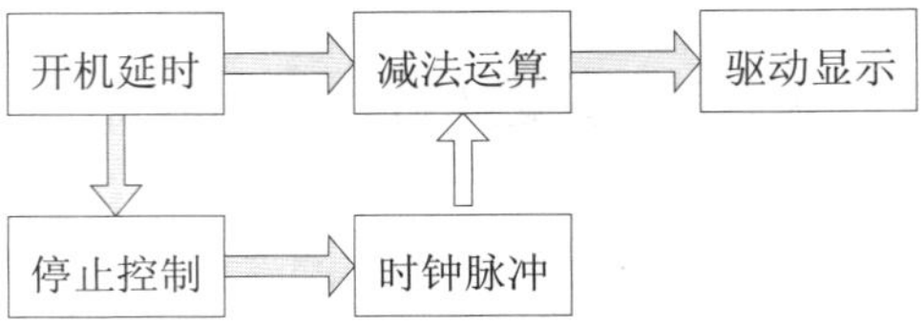

图 4.5.1　反应速度测试器电路框图

它的核心电路是一个减法运算电路控制测试信号灯依次点亮或依次熄灭，该电路利用移位寄存器的移位功能实现。测试开始和结束，由一个控制电路实现。此外，电路还需脉冲时钟电路、开机延时电路和驱动显示电路。

减法运算电路可以由 8 位的移位寄存器构成，例如采用双 4 位静态移位寄存器 4015，其内部含有 2 组独立的 4 位串入—并出移位寄存器，在本电路中将两组级联使用。也可采用通用移位寄存器 74X194 等。

时钟产生电路要产生一时钟周期为 62ms 的矩形波，可采用多种电路实现。例如 555 时基电路,普通反相器 4069 构成的时钟发生器，或用施密特反相器 CD40106 构成的时钟发生器等。

在停止控制电路部分，要用到 RS 触发器，可用两个或非门交叉耦合连接而成的高电平有效的 RS 触发器，也可用两个与非门交叉耦合连接而成的低电平有效的 $\overline{S}\ \overline{R}$ 触发器。可选用的集成芯片有四 2 输入端或非门 CD4001，或四 2 输入端与非门 74LS00，或四 2 输入与非门 C036 等。

该方案是采用全硬件电路设计，实验电路中包含了由脉冲电路构成的振荡器和初始状态设置电路，也包含了数字逻辑电路中的移位寄存器等电路。它涉及的内容覆盖了脉冲与数字逻辑电路课程的多个方面，为学生理解和应用数字逻辑电路基本知识提供了一个很好的实践平台。

五、设计举例

电路主要由 4 种共 4 只 CMOS 数字集成电路构成。其中 IC_1 是双 4 位静态移位寄存器 4015，其内部含有 2 组独立的 4 位串入-并出移位寄存器，在本电路中将两组级联使用。IC_2 是 4 个 2 输入或非门电路 4001，IC_3 是 6 反相器 4069，每个芯片内含有 6 个独立的反相器，具有较大的驱动电流能力，可以直接驱动发光二极管。IC_4 是 40106，每个芯片内含有 6 个独立的施密特反相器。

1．各部分单元电路原理

（1）开机延时电路原理

按下开启按钮 K_1，电源接通，指示灯 LED10 被点亮，显示电路接通。由于电容两端电压不能突变，所以 C_1 上电压仍为 0，或非门 IC1B 输出 1，指示灯 LED1 不亮。但 V_{CC} 会通过 R_1 对 C_1 充电，使得 C_1 上电压升高，当 C_1 上电压升到大于 CMOS 门的阈值电压时，或非门 IC1B 输出发生翻转，由高变低，经两级反相门时间延迟后，使发光二极管 LED1 点亮，表示测试开始。

（2）减法电路原理

CD4015 为一个 4 位串入并出的移位寄存器，为实现 8 位数串入并出，可将两片 CD4015 级联，即第一片的第 4 位输出接第二片的串行输入。电源接通时，或非门 IC1B 输出 1，该高电平信号从 IC2B 的 D 端串行输入，在时钟作用下，使 IC2B 输出 $Q_0Q_1Q_2Q_3$ 依次变为“1”，Q_3 接 IC2A 的 D 端，所以 IC2A 的输出 $Q_0Q_1Q_2Q_3$ 依次变为“1”。当测试开始，或非门 CD4001（IC1B）输出“0”，该低电平又从移位寄存器串行输入端输入，使移位寄存器输出依次变成“0”。

（3）驱动显示电路原理

移位寄存器的 8 位输出分别经 8 个 CD4069 构成的反相器驱动 LE2～LED9 共八只发光二极管发光。电源接通时，移位寄存器输出 1，反相后为 0，对应二极管导通，LED2～LED9 被依次点亮。当测试开始，移位寄存器输出变为 0，反相后为 1，控制对应发光二极管截止，LED2～LED9 依次熄灭。

（4）停止控制电路原理

该部分电路最主要的是由两个或非门 IC1C 和 IC1D 构成的 RS 触发器，输入为高电平有效。当 R=“1”，S=“0”时，触发器置 0；当 R=“0”，S=“1”时，触发器置 1；当 R=“1”，S=“1”时，触发器状态保持不变；当 R=“0”，S=“0”时，触发器状态不定，应避免这种输入出现。在本电路中，按下停止按钮 K_2 前，电源 V_{CC} 通过 R_{12} 对 C_2 充电，使 C_2 上电压为高电平。该高电平使 IC1A（或非门）输出“0”。同理 IC1C 输入为“1”，反相后输出为“0”，IC1D 的两个输入均为“0”，控制由 IC1D 和 IC1C 构成的 RS 触发器输出“1”，与之相连的二极管 IN4148 截止。多谐振荡器正常工作，为移位寄存器提供时钟脉冲。

电路工作过程中，即使 IC1C 一输入变为“0”，但双稳态电路 IC1D 输出端仍能保证输出“1”。

按下 K_2 后,电容 C_2 放电，使 IC1A（或非门）一输入端信号为“0”（另一输入接 IC1B 输出端，也为“0”），则 IC1A 输出“1”，控制 RS 触发器 IC1D 输出“0”。该低电平使二极管 IN4148 导通，多谐振荡器因接低而导致停振。移位寄存器没有时钟信号触发，状态保持不变。LED2～LED9 停止熄灭，保留当时的状态。

（5）多谐振荡器原理

该电路中时钟脉冲由施密特反相器构成的多谐振荡器产生。

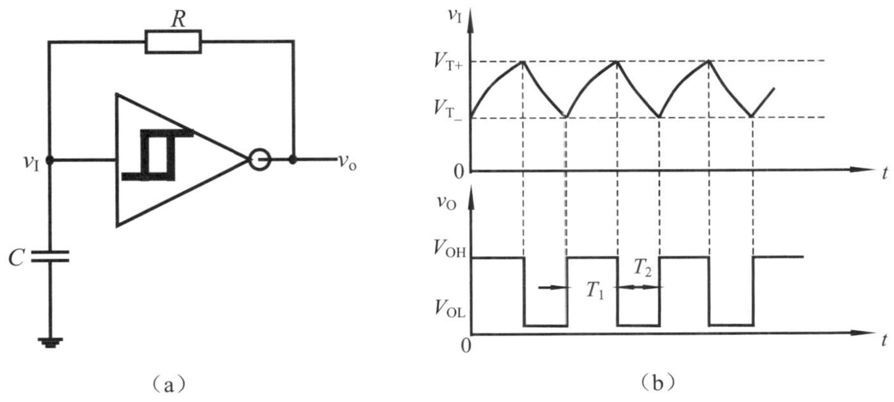

图 4.5.2　多谐振荡器电路及波形

将施密特的反相输出端经 RC 积分电路接回输入端，即可构成多谐振荡器，如图 4.5.2（a）所示。当接通电源以后，因为 CD40106 输入引脚上接的电容的初始电压为零，所以

CD40106 的输出为高电平，并且开始通过电阻 R 向 C 充电。当充到输入电压为 $v_1=V_{T+}$时，CD40106 的输出跳变为低电平，电容 C 又经过电阻 R 开始放电。当放电至 $V_i=V_{T-}$时，输出电位又跳变成高电平，电容 C 重新开始充电。如此周而复始，电路便不停地振荡。V_i 和 V_o 的电压波形如图 4.5.2（b）所示。

$$\begin{aligned} T &= T_1 + T_2 \\ &= RC\ln\frac{V_{DD}-V_{T-}}{V_{DD}-V_{T+}} + RC\ln\frac{V_{T+}}{V_{T-}} \\ &= RC\ln\left(\frac{V_{DD}-V_{T-}}{V_{DD}-V_{T+}} \cdot \frac{V_{T+}}{V_{T-}}\right) \end{aligned}$$

在本设计振荡电路中，V_{DD}= 6V，R=1M，C=33nF。经查阅 CD40106 的手册 V_{T+} =4.32V，V_{T-} =1.68V。

$$T = 10^6 \times 0.033 \times 10^{-6} \times \ln\left(\frac{6-1.68}{6-4.32} \times \frac{4.32}{1.68}\right) = 0.062\text{s}$$

所以本设计中电路的振荡周期是 62ms。因为正常人的反应时间为 0.15～0.4s，假设平均反应时间为 0.25s，4 只 LED 全灭，则可推算出时钟周期应为 62ms。

（6）反应速度计算

从计数 LED2～LED9 的熄灭个数，可以计算出被测试人的反应速度。如果被测试者在看到 LED1 点亮后，迅速按下停止按钮，LED2～LED 共 5 只 LED 熄灭，则可计算被测试者的反应速度为 62ms×6= 372ms，即 0.372s。则显示其反应速度较慢。

2．总体电路原理

在电路中，IC_4（施密特反相器 CD40106）、R_{15}、C_4 等组成多谐振荡器，输出周期约为 6 的时钟脉冲。IC_2（移位寄存器 4015）组成 8 位右移寄存器，IC_1（或非门 CD4001）组成的开机延迟电路的输出信号作为其串行输入数据。闭合电源开关 K_1，由于 IC1B 输出为“1”，在时钟脉冲作用下，IC_4 的 8 位寄存单元迅速全为“1”，控制 LED2～LED9 指示灯依次点亮；3～4s 后，IC1B 输出变为“0”，经过 IC_3（反相器 4069）两级反相后，测试信号灯 LED1 点亮，表示测试开始。同时，IC_2 的 8 位寄存单元将在时钟脉冲作用下从左至右依次变为“0”，直至被测试者按下停止按钮 K_2，将 IC_1（或非门 4001）组成的 RS 触发器置“0”，使多谐振荡器停振，IC_2 处于保持状态，其结果通过驱动电路 IC3C～IC4D 驱动发光二极管 LED2～LED9 显示。IC1A 的作用是使停止按钮 K_2 只有在测试信号灯 LED1 亮后（即开始测试）才起作用，提前按下无效。

通过改变 R_{15} 或 C_4 的参数调整多谐振荡器的频率，可以改变测试速度，以增加或降低测试器的测试难度。还可以通过改变 R_1、C_1 的参数，改变开机延迟时间，让被测试者不易掌握测试规律，提高测试的准确性和趣味性。

3．实验仪器与元件清单

实验仪器：

（1）双踪示波器一台

（2）稳压电源一台

（3）数字万用表一只

（4）烙铁一支，焊锡一个，万用电路板一块，镊子一把，钳子一把，导线数根元件清单如表 4.5.1 所示。

表 4.5.1　元器件清单

元器件清单			
标　号	参　数	标　号	参　数
R_1,R_{14},R_{15}	1M	IC_1	4001
R_2～R_{11}	470	IC_2	4015
R_{12},R_{13}	10k	IC_3	4069
C_1,C_5	4.7u	IC_4	40106
C_2,C_3,C_4	0.1u	K_1	波动开关
D_1	IN4148	K_2	微动开关
LED1～LED10	3mm 红色		

4．人体反应速度测试器参考电路（如图 4.5.3 所示）

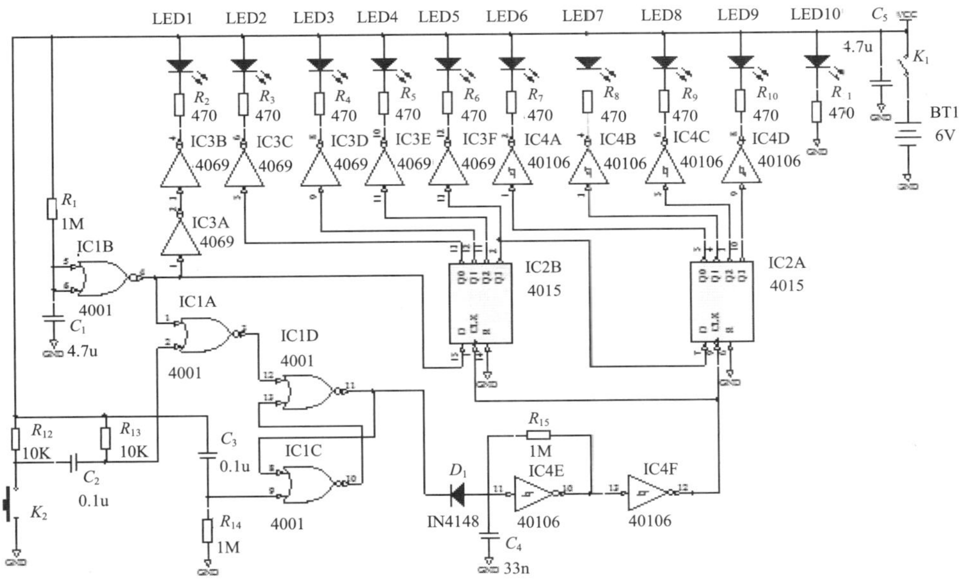

图 4.5.3　人体反应速度测试器参考电路原理图

附录 1　常用逻辑符号对照表

名　称	国标符号	曾用符号	国外流行符号
与门	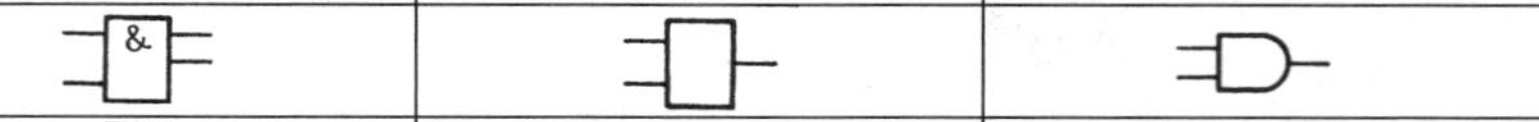		
或门	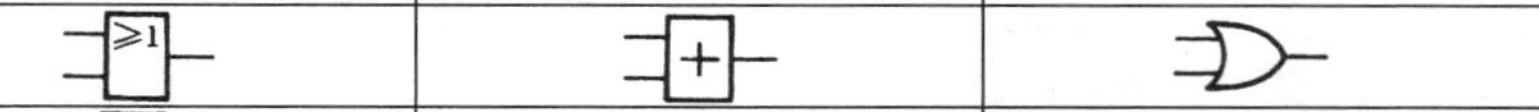		
非门	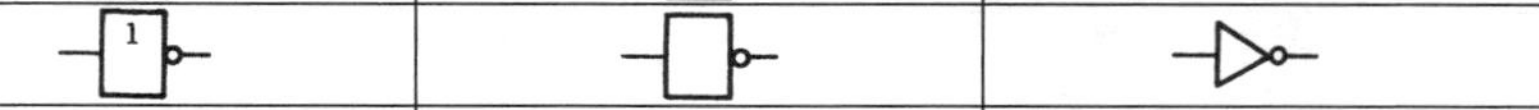		
与非门	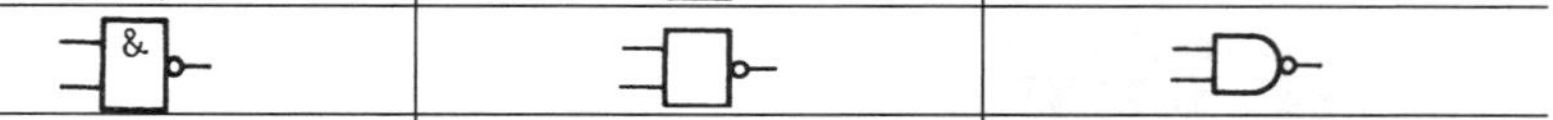		
或非门	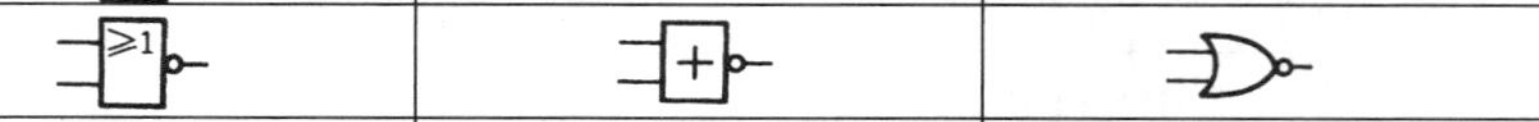		
与或非门	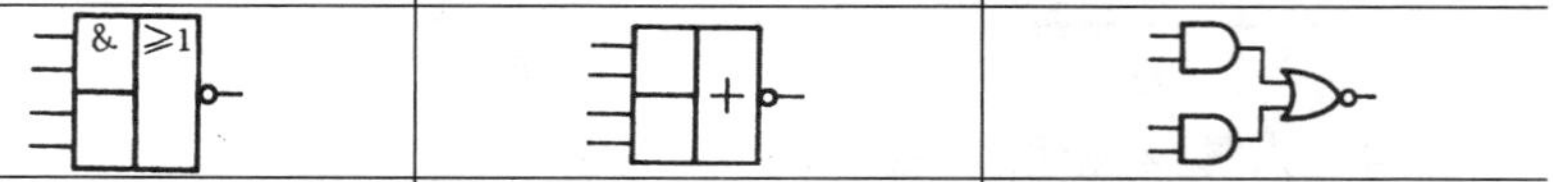		
异或门			
同或门	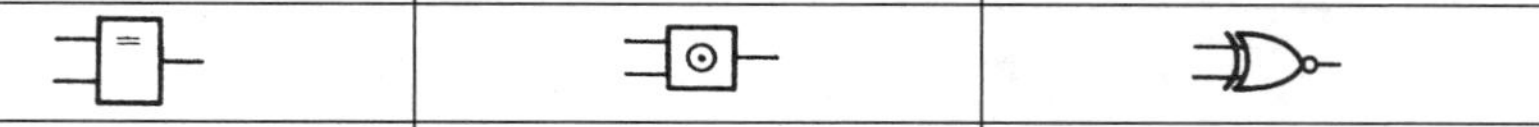		
集电极开路的与门	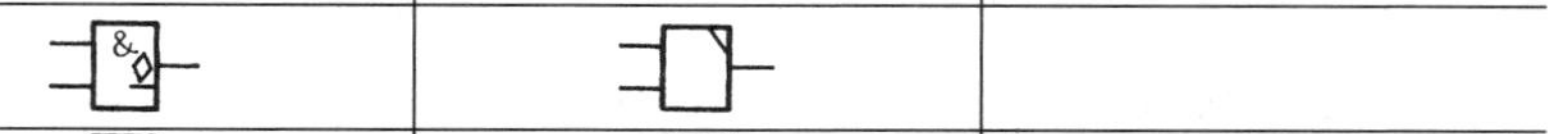		
三态输出的非门	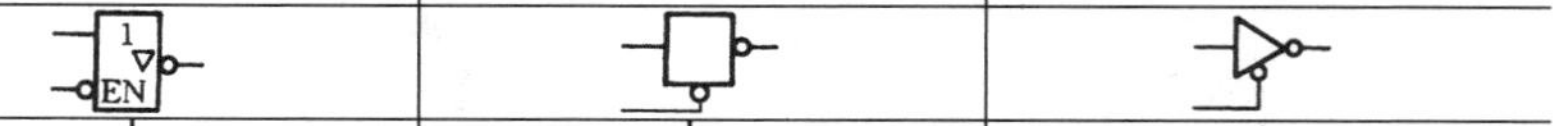		
传输门	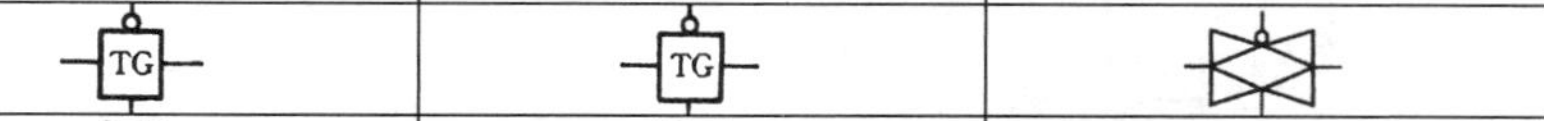		
双向模拟开关	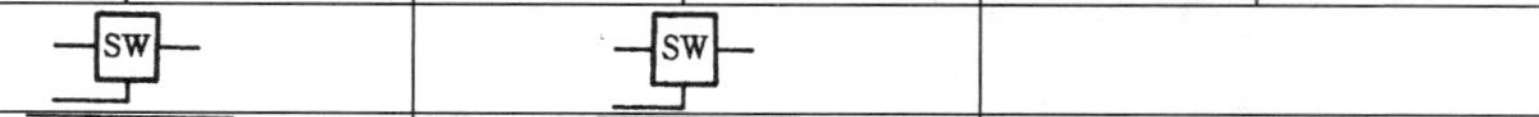		
半加器	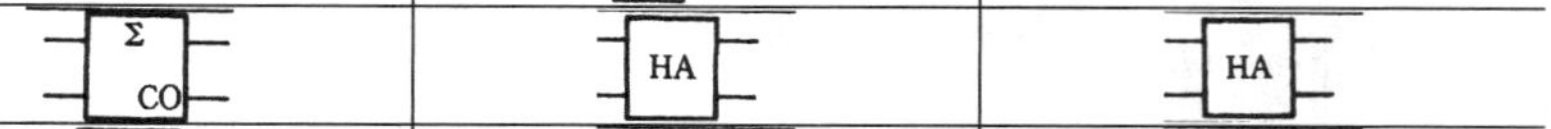		
全加器			
基本 RS 触发器	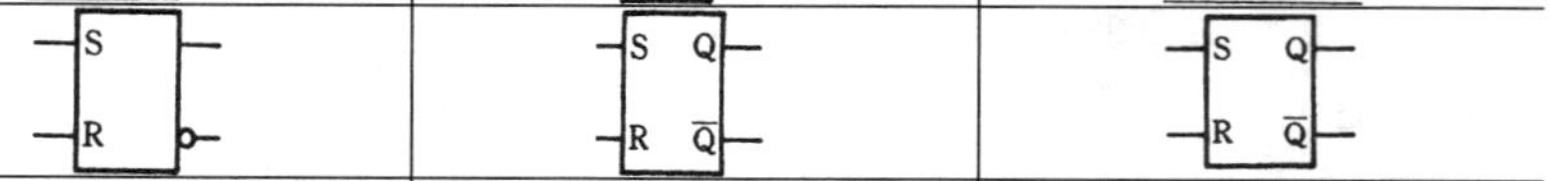		
同步 RS 触发器	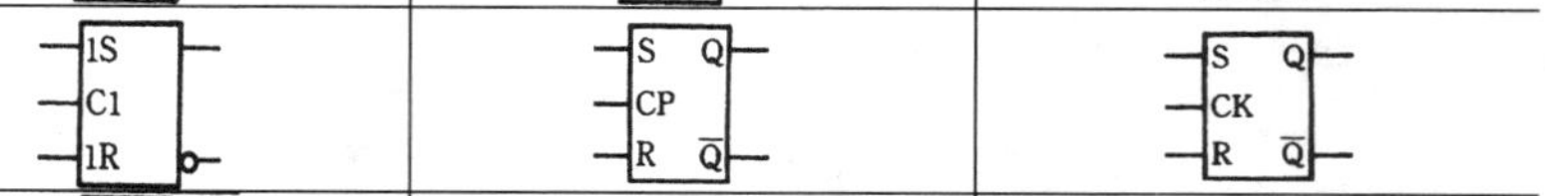		
边沿（上升沿）D 触发器	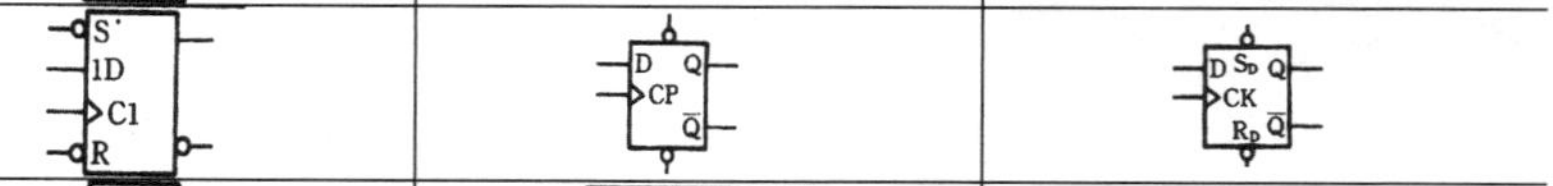		
边沿（下降沿）JK 触发器	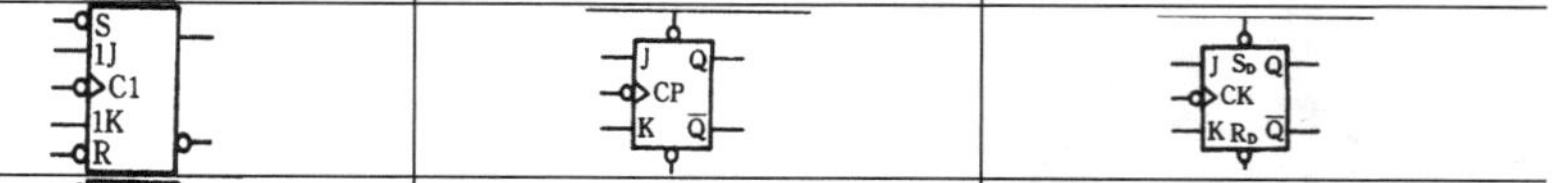		
脉冲触发（主从）JK 触发器	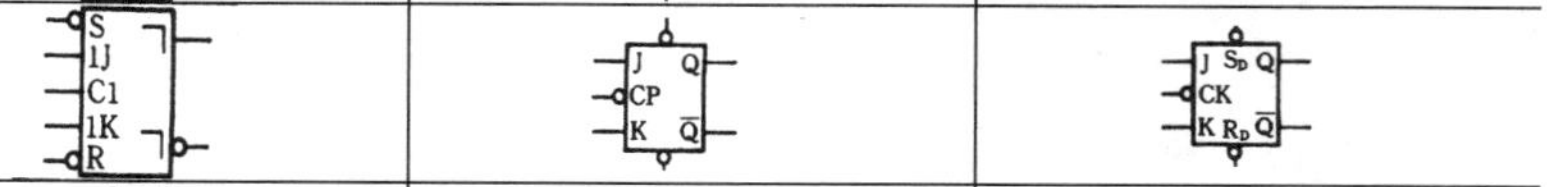		
带施密特触发特性的与门	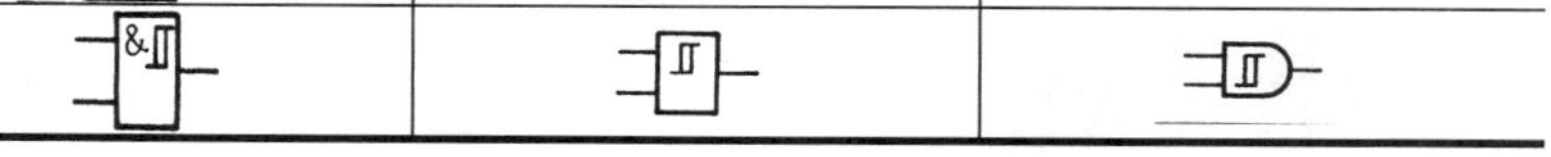		

附录2　标准实验报告模板

______________________ 大 学

电子技术应用实验

实　验　报　告

学生姓名：　　　　　　学　号：　　　　　　指导教师：

实验地点：　　　　　　　　　　　　　　　　实验时间：

一、实验项目名称

二、实验学时

三、实验目的

四、实验原理

实验原理应包括实验原理图或方案框图及对原理的简单说明，另外还包括与实验相关的公式图表。

五、实验器材（设备、元器件）

列出本次实验所用的仪器、元件、实验底板名称及数量。

六、实验内容及数据

根据实验的任务及要求简述具体实验内容。将实验的原始记录整理后，对应实验内容将数据以表格或图形方式表示出来；对所观察到的实验现象加以文字描述。

七、数据分析及实验结论

对所测得的数据或图形加以分析，包括数据处理和误差分析等。根据对所测数据的分析得出相应结论。

八、思考题

回答教师指定的或教材上提出的思考题。

九、总结及心得体会

阐述完成实验后的收获，对本实验新学实验方法、测试技巧的理解，总结实验中遇到的困难及解决办法。

十、对本实验过程及方法、手段的改进建议

简述实验后对本次实验的意见及建议。

报告评分：

指导教师签字：

注意：在实验报告后附上由教师签字的实验原始记录。实验报告内容以真实、简单、清晰、完整为原则并独立完成。

附录 3 实验报告评分标准

一、实验报告成绩划分

实验报告成绩分为 A、B、C、D（不及格）四挡。其中 A、B、C 每挡划分为三个小档，例：A 挡分为 A^+、A、A^-。

二、实验报告成绩评分标准

实验报告应独立完成，只有完成实际操作后的实验报告才有效，若无实际操作，只有实验报告，则实验报告成绩为 0 分。

1．A 挡成绩实验报告评分标准

（1）实验报告格式完整，附件完备（由教师签字的实验原始记录），书写工整。准确写出学生姓名、学号、指导教师、实验地点、实验时间、实验项目名称、实验学时。

（2）根据实验实际上课的内容正确、完整地写出实验目的。

（3）对比实验目的撰写实验原理。必须有相应的原理图或方案框图并对之进行简单说明，给出实验中涉及的相关公式。要求叙述完整、言简意赅。

（4）根据实际情况写出实验器材（设备、元器件）。

（5）根据实验的任务及要求分项简述具体实验内容。注意：测试时电路的组成形式、测试环境及其他测试要求应详细说明。

将实验的原始记录整理后，对应相应的某项实验内容将数据以表格或图形方式表示出来。数据应完备，输入、输出各项参数准确表达。图表清晰，输入、输出波形一列排出，坐标轴纵轴对齐，横轴单位长度选取应便于时序的观察。周期信号应在波形中至少表达出一个完整的周期并在波形图上标出周期和幅度。

对所观察到的实验现象加以文字描述。

（6）对所测得的数据或图形加以分析，包括数据处理和误差分析等。根据对所测数据的分析得出相应结论。

例如：输入参数变化时，输出变化规律是怎样的？电路参数变化时，输出变化规律是怎样的？其原因何在。

（7）正确回答指定的思考题。

（8）阐述完成实验后的收获，对本实验新学实验方法、测试技巧的理解，总结实验中遇到的困难及解决办法。应针对自身的情况，实事求是，言之有物。

（9）对本实验提出中肯的意见和可行的建议。

以上各条均能符合的实验报告成绩为 A^+，有 1～2 条不完全符合的，实验报告成绩酌情考虑为 A 或 A^-。

2．B 挡成绩实验报告评分标准

A 挡成绩实验报告评分标准（1）～（8）中缺一项、缺一项且有一项不完全符合、不缺项但有三至四项不完全符合则实验成绩为 B 档，酌情考虑记为 B^+、B、B^-中某一项。

3．C 挡成绩实验报告评分标准

A 挡成绩实验报告评分标准（1）～（8）缺两项、缺两项且有一至两项不完全符合、缺一项且有三至四项不完全符合、不缺项但有五至六项以上不完全符合则实验成绩为 C 挡，酌情考虑记为 C^+、C、C^-中某一项。

3．D 挡成绩实验报告评分标准

A 挡成绩实验报告评分标准（1）～（8）缺三项、缺两项且有三项及三项以上不完全符合、缺一项且有六项及六项以上不完全符合、不缺项但有七项及七项以上不完全符合则实验成绩为 D 挡。

D 挡成绩为不合格。

附录4 实 验 报 告

电子科技大学电子技术应用实验
实 验 报 告

学生姓名：____________学　　号：___________ 报告评分：

实验地点：____________实验时间：___________指导老师：____________

一、实验项目名称　触发器实现波形整形及脉冲延时的研究—1

二、实验学时____

三、实验目的

____

____

____

四、实验器材

____

____

五、实验原理（版面不够可另加附页）

1．施密特触发器（概念、特点）

2．CMOS 门电路组成的施密特触发器

利用 CMOS 反相器组成的施密特触发器电路图如图 2.1.4 所示。

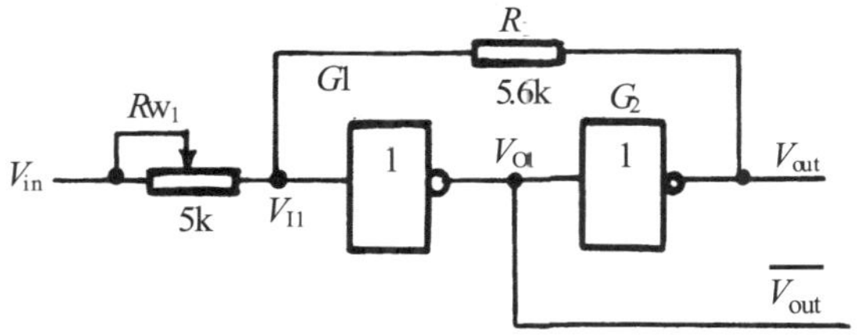

图 2.1.4　施密特触发器电路图

1）实验中上图电路的供电电压为：________________________。

2）实验中所用 CMOS 反相器的阈值电压为：________________。

3）V_{I1} 的电压表达式为：

____

____。

4）分析 V_{I1} 的电压和非门电路阈值电压的大小关系对输出电平的影响：

____

____

5）上图构成的施密特触发器正向阈值电压 V_{T+}的理论值表达式为：

____

____

负向阈值电压 V_{T-}的理论值表达式为：

____

____

回差电压ΔV_T=________________，回差电压的大小______（可以/ 不可以）通过改变 R_{W1}、R_1 的比值来调节。

而得到上面的表达式，对反相器的要求是__________________________。

若电路中 R_{W1} 为 5kΩ 的可调电阻，R_1 为 5.6kΩ 的固定电阻，则

V_{T+}的理论值为：____________________________

V_{T-}的理论值为：____________________________

3．集成施密特触发器 CD40106

图 2.1.8 为 CD40106 的测试电路图。

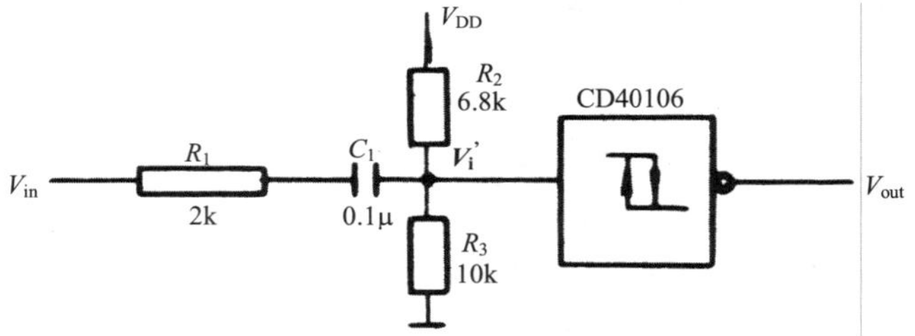

图 2.1.8　CD40106 的测试电路图

1）说明图中电阻 R_1、R_2、R_3 和电容 C_1 的作用。

2）在本实验中，CD40106 芯片 V_{T+}理论阈值电压的典型值为________________。

3 在本实验中，CD40106 芯片 V_{T-}阈值电压的典型值为____________________。

4）上述电路，输入 V_{in} 的电压峰峰值和 V_i' 处的电压峰峰值相等吗？__________

5）输入 V_{in} 的直流偏置电压变化会影响 V_i' 处的直流偏置电压吗？__________

6）V_i' 处的直流偏置电压理论上应为________________V。

7）你认为输入正弦信号 V_i 的峰峰值最小为__________V，电路才会有输出。

4．根据实验原理，回答下列问题：

（1）门电路的阈值电压是指__________。

A．门电路的输入变化引起其输出状态改变时的输出电压值

B．门电路的输入变化引起其输出状态改变时的输入电压值

C．门电路的输入电压值

D．门电路的输出电压值

（2）普通的门电路有______________阈值电压。施密特触发器有__________阈值电压，

A．零个　　　　　　　　　　B．一个

C．两个　　　　　　　　　　D．三个

（3）若已知一反相输出的施密特触发器的输入波形和阈值电压如下图所示，请画出对应的输出电压。

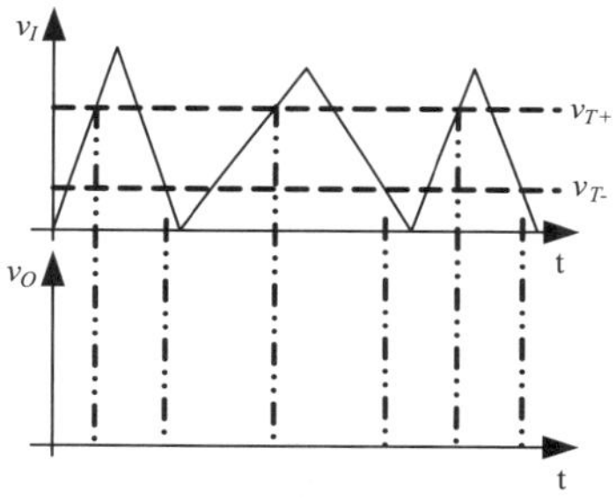

（a）

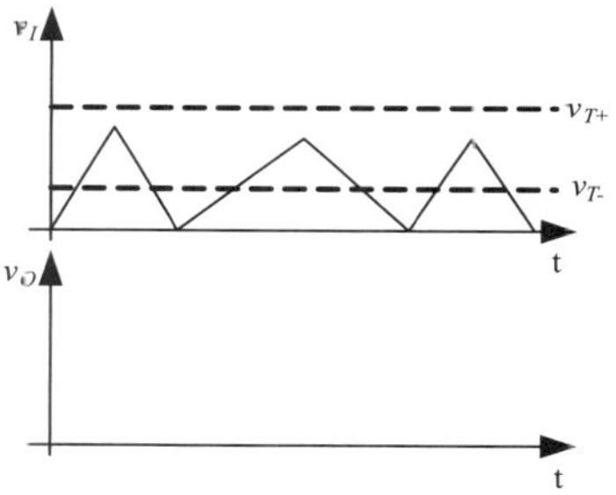

（b）

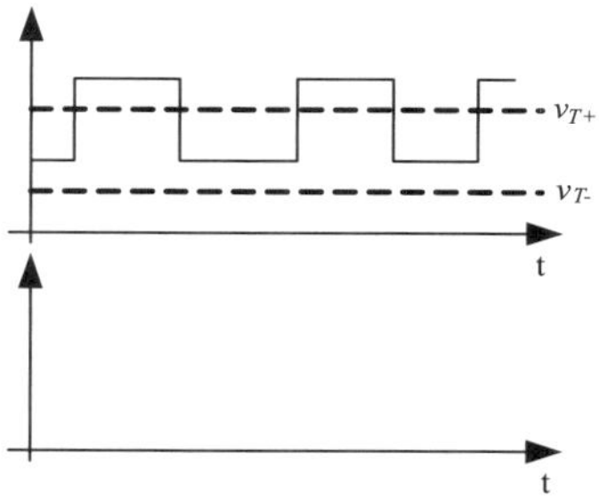

（c）

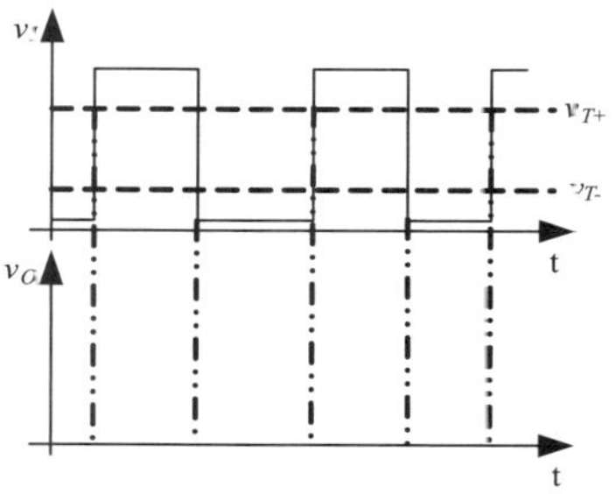

（d）

（4）若需要测试施密特触发器的阈值电压和回差电压，输入信号可以用 TTL 信号吗？

____

____

____

（5）什么是施密特触发器电路的整形作用？施密特触发器电路的工作条件是什么？

____

____

____

学生姓名：__________ 学 号：______________

座位号：

六、实验原始数据记录

1．测试由 CMOS 门电路组成的如图 2.1.4 的施密特触发器电路。输入端 V_{in} 接 2kHz、直流偏置为 0、V_{PP}=11V（带载实测）的三角波信号，改变 R_{W1} 的值，用双踪示波器观测两组在要求的 R_{W1} 位置下 V_{in} 和 V_{out} 的波形变化情况，分别画出两组输入、输出波形并标出两个阈值电压 V_{T-}及 V_{T-}在输入信号波形中的位置同时测试其数值。

将用双踪示波器观测到的两组 V_{in} 和 V_{out} 的波形画于下图：注意在图中标明测试通道 0V 的位置。

（1）R_{W1} 旋至最左端或最右端时的输入输出波形：（注意保证输出波形不失真）

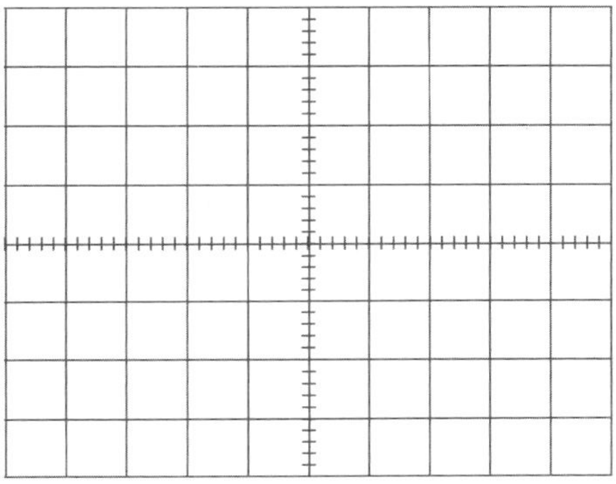

示波器测试通道的输入耦合方式：

____

示波器探头的衰减倍率开关位置：

____

记录波形参数：

电路输入端信号峰峰值：______________；

电路输入端信号周期：______________；

电路输出端信号电压最大值______________；

电路输出端信号电压最小值______________；

V_{T+}=____________； V_{T-}=____________。

（2）R_{W1} 旋至中间某个位置时的输入输出波形

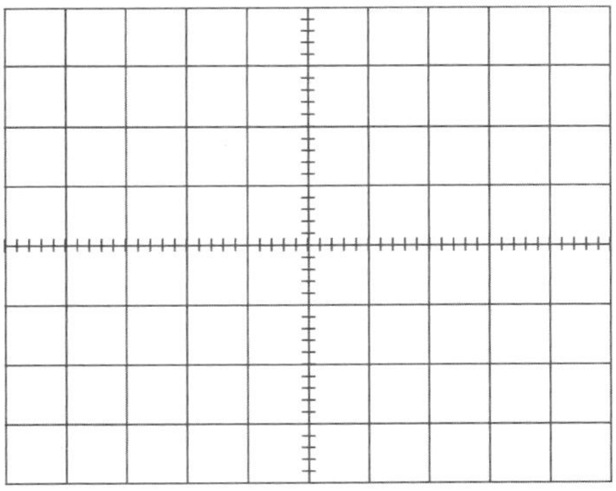

示波器测试通道的输入耦合方式：

____

示波器探头的衰减倍率开关位置：

____

记录波形参数：

电路输入端信号峰峰值：______________；

电路输入端信号周期：______________；

电路输出端信号电压最大值______________；

电路输出端信号电压最小值______________；

V_{T+}=____________； V_{T-}=____________。

2．测试用 CD40106 实现的如图 2.1.8 所示集成施密特触发器整形电路。输入端 V_{in} 接 2kHz 的正弦波，按表 2.1.3 中所给不同幅度的输入情况，观测输出信号 V_{out}，将所测输出信号的幅度填入表 2.1.3 中。测试一组有输出波形的集成施密特触发器的 V_{T+} 与 V_{T+}。

表 2.1.3 集成施密特触发器实验电路测试表

输入信号峰峰值（V）（带载实测）	1.4	2.4	4.5	5.6	6	6.4
输出信号峰峰值（V）						

七、实验内容、实验数据整理及结果分析

1．测试由 CMOS 门电路组成的如图 2.1.4 的施密特触发器电路。输入端 V_{in} 接 2kHz、直流偏置为 0、V_{PP}=11V（带载实测）的三角波信号，改变 R_{W1} 的值，用双踪示波器观测两组 V_{in} 和 V_{out} 的波形变化情况，分别画出两组输入、输出波形并标出 V_{T+}及 V_{T-}。讨论并说明 R_{W1} 的改变与输出变化的关系。

实验电路图为：

实验操作过程中的记录与总结：

1．输入信号从信号源的哪个输出端口输出？ ____________________

2．如何带载测 V_{PP} 值？ ____________________

3．怎样调节三角波的直流偏置为 0V？ ____________________

4．三角波的直流偏置对输出波形有影响吗？ ____________________

5．三角波的直流偏置对所测参数有影响吗？ ____________________

在下面的坐标纸上画出两组输入、输出波形并在图上标出 V_{T+}及 V_{T-}的电压值。

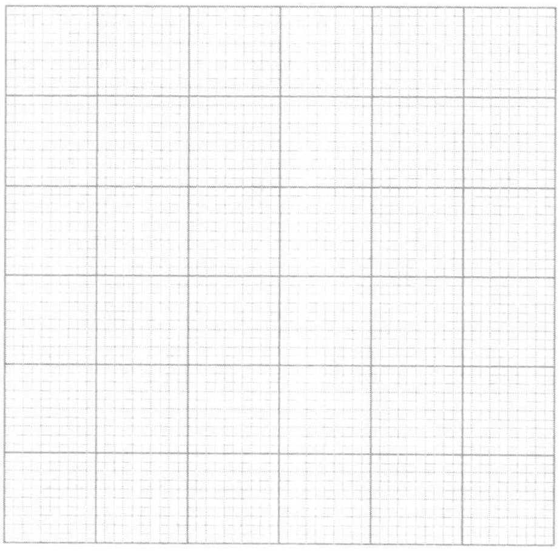

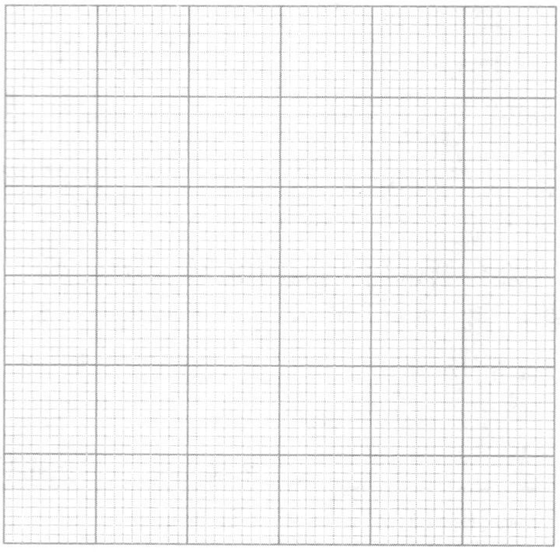

结果分析：（将所测数据与理论值比较，讨论并说明 R_{W1} 的改变对电路参数的影响）

2．测试用 CD40106 实现的如图 2.1.8 所示集成施密特触发器整形电路。输入端 V_{in} 接 2KHz 的正弦波，按下表中所给不同幅度的输入情况，观测输出信号 V_{out}，将所测输出信号的幅度填入表中。讨论并说明输入信号幅度的改变对输出波形的影响。

测试电路图为：

实验操作过程中的记录与总结：

1．测试 CD40106 的 V_{T+}及 V_{T-}时，双踪示波器的探头分别应接在电路的哪两处？ ________________

2．输入 V_{in} 的电压峰峰值和 V_i' 处的电压峰峰值相等吗？ ________________

3．输入正弦波的直流偏置变化对电路的输出有影响吗？ ________________

4．你测得的 CD40106 的 V_{T+}及 V_{T-}是多少？ ________________

表 2.1.3 集成施密特触发器实验电路测试表

输入信号峰峰值（V）（带载实测）	1.4	2.4	4.5	5.6	6	6.4
输出信号峰峰值（V）						

结果分析：（讨论并说明输入信号幅度的改变对输出的影响）

八、实验结论

九、思考题

1. 图 2.1.4 所示电路中的施密特触发器的阈值可调吗?请写出 V_{T+}以及 V_{T-}的变化范围。

2. 图 2.1.8 所示电路中输入信号的幅度若小于 0.1V，则一定无输出，为什么?

十、总结及心得体会（总结在实验过程中解决问题的方法和实验心得）

十一、对本实验过程及方法、手段的改进建议（有则写，没有可以不写）

电子科技大学电子技术应用实验
实 验 报 告

学生姓名：__________学　　号：__________报告评分：

实验地点：__________实验时间：__________指导老师：__________

一、实验项目名称 触发器实现波形整形及脉冲延时的研究—2

二、实验学时

三、实验目的

四、实验器材

五、实验原理（版面不够可另加附页）

1．单稳态触发器（概念及应用特点）

2．用与非门构成的单稳态触发器

微分型单稳态触发器如图 2.1.10 所示。

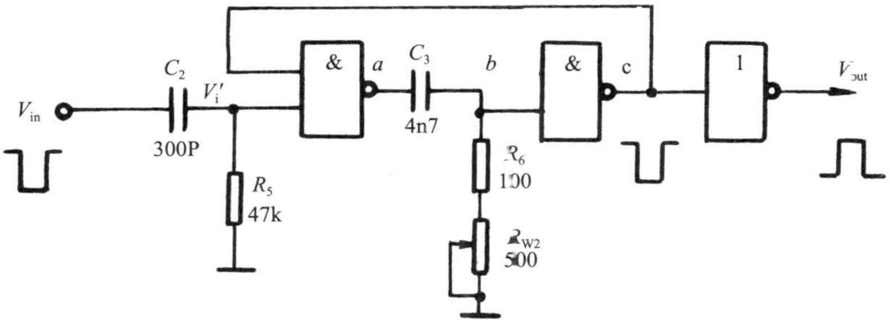

图 2.1.10　微分型单稳态触发器

电路的工作原理为：

1）电路中有几个微分电路结构？分别是由哪些参数构成的？

2）上图输入微分电路能对输入信号起到微分作用，在输入微分电路参数不变的条件下，输入 TTL 信号的频率不应高于______________________Hz。为什么？

____

____

____

3）上面电路的触发条件为 ____________（正脉冲触发/负脉冲触发）。

4）根据图中参数，输出 *V*out 脉宽的理论值 *t*w≈ ______________________。

5）上述电路中，与非门的型号为___________，其门阈值电压的理论值约为为_____________________________。

3．集成单稳态触发器 CD4098

1）实验中的集成单稳态触发器 CD4098 电路是否可以重复触发？

____

2）集成单稳态触发器 CD4098 有几种边沿触发类型？

____

3）集成单稳态触发器 CD4098 的延时或定时与那些外参数有关，理论值为：

____

4．根据实验原理，回答下列问题：

（1）单稳态触发器的作用有____________________。

A. 波形变换　B. 脉冲整形　C. 鉴幅　D. 延时　E. 定时

（2）用示波器测试如下图所示波形 Q1，若想在示波器上准确地读出窄脉冲的宽度，下面的水平扫描时基档位中设置哪个比较合适？_________________

图 2.1.1　正脉冲的波形

正脉冲的波形

A. 100μs　B. 10μs　C. 1μs　D. 100ns

（3）集成单稳态触发器有两种类型：______________和________________。

（4）图 2.1.10 所示的微分型单稳态触发器的暂态持续时间和输入信号的脉冲宽度有关吗？________（有/没有）。为什么？

____

____

学生姓名：________ 学 号：__________ 教师签字：__________ 座位号：

六、实验原始数据记录

1．测试用与非门构成的如图 2.1.10 所示的微分型单稳态触发器电路。

（1）输入 V_{in} 接 TTL 信号，当输入信号频率分别为 100kHz 和 5kHz 时，观察输入微分电路的输出 V_i' 和输入 V_{in} 有什么不同？

输入信号频率为 100kHz 的 V_i' 和输入 V_{in}

水平时基：1μs

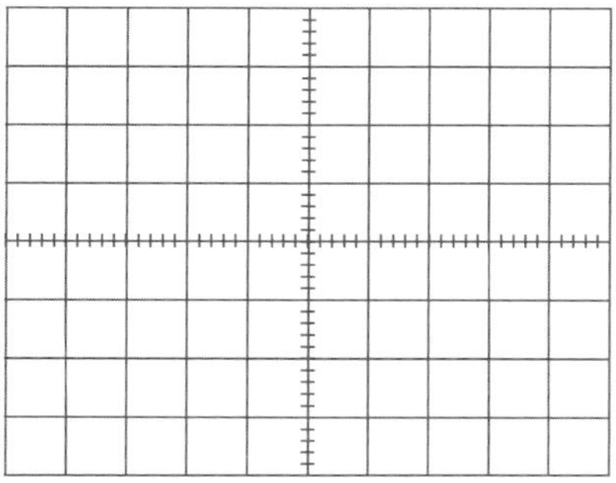

输入信号频率为 5kHz 时的 V_i' 和输入 V_{in}

水平时基：50μs

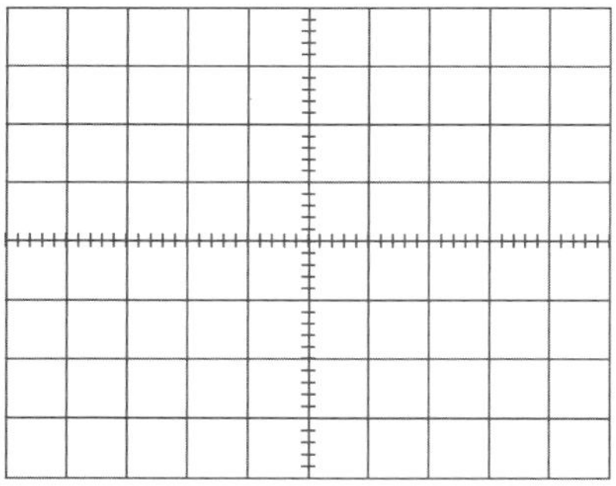

（2）当输入 V_{in} 接 5kHz TTL 信号，R_{W2} 调至中间位置，用双踪示波器观测并测试 V_{in}，V_i'，V_a，V_b，V_c，V_{out} 的波形；

(分别将波形按时序画于本页右侧栅格中。)

（3）通过改变 R_{W2}，测试此电路输出 V_{out} 中暂稳态的最大及最小定时时间 tw_{min} 和 tw_{max}。

tw_{min}=____________________

tw_{max}=____________________

输入信号频率为 5kHz。

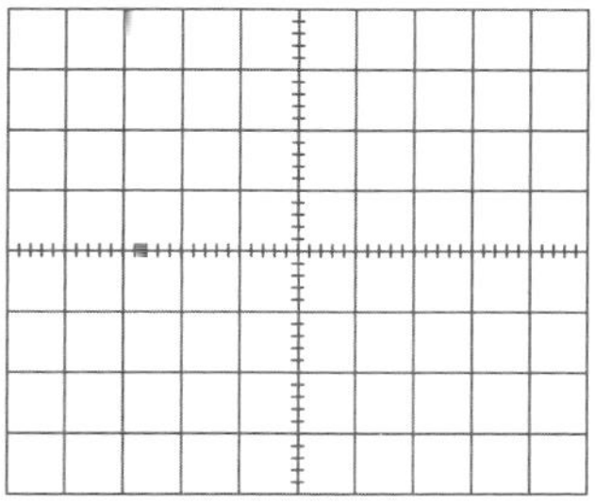

CH1：V_i'

CH2：V_a

垂直偏转系数：

CH1：________

CH2：________

水平时基：50μs

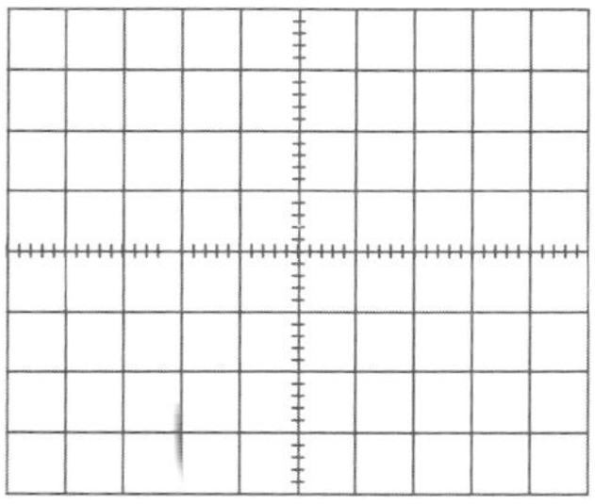

CH1：V_a

CH2：V_b

垂直偏转系数：

CH1：________

CH2：________

水平时基：1μs

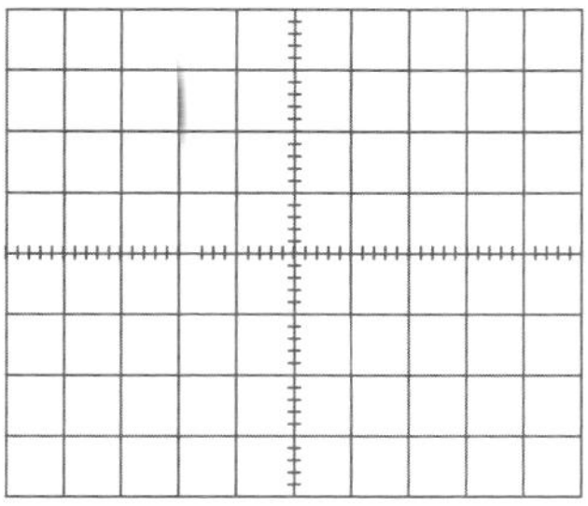

CH1：V_b

CH2：V_c

垂直偏转系数：

CH1：________

CH2：________

水平时基：1μs

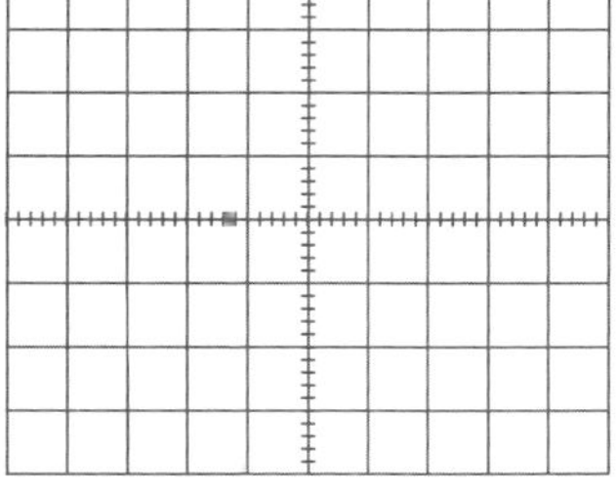

CH1：V_c

CH2：V_{out}

垂直偏转系数：

CH1：________

CH2：________

水平时基：1μs

七、实验内容、实验数据整理及结果分析

1．测试用与非门构成的如图 2.1.10 所示的微分型单稳态触发器电路。

实验电路图为：

（1）输入 V_{in} 接 TTL 信号，当输入信号频率分别为 100kHz 和 5kHz 时，观察输入微分电路的输出 V_i'和输入波形的关系，得出结论。

（2）当输入 V_{in} 接 5kHz TTL 信号，R_{W2} 调至中间位置，用双踪示波器观测并测试 V_{in} 和 V_i'，V_a，V_b，V_c，V_{out} 的波形。在右面的坐标纸上画出 V_{in} 和 V_i'，V_a，V_b，V_c，V_{out} 的时序波形，并在图中标出相关参数值。

学生姓名：_______ 学 号：_________ 教师签字：_________ 座位号：

六、实验原始数据记录

用 555 定时器构成多谐振荡器。

（1）按图 2.2.3（a）连接电路，取 R_1=R_2=100 kΩ，C_1=0.01μF、C=0.01μF。用双踪示波器观察并记录 V_C、V_O 波形，注意记录各输出电压幅值以及输出波形的周期。（示波器探头设置为 10×）

用双踪示波器观测 V_C 和 V_O 的波形并画图：（注意标出 0V 的位置）

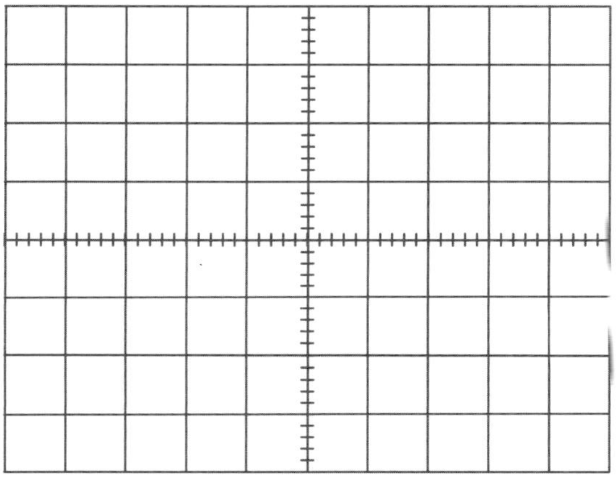

示波器的输入耦合方式：_______

记录波形参数：

V_C 电压的最大值为：_________

V_C 电压的最小值为：_________

V_o 电压的顶端值为：_________

V_o 电压的底端值为：_________

（2）改变 C=0.1μF 或改变电阻 R_1=R_2=10 kΩ。分别测试输出信号的频率和占空比，记录相应数据于表 2.2.2 中。

表 2.2.2 R、C 参数变化测试表

R_1=R_2=100 kΩ	C=0.1μF	f=	占空比=
R_1=R_2=100 kΩ	C=0.01μF	f=	占空比=
R_1=22kΩ，R_2=10kΩ	C=0.01μF	f=	占空比=

【选做】

试将接在 V_C 处的示波器探头由 10×改为 1×或改用开路电缆测试 V_C，重新测试上表中最后一行的数据，比较电缆线输入电容对电路参数测试的影响。

七、实验内容、实验数据整理及结果分析

1．用 555 定时器构成多谐振荡器

（1）按图 2.2.3（a）连接电路，取 $R_1=R_2=100\ \text{k}\Omega$，$C_1=0.01\mu\text{F}$、$C=0.01\mu\text{F}$。用双踪示波器分别观察并记录 V_C、V_O 波形，注意记录各输出电压幅值以及输出波形的周期。（示波器探头设置为 10×）

实验电路图为：

在下边的坐标纸上画出 V_C、V_O 波形，并标出相应参数。

（2）改变 C=0.1μF 或改变电阻 R_1=R_2=10 kΩ。分别测试输出信号的频率和占空比，记录相应数据于表中。

R_1=R_2=100 kΩ	C=0.1μF	f=	占空比=
R_1=R_2=100 kΩ	C=0.01μF	f=	占空比=
R_1=22kΩ，R_2=10kΩ	C=0.01μF	f=	占空比=

结果分析：（实测参数与理论值相比较）

（3）【选做】试将接在 V_C 处的示波器探头由 10×改为 1×或改用开路电缆测试 V_C，重新测试上表中最后一行的数据，比较电缆线输入电容对电路参数测试的影响。（为什么）。

八、实验结论

九、思考题

1. 555 定时器，CO 端为电压控制端，当它悬空时，触发电平分别为多少？当它接固定电平 V_{CO} 时，触发电平分别为多少？

2. 对于本次实验中用 555 定时器构成的多谐振荡器，其振荡周期和占空比的改变与哪些因素有关？在此电路中若只需改变周期，而不改变占空比，应调整哪个元件参数?

3. 对于本次实验中用 555 定时器构成的多谐振荡器电路，若利用实验板上的资源实现其输出矩形波的振荡频率约为 300Hz，占空比约为 60%，应如何选择的外接元件 R 和 C？

十、总结及心得体会

十一、对本实验过程及方法、手段的改进建议（有则写，没有可以不写）

电子科技大学电子技术应用实验
实 验 报 告

学生姓名：____________学　　号：___________ 报告评分：

实验地点：____________实验时间：____________指导老师：___________

一、实验项目名称　　555 集成定时器的应用—2

二、实验学时______________________________

三、实验目的

____

____

____

四、实验器材

____

____

____

五、实验原理（版面不够可另加附页）

1．用 555 定时器构成单稳态触发器

用 555 定时器构成单稳态触发器如图 2.1.4（a）所示。

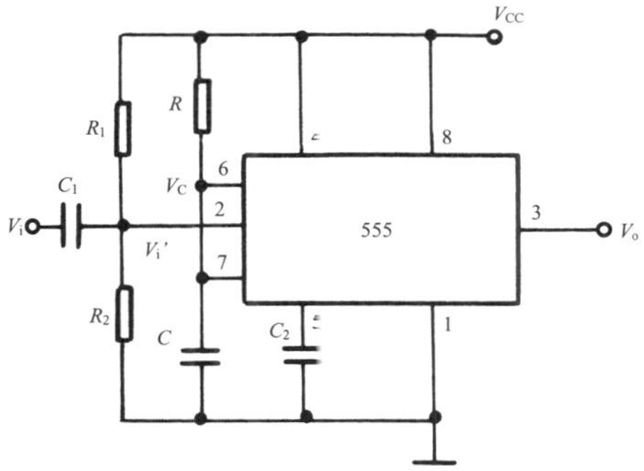

图 2.1.4（a）

其工作原理为：

1）在上述单稳态触发器电路中 C_1、R_1、R_2 构成的电路对输入信号起什么作用？

____

____

____

2）由图 2.2.4（a）可知，该单稳态触发器的暂态持续时间理论值公式为__________。

3）该单稳触发器的输入触发信号为加在引脚 ______的________（正/负）脉冲信号，电路的输出信号 V_O 稳态为_______（0/1），暂态为_______（0/1）。该电路是________________________________（可重复触发/不可重复触发）的单稳态触发器。

2．用 555 定时器构成施密特触发器

用 555 定时器构成施密特触发器电路如图 2.2.5（a）所示。

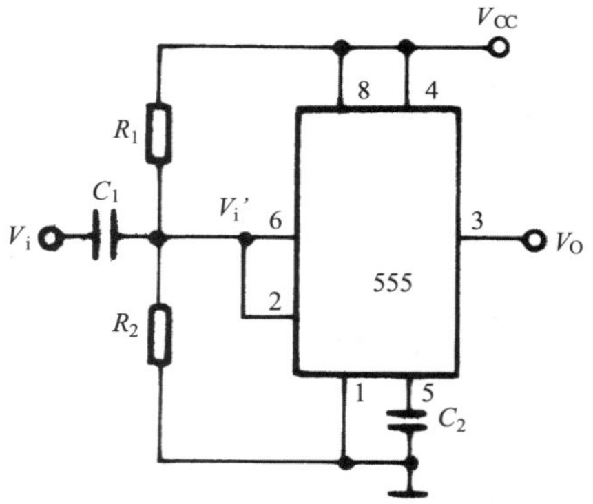

图 2.2.5（a）

电路的工作原理：

1)在上述单稳态触发器电路中 C_1、R_1、R_2 构成的电路对输入信号起什么作用？

____

____

____

2）由上可知，该施密特触发器的各参数理论值为：

正向阈值电压 V_{T+}=________________________

负向阈值电压 V_{T-}=________________________

回差电压________________________

3．通过实验原理的学习，回答下列问题：

（1）分析下面电路的输出与电路参数的关系。若输入信号 V_i 为频率 100Hz 的 TTL 信号，C 为 0.1μF，R 为 1kΩ，则输出波形为下图中的哪个形式？ ________

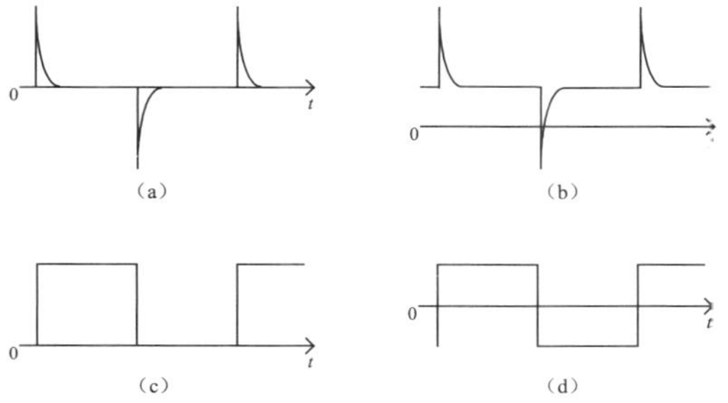

若将 V_i 的频率改为 1MHz，输出波形又为下图中的哪个形式？ ____________

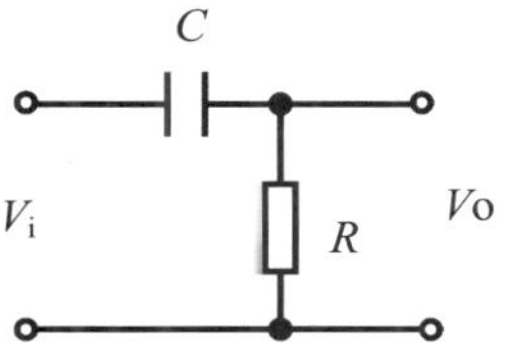

（2）当 555 定时器用于单稳态触发器时，______________（高电平/低电平）触发信号引入管脚 2，迫使 *V*out 为_____________（高电平/低电平），并使电容开始__________（充电/放电）。

学生姓名：_______ 学 号：_________ 教师签字：_________

座位号：

六、实验原始数据记录

1．用 555 定时器构成单稳态触发器

按图 2.2.4（a）连接电路，取 R_1=R_2=5.1kΩ，R=100kΩ，C=0.01μF，C_1=0.01μF。输入 600Hz TTL 信号，用双踪示波器分别观察并记录 V_i、V_i'、V_C、V_O 的波形，并标出周期、幅值、脉宽等。

（将 4 个波形按时序画于右侧栅格内）

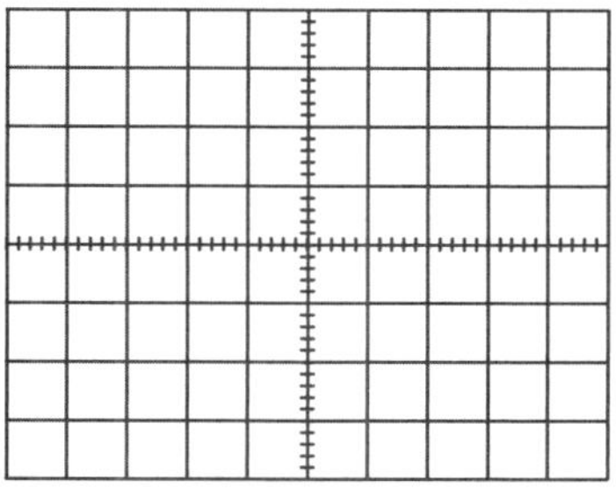

CH1：V_i
CH2：V_i'
垂直偏转系数：
CH1：________
CH2：________
水平时基：200μs
其他测试参数：

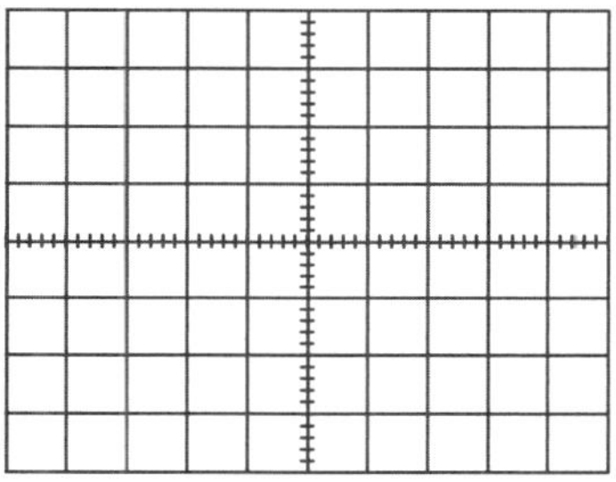

CH1：V_i'
CH2：V_c
垂直偏转系数：
CH1：________
CH2：________
水平时基：200μs

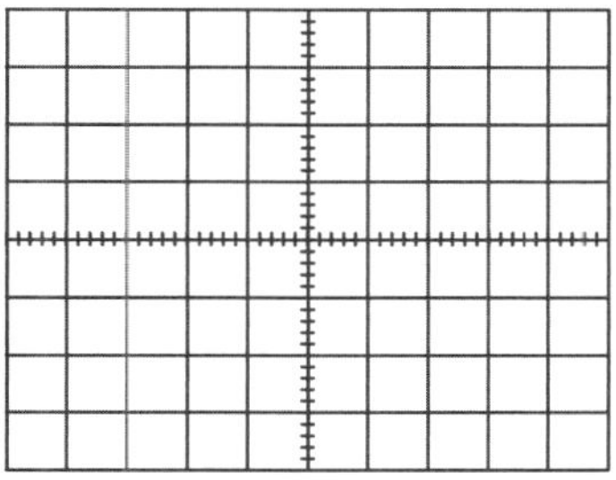

CH1：V_c
CH2：V_o
垂直偏转系数：
CH1：________
CH2：________
水平时基：200μs

2．用 555 定时器构成施密特触发器

按图 2.2.5（a）电路接线，取 R_1=R_2=100kΩ，C_1=C_2=0.01μF。输入正弦波信号 1kHz，逐渐加大 V_i 的幅度，用双踪示波器分别观察并记录一组有输出的 V_i'、V_o 波形画于下图。

（注意标明上、下限触发电平以及幅度、周期）。

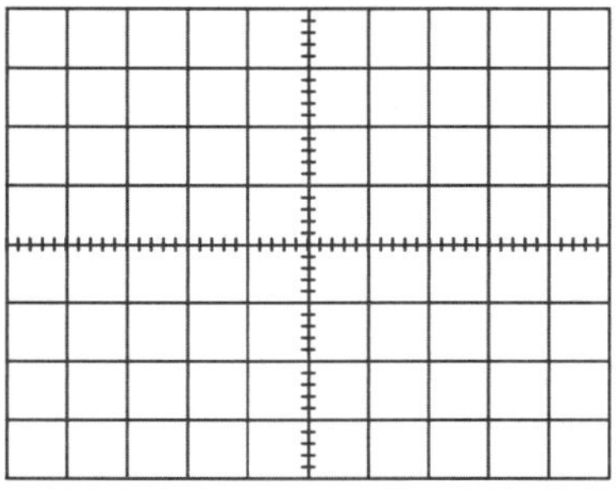

七、实验内容、实验数据整理及结果分析

1．用 555 定时器构成单稳态触发器

按图 2.2.4（a）连接电路，取 $R_1=R_2=5.1\text{k}\Omega$，$R=100\text{k}\Omega$，$C=0.01\mu\text{F}$，$C_1=0.01\mu\text{F}$。输入 600HzTTL 信号，用双踪示波器分别观察并记录 V_i、V_i'、V_C、V_O 的波形，并在图中标出周期、幅值、脉宽等。

实验电路图为：

在右面的坐标纸上画出 V_i、V_i'、V_C、V_O 的波形，并在图中标出周期、幅值、脉宽等参数。

结果分析：（实测参数与理论值相比较）

2．用 555 定时器构成施密特触发器

按图 2.2.5（a）电路接线，取 $R_1=R_2=100\text{k}\Omega$，$C_1=C_2=0.01\mu\text{F}$。输入正弦波信号 1kHz，逐渐加大 V_i 的幅度，用双踪示波器分别观察并记录一组 V_i'、V_o 波形（注意标明上、下限触发电平以及幅度、周期）。

实验电路图为：

在下面的坐标纸上画出V_i'、V_o波形，并标出相关参数。

结果分析：（实测参数与理论值相比较）

八、实验结论

九、思考题

1. 本次实验中有555构成的单稳态触发器中，输入信号为什么选窄脉冲信号？输出波形的脉冲宽度与哪些因素有关？

2．用 555 定时器组成的施密特触发器，当V_{CC}=12V，电压控制端悬空，V_{TH}、V_{TL}、ΔV 各为多少？当V_{CC}= 12V，电压控制端V_{CO}=10 V 时，V_{TH}、V_{TL}、ΔV 各为多少？

3．对于本次实验中用 555 定时器构成的单稳态触发器，若利用实验板上的资源实现脉宽为 11ms 的单稳态触发器，应如何选择的外接元件 R 和 C？

十、总结及心得体会

十一、对本实验过程及方法、手段的改进建议（有则写，没有可以不写）

电子科技大学电子技术应用实验
实 验 报 告

学生姓名：____________学　　号：___________ 报告评分：

实验地点：____________实验时间：____________指导老师：___________

一、实验项目名称　　　　数据选择和译码显示

二、实验学时

三、实验目的

四、实验器材

五、实验原理（版面不够可另加附页）

1．数据选择器分时传输组成动态译码的原理

2．各模块功能

（1）数据选择器

（2）七段数码管

（3）显示译码器

（4）变量译码器

（5）同步计数器

学生姓名：_______ 学 号：_________ 教师签字：_________

座位号：

六、实验原始数据记录

1．同步计数器工作波形测试。

将同步计数器 74LS161 的 *CP* 接入 1kHz TTL 信号，用示波器双踪测量，分别画出 *CP*、Q_A、Q_B、Q_C、Q_D和 Q_{CC}的波形。记录每个波形的幅度和周期（注意：CP，Q_A，Q_B，Q_C，Q_D，Q_{CC}波形时序一一对应），如图 2.3.9 所示。

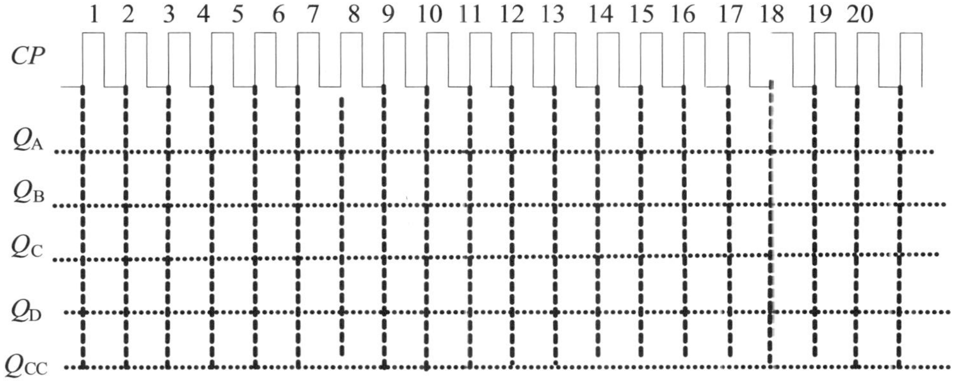

图 2.3.9 同步计数器 74LS161 测试波形图

CP 的幅度为_________，周期为__________；Q_A 的幅度为_________，周期为_________；

Q_B 的幅度为_________，周期为__________；Q_C 的幅度为_________，周期为__________；

Q_D 的幅度为_________，周期为__________；Q_{CC} 的幅度为________，周期为__________。

2．完成四路数据 LED 动态显示实验。要求：实现从左至右每隔 1 秒依次显示 6、7、8、9 以及从左至右同时显示 6、7、8、9。

若改变输入频率，使之在 500～2Hz 范围变化，观察显示效果，得出相应结论填入表 2.3.9。

表 2.3.9 LED 动态显示测试表

CP (Hz)	LED 输出显示效果
500	
200	
10	
2	

七、实验过程及原始记录；数据整理及结果分析

在测试整个电路功能之前，需要分步测试每个模块的功能是否正确。

1．BCD 码-七段码显示译码器功能测试。

任选一组开关（SW1-SW4），将导线连接至译码器（CD4511）输入端；任意选择一位数码管，将公共端 Y 端接低电平。用逻辑开关 SW 输入 BCD 码 0000—1111，观察数码管输出显示，将结果填入表 2.3.6 中，得出相应的实验结论。

表 2.3.6　BCD 码-七段码显示译码器功能测试表

BCD 码输入	LED 显示	BCD 码输入	LED 显示	BCD 码输入	LED 显示
0000		0110		1100	
0001		0111		1101	
0010		1000		1110	
0011		1001		1111	
0100		1010			
0101		1011			

结论：

2．测试变量译码器 74LS139 的逻辑功能。

（1）将实际测试时 LED 公共端 Y_3，Y_2，Y_1，Y_0 与译码器 139 的输出 $1Y_3$，$1Y_2$，$1Y_1$，$1Y_0$ 之间的连线关系填入下面括号内。

Y_3—（　　）；　Y_2—（　　）；　Y_1—（　　）；　Y_0—（　　）。

（2）通过手动控制译码器 74LS139 的地址输入端 *B*、*A* 依次为 00-01-10-11（地址输入端 *B*、*A* 悬空为高电平），用逻辑开关 SW 输入任意一组 BCD 码至显示译码器输入端，观察数码管输出显示，将结果填入表 2.3.7 中，得出相应结论。

表 2.3.7　74LS139 的逻辑功能测试表

B	*A*	数字显示在哪个 LED 上
0	0	
0	1	
1	0	
1	1	

结论：

3．测试数据选择器 74LS153 的逻辑功能。

（1）将 2 片 74LS153 的输出 *DCBA* 接显示译码器 CD4511 的输入端 *DCBA*。

（2）2 片数据选择器可以选择 4 个数据（每个数据有 4 位如 $D_iC_iB_iA_i$），可由发光管指示。实验板上数据选择器的地址端 *B*，*A* 与 74LS139 的输入 *B*，*A* 端已连在一起，可用手动控制。

（3）手动控制 *B*、*A*，实现在 LED0、LED1、LED2、LED3 上依次显示 0，1，2，3，如表 2.3.8 所示。

表 2.3.8　74LS153 的逻辑功能测试表

B	*A*	LED3 输出显示	LED2 输出显示	LED1 输出显示	LED0 输出显示	发光二极管显示			
						D	*C*	*B*	*A*
0	0								
0	1								
1	0								
1	1								

结论：

4. 同步计数器工作波形测试。

将同步计数器 74LS161 的 *CP* 接入 1kHz TTL 信号，用示波器双踪测量，分别画出 *CP*、Q_A、Q_B、Q_C、Q_D 和 Q_{CC} 的波形。记录每个波形的幅度和周期（注意：CP，Q_A，Q_B，Q_C，Q_D，Q_{CC} 波形时序一一对应）。

分析应用 74LS161 的输出信号可以在动态显示中起到何种作用？

结论：

5. 四路数据 LED 动态显示实验。要求：实现从左至右*每隔 1 秒*依次显示 6、7、8、9 以及从左至右同时显示 6、7、8、9。

【完成下面的实验电路的连接框图】

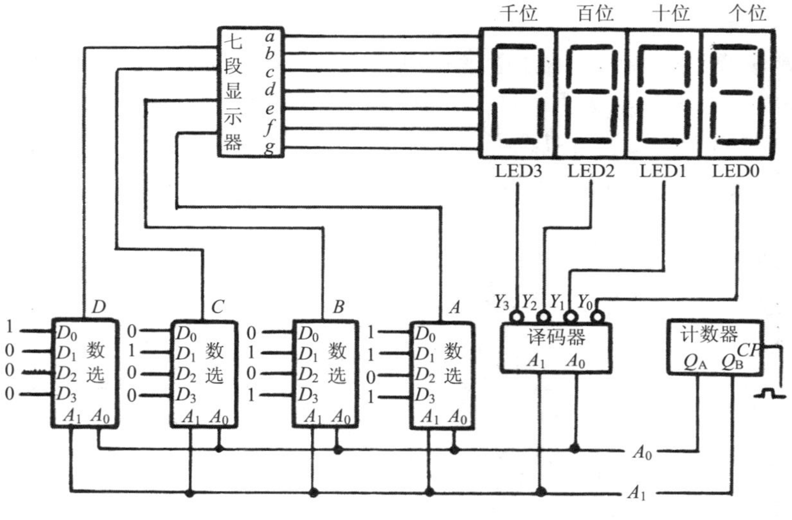

将 74LS161 同步计数器的输出端 Q_B、Q_A 与 74LS139 的输入 *B*，*A* 端（即数据选择器的地址输入端）相连，将计数器 74LS161 的 *CP* 端接 1Hz 的 TTL 信号，观测在 LED3，LED2，LED1，LED0 上自动按时钟周期依次显示 6，7，8，9 的情况；再将时钟频率调为 1kHz 时，又观察显示情况。

若改变输入频率，使之在 500～2Hz 范围变化，观察显示效果，得出相应结论，如表 2.3.9 所示。

表 2.3.9 LED 动态显示测试表

CP (Hz)	LED 输出显示效果
500	
200	
10	
2	

结论：

八、思考题

1．根据所测的 74LS161 的逻辑功能和波形，试分析 Q_A、Q_B、Q_C、Q_D、Q_{cc} 分别与 *CP* 的分频关系。

2．用 BCD 码 7 段译码显示器驱动数码管，译码器与数码管之间需要串接电阻，为什么?

3．画图说明如何用 74LS153 及门电路组成八选一数据选择器。

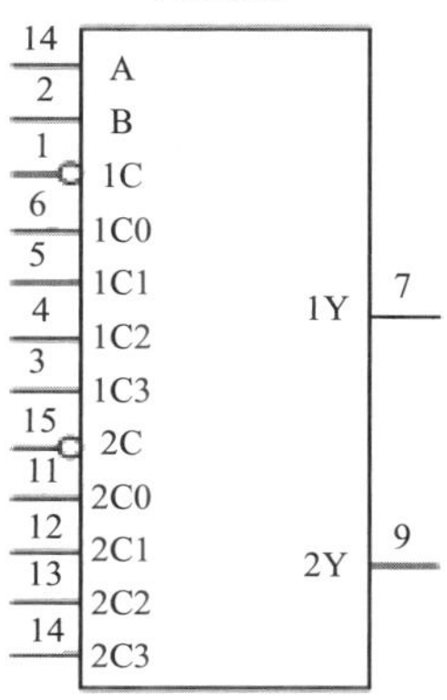

九、总结及心得体会

十、对本实验过程及方法、手段的改进建议（有则写，没有可以不写）

电子科技大学电子技术应用实验
实 验 报 告

学生姓名：__________学　　号：__________报告评分：

实验地点：__________实验时间：__________指导老师：__________

一、实验项目名称　　电子秒表-1

二、实验学时__________

三、实验目的

____

____

四、实验器材

____

____

五、实验原理（版面不够可另加附页）

1．异步计数器 74LS90

2．异步计数器 74LS92

3．异步计数器的级联方法总结

4．通过实验原理的学习，回答下列思考题：

（1）实验中的电子秒表能实现的功能有哪些？

（2）秒表中的计数器为什么要采用 74X90 和 74X92 两种计数器芯片？

学生姓名：______ 学 号：________ 教师签字：________ 座位号：

六、实验原始数据记录

1．将 IC_5（74LS90）接成五进制计数器。$R_0(1)$（即 B 点）接地，CKB 接 1Hz 的 TTL 信号，输出 $Q_DQ_CQ_B$ 接实验板上显示译码器输入端 C、B、A，将显示译码后 LED 数码管的值记入表 2.4.4 中。

电路连接图：

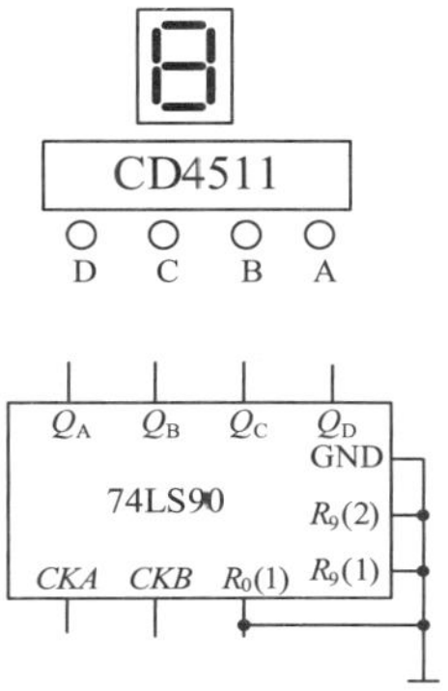

表 2.4.4 五进制计数器实验电路测试表

时钟 CP	1	2	3	4	5	6
1 位 LED 显示值						

2．将 IC_5（74LS90）接成 8421BCD 码十进制计数器，完成下图。CKA 接 1Hz 的 TTL 信号，将显示译码后 LED 数码管的值记入表 2.4.5 中。

表 2.4.5 十进制计数器实验电路测试表

时钟 CP	1	2	3	4	5	6	7	8	9	10	11
1 位 LED 显示值											

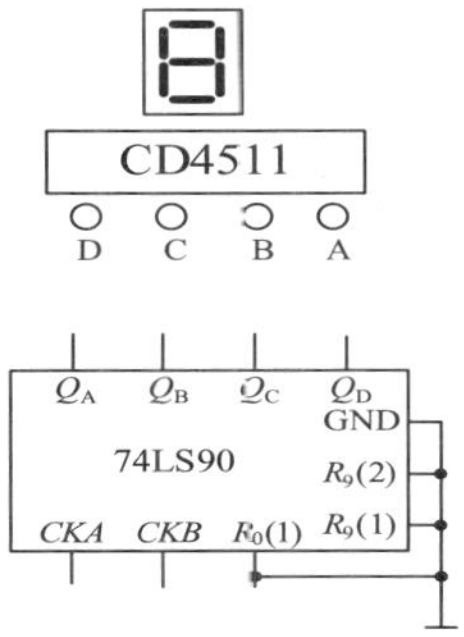

3．设计实验电路将 IC_5（74LS90）、IC_6（74LS90）接成二十进制计数器，用两位数码管显示，*CKA* 接 1Hz 的 TTL 信号，将显示译码后 LED 数码管的值记入表 2.4.6 中。

电路连接图：

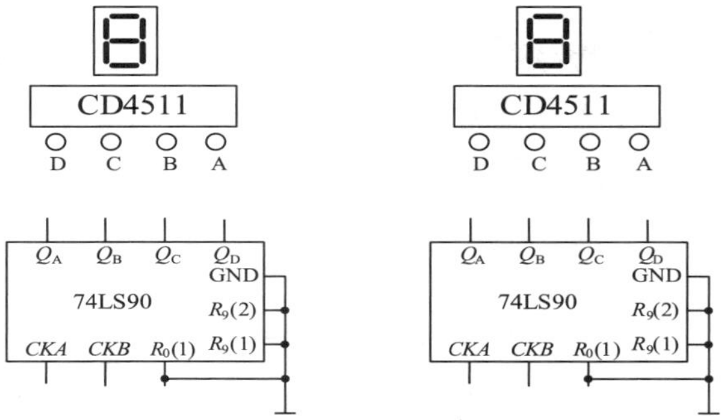

表 2.4.6　二十进制计数器实验电路测试表

时钟 *CP*	1	2	3	4	5	6	7	8	9	10	11
2 位 LED 显示值											
时钟 *CP*	12	13	14	15	16	17	18	19	20	21	22
2 位 LED 显示值											

（4）用 IC_7（74LS92）构成六进制计数器，计数序列为 0，1，2，3，4，5。将 IC_7 先接成十二进制形式，*CKA* 接 1kHz TTL 信号，用示波器测试并观察其输出六进制（Q_C、Q_B、Q_A）的波形，记录 *CP* 和输出 Q_C、Q_B、Q_A 的波形及其幅度和周期。

电路连接图：

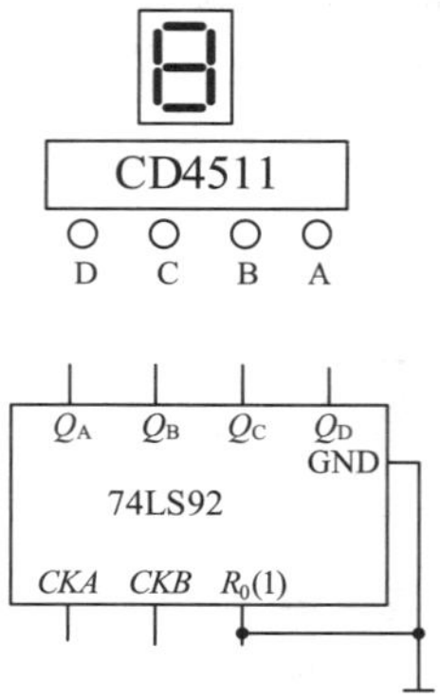

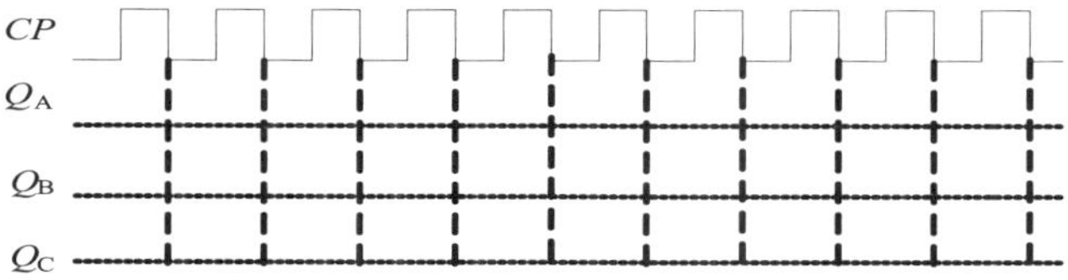

CP 的幅度为______，周期为______；Q_A 的幅度为______，周期为______；Q_B 的幅度为______，周期为______；Q_C 的幅度为______，周期为______；

七、设计性实验（选做）

实验任务：用异步计数器 74LS90/92 实现多种进制的异步计数器。

自行设计并画出实现以下各种进制的异步计数器的电路。输入时钟接 1Hz 的 TTL 信号，输出结果用七段数码管显示，自拟表格观察记录其输出结果。

要求：只能用实验底板上的一片 74LS90/92 或两片 74LS90/92 实现电路。不能再用其他的逻辑门。

1．二位二进制计数器（比如：输出 00-01-10-11）

电路原理图：

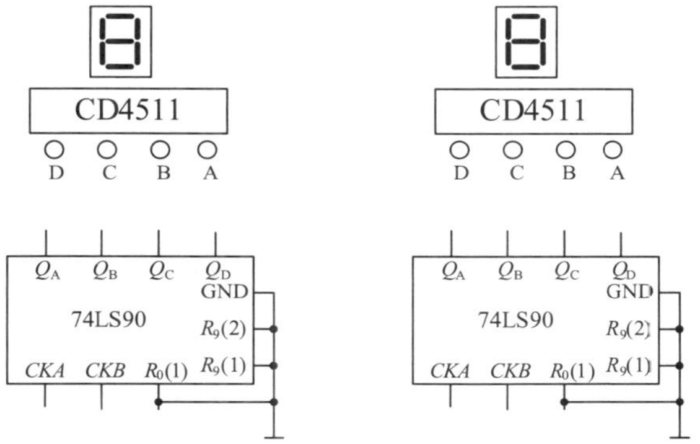

计数器实验电路测试表

时钟 CP	1	2	3	4	5	6
2 位 LED 显示值						

2．模 4 计数器（比如：输出 0-1-2-3）

计数器实验电路测试表

时钟 CP	1	2	3	4	5	6
1 位 LED 显示值						

电路原理图：

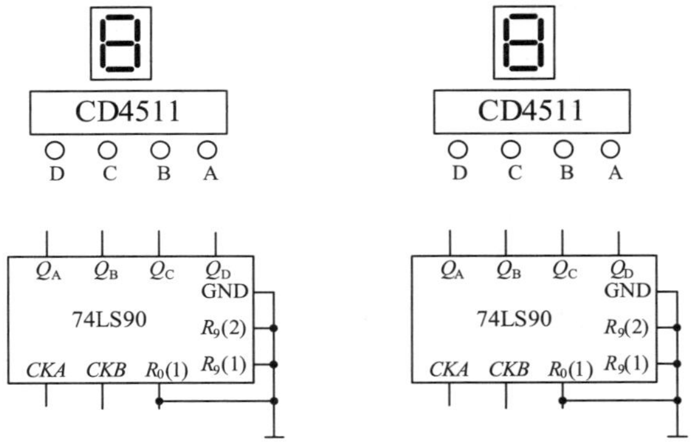

3．模 12 计数器（十二进制计数器）

（输出 00-01-02-03-04-05-10-11-12-13-14-15）

电路原理图：

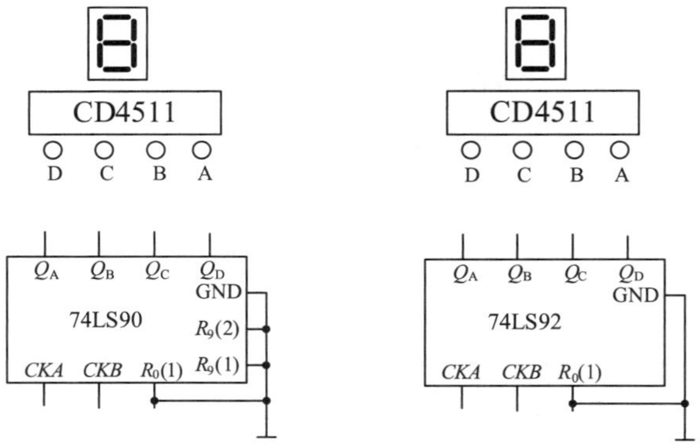

4．模 12 计数器（十二进制计数器）

（输出 00-01-02-10-11-12-20-21-22-30-31-32）

电路原理图：

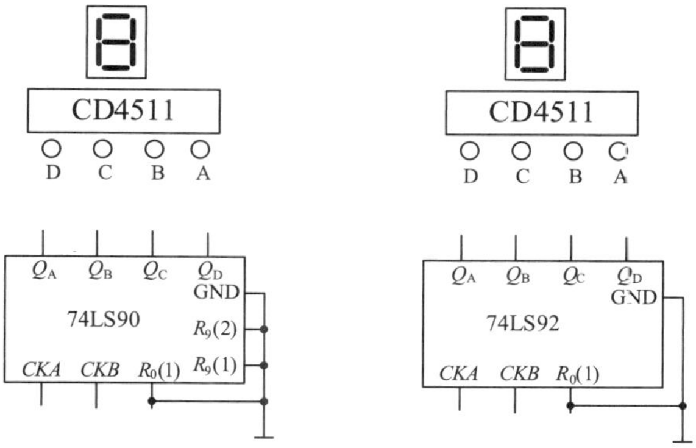

思考：能否实现输出为 00-01-02-03-10-11-12-13-20-21-22-23 呢？若要求输出为 00-01-02-03-…-10-11 呢？

5．二十五进制计数器（比如：输出 00-01-…-04-10-11-…-14-20--…-44）

电路原理图：

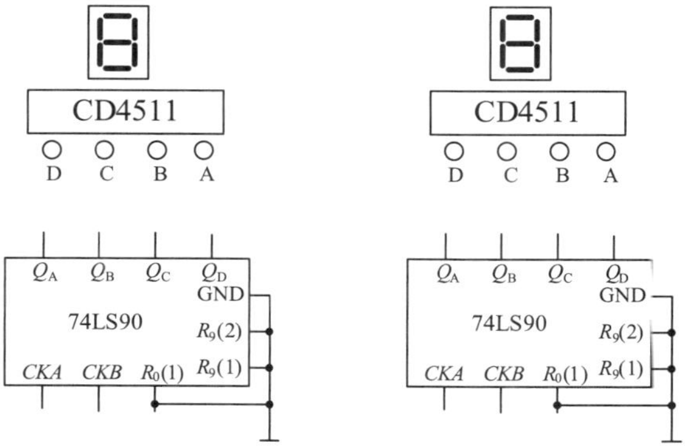

6．模 30（三十进制）计数器

A.　输出 00-01-···-04-10-11-···-14-20--···-54

电路原理图：

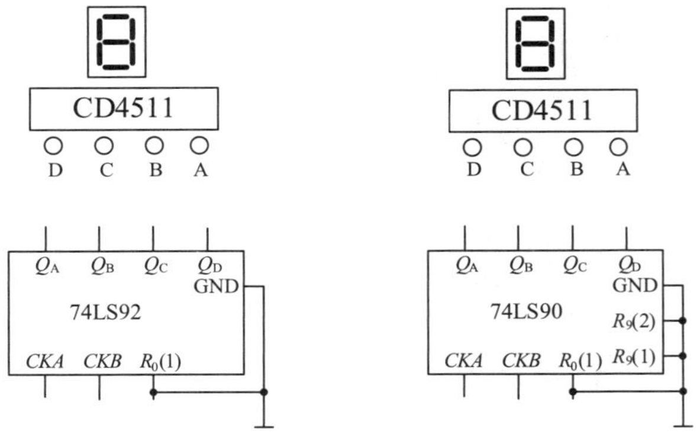

B.　输出 00-01-···-09-10-11-···-29

电路原理图：

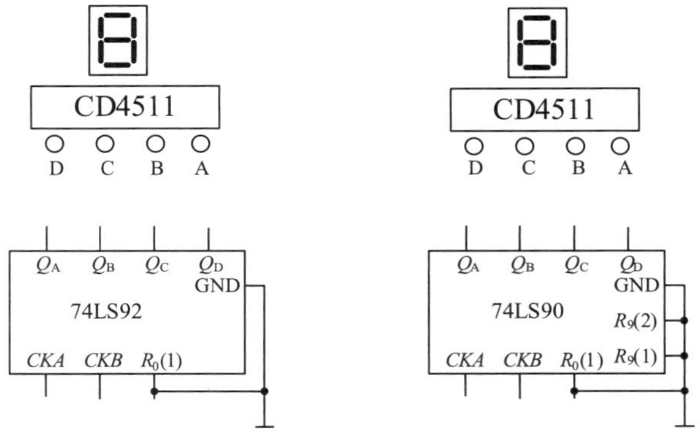

7．五十进制计数器（输出 00-01-…-09-10-11-…-49）

电路原理图：

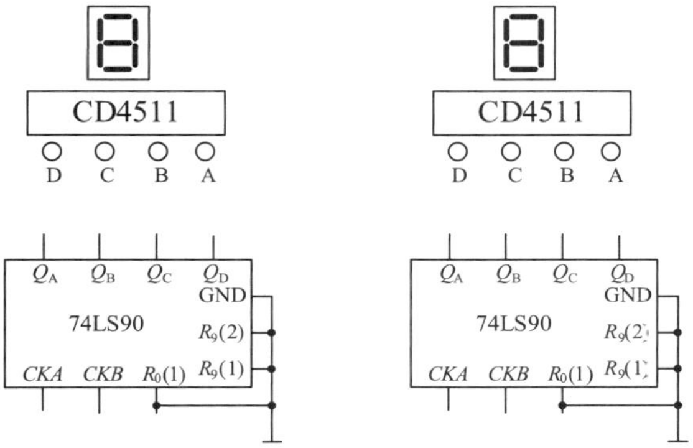

思考：若输出为 00-01-…-04-10-11-…-94 呢？

8．一百进制计数器（输出 00-01-…-09-10-11-…-99）

电路原理图：

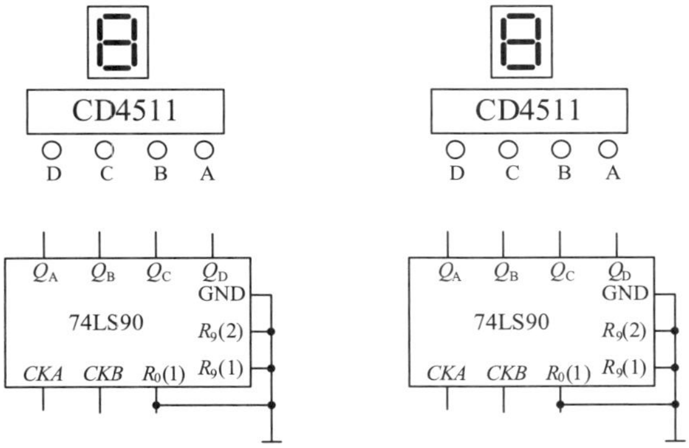

八、实验结论（总结用异步计数器 74LS90/92 实现多种进制的异步计数器的方法）

九、思考题

异步计数器 74LS90/92 有没有专门的进位信号输出端？两片 74LS90 级联时，高位片和低位片应如何连接？

十、总结及心得体会

十二、对本实验过程及方法、手段的改进建议（有则写，没有可以不写）

电子科技大学电子技术应用实验
实 验 报 告

学生姓名：＿＿＿＿＿＿学　　号：＿＿＿＿＿＿ 报告评分：

实验地点：＿＿＿＿＿＿实验时间：＿＿＿＿＿＿指导老师：＿＿＿＿＿＿

一、实验项目名称　　电子秒表-2

二、实验学时

三、实验目的

四、实验器材

五、实验原理（版面不够可另加附页）

首先画出电子秒表整体电路各部分连接的示意框图。

简述各部分的功能及电路实现。

通过实验原理的学习，回答下列思考题：

（1）启动和停止单元采用的是什么电路？它是如何控制秒表启动和停止计数的？

（2）单稳态触发器在电子秒表电路中的作用？

学生姓名：________ 学 号：__________ 教师签字：__________ 座位号：

六、实验过程及原始记录

1．计数器的测试

将计数器 IC_6、IC_7 级联成六十进制计数器，*CKA* 接 1Hz 的 TTL 信号，将译码显示电路 LED 的值记入表 2.4.7 中。

表 2.4.7 六十进制计数器实验电路测试表

时钟 *CP*	1	2	3	4	5	6	7	8	9	10	11	…	51	52	…	…	59	60	61	62
2 位 LED 显示值																				

2．启动停止单元电路的测试

分别按下 RS 触发器构成的启动停止控制单元的启动键和停止键，用示波器观测输出 Q 和 $\overline{Q}$，将 Q 和 $\overline{Q}$ 的值填入表 2.4.8 中。

表 2.4.8 启动停止控制单元电路功能测试表

输出 / 按键	Q 的值	$\overline{Q}$ 的值
启动		
停止		

3．单稳态触发器的测试

输入端接 1kHz 连续脉冲，用示波器观察并画出 *A* 点、*B* 点的波形，记录输入输出波形的周期和输出正脉冲宽度。

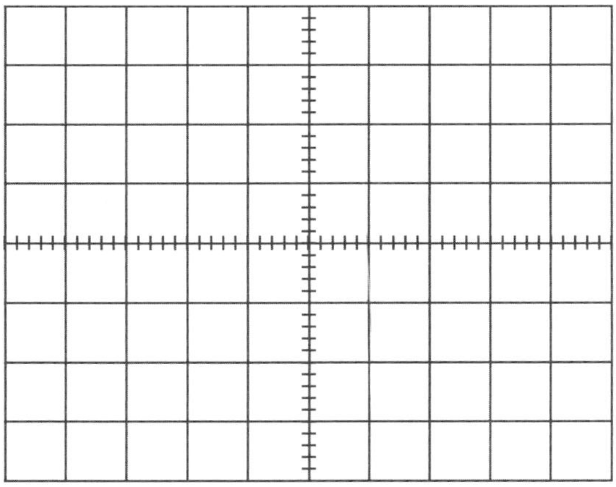

示波器的输入耦合方式：________

记录波形参数：

____

____

____

____

4．时钟发生器的测试

用示波器观察记录输出电压波形并测量其频率，观察 R_{W1} 对输出频率的影响。调节 R_{W1} 使输出频率为__________。

5．电子秒表的整体测试

各单元电路测试正常后，按总图把几个单元电路连接起来，进行电子秒表的总体测试。先按一下停止按钮，此时电子秒表不工作，再按一下启动按钮，则计数器清零后便开始计时，观察数码管显示计数情况是否正常，如不需要计时或暂停计时，按一下停止按钮，计时立即停止，但数码管保留所计时之值。观察电子秒表工作是否正常。

七、实验结论

八、思考题

1．实验电路中 RS 触发器的输出 Q 和 $\overline{Q}$ 是如何控制秒表开始计数和停止计数的？

2．该电子秒表实验电路能实现暂停计数功能吗？如何实现？

九、总结及心得体会

十、你已经做完了电子技术应用实验的全部内容，请留下你的意见与建议

学生姓名：_______ 学 号：_________ 教师签字：_________

座位号：

复习课实验原始数据记录

1．示波器的检查：测试示波器的校准信号（探头补偿信号）。

将通道 1（CH1）的垂直通道耦合方式设置为直流（DC），通道 2（CH2）的垂直通道耦合方式设置为交流（AC），将用双踪示波器观测到的波形画于下图，在图上标明通道地（0V）位置及波形参数（顶端值、底端值、周期）。

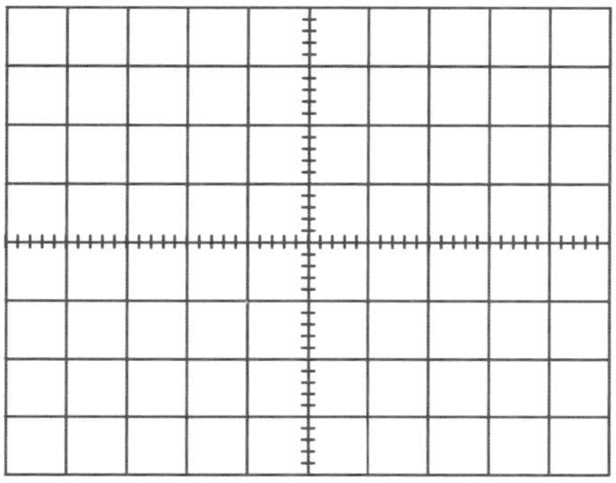

记录波形参数：

1）通道垂直偏转系数：

CH1：________ CH2：____________

2）水平时基：____________

3）通道耦合方式和探头设置：

CH1：__________、________

CH2：__________、________

2．函数发生器检查：用函数发生器分别产生频率 1kHz 的 TTL 信号与频率 1kHz、幅值为 5V 且无直流偏置电压的方波信号，用数字示波器分别测试两波形，画出波形并标明波形参数。

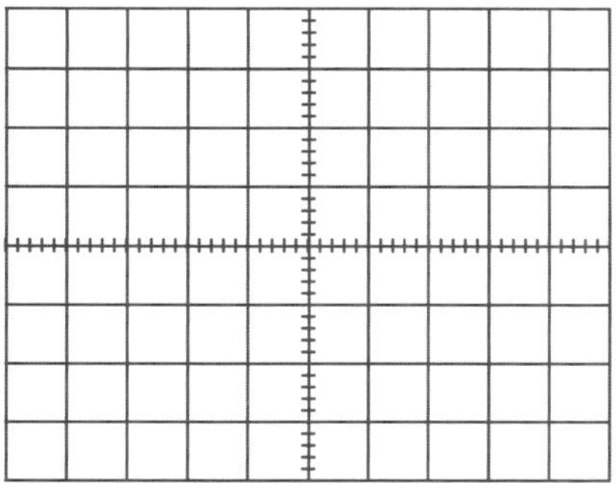

被测信号：________________

波形参数：

1）通道耦合方式：__________

2）通道垂直偏转系数：____________

3）水平时基：____________

4）通道探头设置：__________

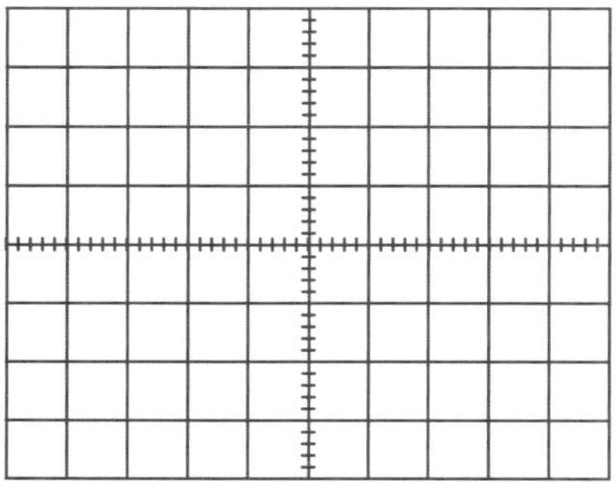

3．记录复习课的知识要点。

1）考试方式

2）仪器设备的检查与使用方法

示波器：

信号源：

直流稳压电源：

实验板：

万用表：

3）考试需掌握的电路特点

电子科技大学电子技术应用实验
实 验 报 告

学生姓名：____________学　　号：___________ 报告评分：

实验地点：____________实验时间：____________指导老师：___________

一、实验项目名称____

二、实验学时____

三、设计目标

四、设计方案

五、设计原理框图

六、设计仿真结果

七、设计结果及分析

八、参考文献

注意：实际自主实验报告请在此页后另附页完成。

参 考 文 献

[1] 电子技术应用实验室. 电子技术应用实验教程. 成都：电子科技大学出版社，2006
[2] 李雷. 集成电路应用实验. 北京：国防工业出版社，2004
[3] 古天祥. 电子测量原理. 北京：机械工业出版社，2006
[4] 肖景和. 555 集成电路应用精粹. 北京：人民邮电出版社，2007
[5] 阎石，清华大学电子学教研组. 数字电子技术基础（第四版）. 北京：高等教育出版社，2003
[6] 林占江. 电子测量实验教程. 北京：电子工业出版社，2010
[7] 斯托特（Stout,D.F.）. 运算放大器电路设计手册. 北京：人民邮电出版社，1983
[8] 廖长英. 低频模拟电路. 成都：电子科技大学出版社，1994
[9] 童诗白，华成英. 模拟电子技术基础（第三版）. 北京：高等教育出版社，2001
[10] 稻叶保. 振荡电路的设计与应用. 北京：科学出版社，2004
[11] 内山明治，村野靖. 运算放大器电路. 陈镜超译. 北京：科学出版社，2009
[12] 毕满清. 电子技术实验与课程设计（第三版）. 北京：机械工业出版社，2005
[13] 邹其洪. 电工电子实验与计算机仿真. 北京：电子工业出版社，2004
[14] 康华光. 华中理工大学电子学教研室编. 电子技术基础（模拟部分第四版）. 北京：高等教育出版社，1996
[15]陈瑜. 电子技术应用实验教程　综合篇. 成都：电子科技大学出版社，2012